Elemente der integrierten Optik

Von Dr. rer. nat. Manfred Börner
Professor an der Technischen Universität München

und Dr.-Ing. Reinhard Müller, MBB – München
Dr.-Ing. Roland Schiek, München
Dr.-Ing. Gert Trommer, MBB – München

B. G. Teubner Stuttgart 1990

CIP-Titelaufnahme der Deutschen Bibliothek

Elemente der integrierten Optik / von Manfred Börner . . . –
Stuttgart : Teubner, 1990
(Teubner-Studienbücher : Elektrotechnik, Physik)

ISBN 978-3-519-06130-4 ISBN 978-3-322-96720-6 (eBook)

DOI 10.1007/978-3-322-96720-6

NE: Börner, Manfred [Mitverf.]

Gesamtherstellung: Beltz Offsetdruck, Hemsbach/Bergstraße
Umschlaggestaltung: M. Koch, Reutlingen

Vorwort

Dieses Buch entstand aus einer Vorlesung gleichen Titels, die für Studenten der Elektrotechnik nach dem Vordiplom mit dem Schwerpunkt „Technische Elektrophysik" über eine Reihe von Jahren gehalten wurde. Das Buch gibt den gegenwärtigen Stand dieser Vorlesung wieder. Sie wurde von den Verfassern zum Teil unter Einfluß ihrer eigenen Arbeiten aus den Anfängen weiterentwickelt. Hervorzuheben sind in diesem Sinne die Beiträge der Herren Dr.-Ing. R. Müller (Kapitel 3), Dr.-Ing. R. Schiek (Kapitel 5) und Dr.-Ing. G. Trommer (Kapitel 2 und 4). Das Buch wendet sich an Elektroingenieure und Physiker nach dem Vordiplom sowie an alle auf dem Gebiete der Integrierten Optik Tätigen, die die theoretischen Grundlagen ihres Gebietes näher kennenlernen möchten.

München, September 1989
Die Verfasser

Inhaltsverzeichnis

Kapitel 1

Einleitung

Die Optik hat inzwischen auf breiter Front Eingang in die Nachrichtentechnik gefunden:
Postalische Übertragungsnetze und private Datennetze, so weit sie leitungsgebunden sind, werden fast ausschließlich mit Hilfe von Glasfaserkabeln realisiert.

Diese benötigen am Eingang elektro-optische und am Ausgang optoelektronische Wandler in Form von Laser- oder Lumineszenzdioden bzw. in Form von Lichtempfangsdioden.

Die Zwischenverstärker im Leitungsweg, soweit sie bei der geringen Dämpfung von Glasfasern überhaupt noch notwendig sind, funktionieren rein elektronisch, ebenso die Vermittlungseinrichtungen. Das wäre nicht sonderlich störend, wenn nicht inzwischen ein anderes Problem immer dringlicher würde: Der Teilnehmer-Anschluss ist selbst als Koaxialkabelanschluß nicht leistungsfähig genug.

Im Laufe der letzten Jahre hat sich nämlich herausgestellt, daß schon der normale Teilnehmer-Anschluß eine wahre Flut von Informationen aufnehmen muß in Form von zukünftig digitalen Fernsehverteilungsdiensten. Die sehr hochwertigen Datendienste kommerzieller Art nehmen sich dagegen eher bescheiden aus.

Das ermöglicht natürlich eine völlig neue Kalkulation für diese breitbandigen Datendienste, bei der die Netz- und Teilnehmeranschlußkosten auf einen viel größeren Kreis umgelegt werden können.

Eine ausgereifte Technik für den breitbandigen Teilnehmeranschluß für vermittelte Breitbanddienste und nicht vermittelte Breitbandverteildienste (z.B. für simultan 50 Fernsehkanäle zu je 1 $Gbit/s$ bei höchster Fernsehqualität) ist aber erst in Ansätzen erkennbar.

In dieser Technik werden opto-elektronische integrierte Bauelemente verwendet und zwar aus verschiedenen Gründen: Zum einen wird man sicherlich die Möglichkeiten vielkanaliger Übertragungstechnik nutzen. Das setzt bei der begrenzten Belastungsfähigkeit der Glasfaser von etwa 10 mW, besonders im Monomodebetrieb, und der Aufteilung dieser Leistung auf etwa 50 Kanäle von je 1 $Gbit/s$ eine lichtphasenempfindliche Homodyn- oder Heterodyn-Sende- und Empfangstechnik voraus. Das führt zwangsläufig zum Ausscheiden von mikro-optischen Bauteilen, mit denen die Stabilitätsforderungen nicht eingehalten werden können.

Bei der Integration von optischen und elektronischen Elementen auf einem Halbleiterchip oder der Oberfläche von Substraten aus elektrooptisch aktivem Material kann man zwar die Instabilität auf Grund unterschiedlicher Temperaturgänge in den Einzelteilen der Schaltung schon weitgehend beseitigen, es bleibt jedoch die Beherrschung von Fertigungs- und Alterungstoleranzen im 1/100 μm Bereich. Auch hier kann die Integration von Elektronik und Optik eine Abhilfe schaffen. Man wird zwar die Fertigungstoleranzen bei der mechanischen Bearbeitung sicherlich nicht in den gewünschten Bereich bringen können. Aber bei Vorliegen geeigneter Regelkriterien (z.B. Abweichungen von vorgegebenen Frequenzen) und entsprechend sensitiver Bauteile (z.B. Abhängigkeit des Real- und/oder Imaginärteils der Brechzahl von einem angelegten elektrischen oder magnetischen Feld oder vom injizierten Strom) wird man mit Hilfe von integrierten Regelschaltungen auch die extremsten Genauigkeitsanforderungen einhalten können.

Eine Technik dieser Art ist aber im Augenblick nur in Ansätzen, oder, um mit dem Titel dieses Buches zu sprechen, in Elementen zu erkennen. Die Darstellung dieser Elemente, die das Beherrschen einer Reihe längst bekannter physikalischer Effekte und Theorien zur Voraussetzung hat, ist Ziel der folgenden Ausführungen.

Vom Leser werden nur die Kenntisse vorausgesetzt, die bei Abschluß des Vordiploms in Physik, Elektrotechnik und anderen mathematisch orientierten Studienrichtungen der Natur- und Ingenieurwissenschaften vorliegen. Vermittelt wird der Stoff, der notwendig ist, um die schon begonnene Entwicklung einer neuen Technik begleiten und verstehen zu können. Neben den auf der Kenntnis der klassischen Elektrodynamik aufbauenden Teilen, die vorwiegend bei der Beschreibung der passiven Bauelemente Verwendung finden (Kopplung von Wellenleitern, Wellenleiterresonatoren), und auf dem hier entwickelten Verständnis der Wellenführung in Wellenleitern in Form von Moden, wird die Kristalloptik in Wechselwirkung mit den Feldern der Moden des Wellenleiters behandelt.

Darauf baut dann die Besprechung der Wirkungsweise von aktiven integriert-optischen Bauelementen auf, deren von der nichtlinearen Optik erforschter physikalischer Hintergrund in der gebotenen Breite dargestellt wird.

Kapitel 2

Dielektrische Wellenleiter

Ein optischer Filmwellenleiter besteht aus einem dünnen Film eines transparenten Mediums der Brechzahl n_1, der sich auf einem ebenfalls transparenten Substrat mit etwas niedrigerer Brechzahl n_2 befindet. Auf der anderen Seite ist er begrenzt durch die Deckschicht eines weiteren Mediums mit ebenfalls niedrigerer Brechzahl n_3, welches häufig einfach Luft ist. Solch eine geschichtete Anordnung dielektrischer Medien erlaubt die gezielte Führung von Lichtwellen in integriert-optischen und optoelektronischen Schaltungen. In der Praxis ist eine zusätzliche seitliche Führung der Wellen nötig, die die mathematische Behandlung jedoch wesentlich erschwert. Wir wollen uns daher zunächst auf den viel einfacheren, seitlich unbegrenzten Filmwellenleiter beschränken, wie er in Abb. 2.1 dargestellt ist.

Links stößt der Lichtwellenleiter auf ein den gesamten Halbraum einnehmendes Medium der Brechzahl n_0, von wo aus Licht eingestrahlt werden kann, welches sich nach Brechung am Wellenleitereingang im Inneren mit dem Winkel Θ zur z-Achse fortpflanzt. Für die Brechzahlen gelte $n_1 > n_2 \geq n_3$. Mit dieser Relation können wir drei Fälle unterscheiden:

a) Der Winkel Θ sei größer als der Grenzwinkel der Totalreflexion Θ_{3c} zur Deckschicht, der nach dem Snellius'schen Brechungsgesetz durch

$$\cos \Theta_{3c} = \frac{n_3}{n_1} \tag{2.1}$$

gegeben ist.

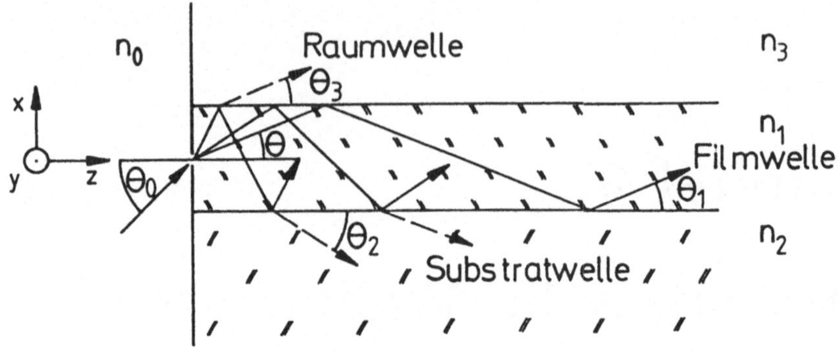

Abbildung 2.1: Prinzipieller Aufbau eines Filmwellenleiters mit Lichteinkopplung an der linken Seite

Die Lichtwellen werden an der Grenzfläche n_1, n_3 nur teilweise reflektiert. Der Rest der Strahlung wird gebrochen und verläßt den Film unter dem Winkel Θ_R mit

$$\cos \Theta_R = \frac{n_1}{n_3} \cos \Theta. \tag{2.2}$$

Der reflektierte Teilstrahl wird an der zweiten Grenzfläche n_1, n_2 wiederum nur teilweise reflektiert, da auch hier der Grenzwinkel der Totalreflexion überschritten ist. Wieder verläßt ein Teil der Strahlung den Film und dringt gebrochen unter dem Winkel Θ_S mit

$$\cos \Theta_S = \frac{n_1}{n_2} \cos \Theta \tag{2.3}$$

in das Substrat ein. Dieser Vorgang nur teilweiser Reflexion an Filmober- und Unterseite wiederholt sich, bis allmählich alle Strahlung als sogenannte Strahlungswelle den Film verlassen hat. Man spricht in diesem Falle auch von Raumwellen.

b) Der Winkel Θ sei kleiner als der Grenzwinkel der Totalreflexion Θ_{3c} zur Deckschicht, aber immer noch größer als der zum Substrat Θ_{2c} mit

$$\cos \Theta_{2c} = \frac{n_2}{n_1}\,. \tag{2.4}$$

Jetzt werden die Lichtwellen zwar an der Grenzfläche n_1, n_2 total reflektiert, ohne in die Deckschicht eindringen zu können, jedoch findet an der Trennfläche zum Substrat weiterhin nur teilweise Reflexion statt. Diese ins Substrat abstrahlenden, gebrochenen Teilwellen werden Substratwellen genannt.

c) Der Winkel Θ sei sowohl kleiner Θ_{3c} als auch Θ_{2c}. Es tritt an beiden Grenzflächen des Films Totalreflexion auf. Die Strahlung geht nicht mehr nach außen verloren, sondern verbleibt im Film, weshalb man in diesem Fall von Filmwellen spricht.

Zur gezielten Lichtführung in integriert-optischen Schaltungen eignet sich nur der Fall reiner Filmwellen. Die Lichteinkopplung in den Filmwellenleiter muß daher auf solche Weise erfolgen, daß an beiden Grenzflächen des Films Totalreflexion stattfindet. Koppelt man Licht an der Stirnseite des Films aus dem Medium der Brechzahl n_0 kommend unter dem Winkel Θ_0 ein, so folgt für den Winkel Θ im Filminneren nach Snellius

$$n_0 \sin \Theta_0 = n_1 \sin \Theta \,. \tag{2.5}$$

Damit Θ gemäß Fall c) kleiner als Θ_{2c} ist, muß für den Lichteinfallswinkel θ_0 gelten

$$n_0 \sin \Theta_0 < n_1 \sqrt{1 - cos^2 \Theta_{2c}} = n_1 \sqrt{1 - (n_2/n_1)^2} = \sqrt{n_1^2 - n_2^2} \,. \tag{2.6}$$

Dieser Grenzwert heißt die numerische Apertur A_N mit

$$A_N = \sqrt{n_1^2 - n_2^2}. \tag{2.7}$$

Je größer die Brechzahldifferenz und damit A_N ist, umso größer ist der zur ausschließlichen Anregung von Filmwellen erlaubte Einstrahlwinkel Θ_0.

2.1 Filmwellen

Eine vollständige Beschreibung der optischen Eigenschaften dielektrischer Wellenleiter muß im Rahmen der klassischen Maxwellschen Theorie erfolgen. Einen ersten mehr anschaulichen Zugang zur Wellenführung in dielektrischen Wellenleitern erhalten wir mit Hilfe der strahlenoptischen Nährung, indem wir die Ausbreitung ebener Wellen im Filmwellenleiter auf geometrische Weise betrachten. Dabei setzt die Forderung ebener Wellenfronten voraus, daß die Abmessungen des optischen Systems groß gegen die Wellenlänge des Lichts sind. Dies ist beim in Querrichtung unendlich ausgedehnten Filmwellenleiter stets der Fall.

Die Filmwellen seien also zusammengesetzt aus der Überlagerung homogener, ebener Elementarwellen, die sich im Inneren des Films durch Totalreflexion an Filmober- und unterseite auf Zickzackbahnen entsprechend Abb. 2.2 entlangbewegen.

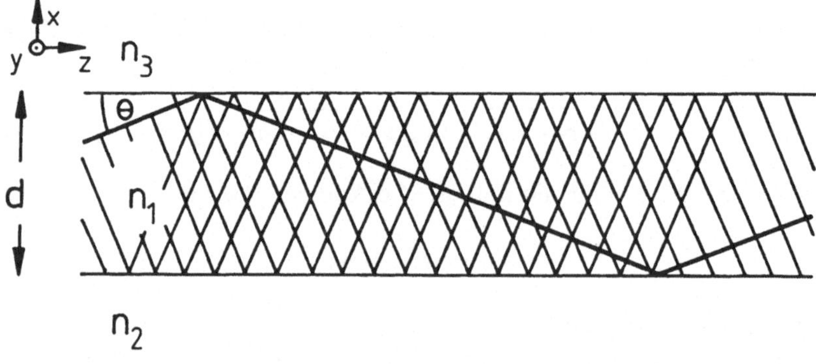

Abbildung 2.2: Wellenfronten im Filmwellenleiter

Die ebenen Teilwellen wandern mit dem Phasenkoeffizienten $n_1 k$ unter dem Winkel Θ schräg nach oben bzw. nach unten; hierbei ist k die Vakuumwellenzahl $2\pi/\lambda$. Die Phasenänderung der Filmwelle in Ausbreitungsrichtung wird durch die Phasenkonstante β beschrieben, welche als Projektion des Phasenkoeffizienten in z-Richtung durch

$$\beta = n_1 k \cos\Theta \tag{2.8}$$

gegeben ist. Die transversale Phasenänderung wird analog durch den transversalen Phasenkoeffizienten $n_1 k \sin\Theta$ beschrieben, welcher die Projektion des Phasenkoeffizienten $n_1 k$ in x-Richtung darstellt.

Für die Mehrfachreflexionen, die die Vielzahl der Teilwellen auf ihren Zickzackwegen erleiden, ergibt sich nur dann ein einheitliches resultierendes Gesamtfeld, wenn alle Teilwellen trotz ihrer räumlich versetzten Wege konstruktiv interferieren. Dies ist der Fall, wenn sich in transversaler Richtung eine stehende Welle ausbildet, d. h. wenn die gesamte transversale Phasenverschiebung Φ_{ges} einer Teilwelle auf ihrem Weg zwischen zwei Totalreflexionen an Substrat- und Deckschicht ein ganzzahliges Vielfaches von -2π ist. Hierbei setzt sich Φ_{ges} aus dem durch den optischen Weg hinauf und hinab gegebenen transversalen Anteil Φ_x zusammen mit

$$\Phi_x = -2d(n_1 k \sin\Theta) \tag{2.9}$$

und aus den vom Mechanismus der Totalreflexion herrührenden Phasensprüngen φ_2 bzw. φ_3 bei der Reflexion am Substrat bzw. an der Deckschicht. Es muß also gelten

$$\begin{aligned} \Phi_{ges} &= -2dn_1 k \sin\Theta + \varphi_2(n_1, n_2, \Theta) + \varphi_3(n_1, n_3, \Theta) \\ &= -2m\pi\,. \end{aligned} \tag{2.10}$$

Wenn diese Bedingung erfüllt ist, überlagern sich die hin- und herreflektierten Teilwellen zu einer Gesamtwelle, welche in z-Richtung sich mit der Phasenkonstante β fortpflanzt, in der transversalen x-Richtung jedoch eine rein stehende Welle bildet.

Gl. (2.10) stellt die sogenannte charakteristische Gleichung für Filmwellen dar. Nur ganz bestimmte diskrete Werte für den Winkel Θ erfüllen diese Bedingung; es können nur Wellen geführt werden, welche einen dieser Winkel aufweisen. Mit Gl. (2.8) ergeben sich daraus ebenfalls diskrete Werte für die Phasenkonstante β.

Mit Hilfe der sich aus dieser geometrischen Betrachtungsweise ergebenden charakteristischen Gleichung kann zwar das Spektrum der möglichen, diskreten Phasenkonstanten auf relativ einfache Weise berechnet werden, jedoch erhält man keinerlei Information über Verteilung des elektromagnetischen Feldes im Inneren des Filmwellenleiters. Eine vollständige und exakte Beschreibung der Wellenausbreitung erhält man erst durch die vollständige Feldberechnung mit Hilfe des Systems der Maxwellschen Gleichungen.

Aus einer homogenen, ebenen Welle, die mit ihrem elektrischem Feldvektor $\vec{E}$ senkrecht zur Einfallsebene und damit parallel zu den Grenzflächen polarisiert ist, entsteht eine transversal elektrische Filmwelle. Sie heißt darum TE-Welle oder auch H-Welle, weil sie nur eine magnetische, aber keine elektrische Feldkomponente in Ausbreitungsrichtung hat. Es liegt das Tripel der Feldkomponenten (E_y, H_x, H_z) vor. Die andere mögliche Polarisation von Filmwellen ist die der sog. TM-Wellen oder auch E-Wellen mit den Feldkomponenten (H_y, E_x, E_z). Da die Pheasensprünge bei Totalreflexion φ_2 und φ_3 für die beiden verschiedenen Wellentypen etwas unterschiedliche, von den Brechzahldifferenzen abhängige Werte haben, ergeben sich unterschiedliche Lösungen von β aus der charakteristischen Gleichung (2.10) für die beiden Wellentypen. Je geringer die Brechzahldifferenz zwischen Film und Substrat ist, umso geringer werden die Unterschiede der Phasenkonstanten zwischen TE- und TM-Moden.

Im folgenden soll der Mechanismus der Wellenführung am Beispiel der TE-Moden dargestellt werden. Ausgangspunkt sind die Rotorbeziehungen der Maxwellschen Gleichungen, welche in Komponenten lauten

$$-\frac{\partial E_y}{\partial z} + \frac{\partial E_z}{\partial y} = -j\omega\mu_0 H_x \tag{2.11}$$

$$-\frac{\partial E_z}{\partial x} + \frac{\partial E_x}{\partial z} = -j\omega\mu_0 H_y \tag{2.12}$$

$$-\frac{\partial E_x}{\partial y} + \frac{\partial E_y}{\partial x} = -j\omega\mu_0 H_z \tag{2.13}$$

$$-\frac{\partial H_y}{\partial z} + \frac{\partial H_z}{\partial y} = +j\omega n^2 \varepsilon_0 E_x \tag{2.14}$$

$$-\frac{\partial H_z}{\partial x} + \frac{\partial H_x}{\partial z} = +j\omega n^2 \varepsilon_0 E_y \tag{2.15}$$

$$-\frac{\partial H_x}{\partial y} + \frac{\partial H_y}{\partial x} = +j\omega n^2 \varepsilon_0 E_z . \tag{2.16}$$

Haben wir einen in y-Richtung beliebig weit ausgedehnten Filmwellenleiter, wie er in Abb. 2.3 dargestellt ist, so fallen die Ableitungen $\partial/\partial y$ weg. Da bei den hier betrachteten TE-Moden mit ihrem rein transversalen elektrischen Feld in y-Richtung die drei Feldkomponenten H_y, E_z

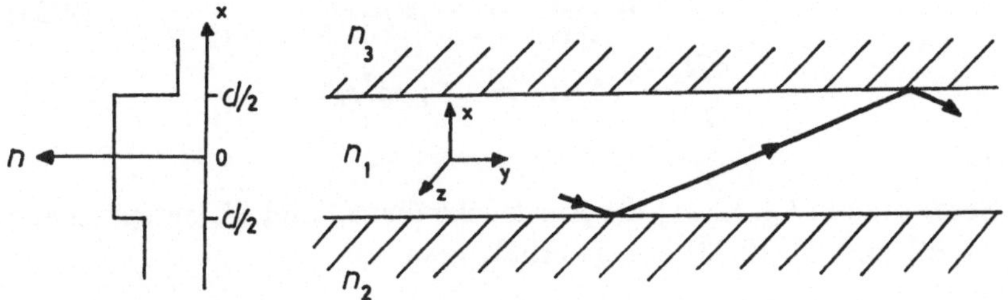

Abbildung 2.3: Brechzahlverlauf und Lichtführung im Filmwellenleiter mit Stufenindexprofil

und E_x Null sind, reduziert sich das Gleichungssystem zu

$$-\frac{\partial E_y}{\partial z} = -j\omega\mu_0 H_x \tag{2.17}$$

$$+\frac{\partial E_y}{\partial x} = -j\omega\mu_0 H_z \tag{2.18}$$

$$-\frac{\partial H_z}{\partial x} + \frac{\partial H_x}{\partial z} = +j\omega n^2 \varepsilon_0 E_y. \tag{2.19}$$

Da die gesuchten Lösungen Feldern entsprechen, die sich wellenförmig in z-Richtung ausbreiten, können wir schreiben

$$\begin{aligned} \vec{E}(x,z,t) &= \vec{E}(x)\exp\left[j(\omega t - \beta z)\right] \\ \vec{H}(x,z,t) &= \vec{H}(x)\exp\left[j(\omega t - \beta z)\right]. \end{aligned} \tag{2.20}$$

Hier ist die Phasenkonstante β die Projektion des Wellenzahlvektors $|n\vec{k}| = n2\pi/\lambda$ (λ Vakuumwellenlänge) auf die z-Achse; sie ist ein Maß für die Phasengeschwindigkeit v_p der sich in z-Richtung ausbreitenden Welle

$$v_p = \frac{\omega}{\beta}. \tag{2.21}$$

Mit Hilfe des Ansatzes Gl. (2.20) ist es möglich, die Differentiationen $\partial/\partial z$ explizit durchzuführen, wodurch sich

$$+j\beta E_y = -j\omega\mu_0 H_x \tag{2.22}$$

$$+\frac{\partial E_y}{\partial x} = -j\omega\mu_0 H_z \tag{2.23}$$

$$-\frac{\partial H_z}{\partial x} - j\beta H_x = +j\omega n^2 \varepsilon_0 E_y \tag{2.24}$$

ergibt.

Setzt man in Gl. (2.24) die Ausdrücke für H_x und H_z entsprechend Gl. (2.22) und Gl. (2.23) ein, so erhält man

$$-\frac{\partial}{\partial x}\left(\frac{j}{\omega\mu_0}\frac{\partial E_y}{\partial x}\right) - j\beta\left(-\frac{\beta}{\omega\mu_0}E_y\right) = j\omega n^2 \varepsilon_0 E_y \tag{2.25}$$

oder

$$\frac{\partial^2 E_y}{\partial x^2} - (\beta^2 - \omega^2 n^2 \varepsilon_0 \mu_0) E_y = 0\,. \tag{2.26}$$

Unter Verwendung der Beziehung

$$\omega^2 \varepsilon_0 \mu_0 = \frac{\omega^2}{c^2} = \left(\frac{2\pi}{\lambda}\right)^2 = k^2$$

erhält man die endgültige Form der Wellengleichung

$$\frac{\partial^2 E_y}{\partial x^2} + \left(n^2 k^2 - \beta^2\right) E_y = 0\,. \tag{2.27}$$

Hat man mit Hilfe dieser Differentialgleichung E_y bestimmt, so sind über die Gln. (2.22) - (2.23) die Komponenten des magnetischen Feldes H_x und H_z eindeutig festgelegt

$$H_x = -\frac{\beta}{k}\sqrt{\frac{\varepsilon_0}{\mu_0}}\,E_y \tag{2.28}$$

$$H_z = \frac{j}{k}\sqrt{\frac{\varepsilon_0}{\mu_0}}\,\frac{\partial Ey}{\partial x}\,. \tag{2.29}$$

Hierbei wurde die Umformung

$$\frac{1}{\omega\mu_0} = \frac{c}{\omega}\frac{1}{c\mu_0} = \frac{1}{k}\frac{\sqrt{\varepsilon_0\mu_0}}{\mu_0} = \frac{1}{k}\sqrt{\frac{\varepsilon_0}{\mu_0}}$$

verwendet. Die Größe $\sqrt{\mu_0/\varepsilon_0}$ ist der Wellenwiderstand des Vakuums und hat einen Wert von 376.730Ω.

Die Lösungen der Wellengleichung in den drei Gebieten lauten

$$E_{y2} = C \exp\left[\frac{v}{d}(x + d/2)\right] \qquad x \leq -d/2 \tag{2.30}$$

$$E_{y1} = A \cos(\frac{u}{d}x) + B \sin(\frac{u}{d}x) \qquad -d/2 \leq x \leq +d/2 \tag{2.31}$$

$$E_{y3} = D \exp\left[-\frac{w}{d}(x - d/2)\right] \qquad x \geq d/2 \tag{2.32}$$

mit den Abkürzungen

$$u = \sqrt{n_1^2 k^2 - \beta^2}\, d \tag{2.33}$$

$$v = \sqrt{\beta^2 - n_2^2 k^2}\, d \tag{2.34}$$

$$w = \sqrt{\beta^2 - n_3^2 k^2}\, d\,. \tag{2.35}$$

Die Einschränkung von β auf den Bereich

$$n_1 k > \beta > n_2 k \qquad (n_3 < n_2) \tag{2.36}$$

gewährleistet, daß die Wurzelausdrücke reell bleiben. Die Tangentialkomponente des magnetischen Feldes H_z ergibt sich nach Gl. (2.29) aus E_y durch Differentiation

$$H_{z3} = \left(-j\frac{w}{d}\frac{1}{k}\sqrt{\frac{\varepsilon_0}{\mu_0}}\right) D \exp\left[-\frac{w}{d}\left(x - \frac{d}{2}\right)\right] \tag{2.37}$$

$$\text{für } x \geq \frac{d}{2}$$

$$H_{z1} = \left(j\frac{u}{d}\frac{1}{k}\sqrt{\frac{\varepsilon_0}{\mu_0}}\right)\left(-A \sin\left(\frac{u}{d}x\right) + B \cos\left(\frac{u}{d}x\right)\right) \tag{2.38}$$

$$\text{für } -\frac{d}{2} \leq x \leq \frac{d}{2}$$

$$H_{z2} = \left(j\frac{v}{d}\frac{1}{k}\sqrt{\frac{\varepsilon_0}{\mu_0}}\right) C \exp\left[\frac{v}{d}\left(x + \frac{d}{2}\right)\right] \tag{2.39}$$

$$\text{für } x \leq -\frac{d}{2}$$

Unbekannte sind die vier Koeffizienten A, B, C und D. (und die Phasenkonstante β, welche in den Abkürzungen u, v, w steckt). Diese sind festgelegt durch vier Gleichungen, die sich aus den Stetigkeitsforderungen der Tangentialkomponenten an den Grenzen $x \doteq -d/2$ und $x = +d/2$ ergeben. Sie lauten

$$\left.\begin{array}{rcl} E_{y2}(x=-d/2) & = & E_{y1}(x=-d/2) \\ E_{y3}(x=+d/2) & = & E_{y1}(x=+d/2) \\ H_{z2}(x=-d/2) & = & H_{z1}(x=-d/2) \\ H_{z3}(x=+d/2) & = & H_{z1}(x=+d/2) \end{array}\right\} \qquad (2.40)$$

Durch Einsetzen der entsprechenden Werte erhält man ein homogenes, lineares Gleichungssystem für die vier Koeffizienten A, B, C und D

$$\left.\begin{array}{rcl} \cos(-u/2)A + \sin(-u/2)B - C & = & 0 \\ \cos(u/2)A + \sin(u/2)B - D & = & 0 \\ -u\sin(-u/2)A + u\cos(-u/2)B - vC & = & 0 \\ -u\sin(u/2)A + u\cos(u/2)B + wD & = & 0 \end{array}\right\} \qquad (2.41)$$

Dieses Gleichungssystem besitzt nur dann eine nichttriviale Lösung für die Unbekannten A bis D, wenn die Determinante verschwindet

$$\begin{vmatrix} \cos(-u/2) & \sin(-u/2) & -1 & 0 \\ \cos(u/2) & \sin(u/2) & 0 & -1 \\ -u\sin(-u/2) & u\cos(-u/2) & -v & 0 \\ -u\sin(u/2) & u\cos(u/2) & 0 & w \end{vmatrix} \stackrel{!}{=} 0 \qquad (2.42)$$

Dies ist die Eigenwertgleichung für die Phasenkonstante β, welche wegen $u = u(n_1, k, d, \beta)$, $v = v(n_2, k, d, \beta)$ und $w = w(n_3, k, d, \beta)$ es erlaubt, β als Funktion der durch n_1, n_2, n_3 und d charakterisierten Wellenleitergeometrie und der Wellenzahl k zu berechnen. Nur für ganz spezielle, diskrete Werte von β wird die Determinante zu Null. Jedem dieser durch den Index p gekennzeichneten β_p-Werte korrespondiert eine bestimmte Lösung der Koeffizienten A_p, B_p, C_p, D_p, was zu einer für jedes β_p charakteristischen Feldkonfiguration entsprechend den Gln. (2.30) - (2.39) führt. Eine wesentliche Eigenschaft (nichtentarteter) homogener linearer Gleichungssysteme ist es, daß die Lösungen ihrer Unbekannten nur bis auf eine willkürliche Konstante bestimmt sind. Es läßt sich daher der Wert einer willkürlich herausgegriffenen Unbekannten frei wählen, wobei sich dann die restlichen Unbekannten als Funktion dieses Wertes ergeben. Im vorliegenden Fall lassen sich beispielsweise für ein spezielles aus Gl. (2.42) bestimmtes β_p die zugehörigen Koeffizienten A_p, B_p und C_p als Funktion des frei gewählten Koeffizienten D_p aus dem Gleichungssystem (2.41) berechnen, indem man dieses System unter Weglassen einer redundanten Zeile in ein inhomogenes Gleichungssystem umformt und so mit $u_p = u(\beta_p)$, $v_p = v(\beta_p)$ und $w_p = w(\beta_p)$ erhält

$$\begin{pmatrix} \cos(u_p/2) & \sin(u_p/2) & 0 \\ -u_p \sin(-u_p/2) & u_p \cos(-u_p/2) & -v_p \\ -u_p \sin(u_p/2) & u_p \cos(u_p/2) & 0 \end{pmatrix} \begin{pmatrix} A_p \\ B_p \\ C_p \end{pmatrix} = -D_p \begin{pmatrix} -1 \\ 0 \\ w_p \end{pmatrix} \tag{2.43}$$

Diesem Freiheitsgrad entspricht physikalisch die Tatsache, Licht mit willkürlich gewählter Intensität im Wellenleiter führen zu können.

In Abb. 2.4 sind die transversalen Feldverteilungen der niedersten TE-Moden qualitativ skizziert. Man erkennt das Eindringen des Feldes

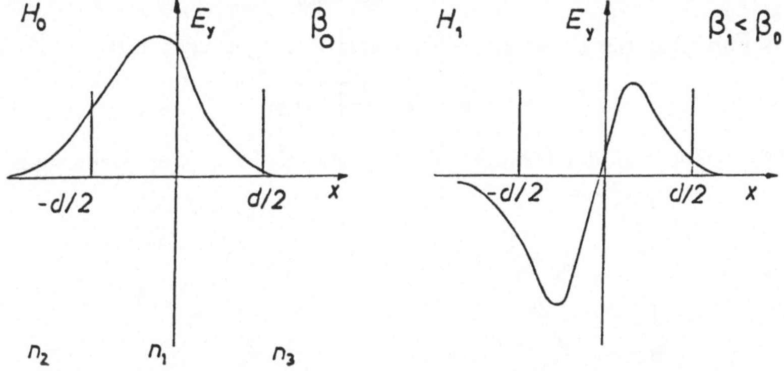

Abbildung 2.4: Qualitativer Verlauf der Feldstärke der Transversalkomponente E_y über den Querschnitt des unsymmetrischen Filmwellenleiters ($n_1 > n_2 > n_3$) für H_p-Moden

in Substrat und Deckschicht, wobei die Welle auf der Seite des größeren Brechzahlsprungs bei $x = d/2$ besser geführt wird als auf der anderen Seite.

Über diese verlustfrei geführten Wellen hinaus existieren noch Wellen, welche nicht mehr geführt, sondern abgestrahlt werden. Wie wir bereits gesehen haben, sind das diejenigen Wellenfronten, die an den Grenzflächen des Filmes keine Totalreflexion mehr erfahren; für diese ist $\beta > n_2 k$. In diesem Fall ist die Größe v entsprechend Gl. (2.34) nun imaginär, was zur Folge hat, daß aus dem bisher reellen exponentiellen Feldabfall im Außenraum $x < -d/2$ eine ungedämpfte Oszillation geworden ist. Solch einer über den Querschnitt in x-Richtung unbeschränkt ausgedehnten Feldverteilung entspricht physikalisch eine Lichtabstrahlung ins Substrat; es findet keine Wellenführung im Film statt. Die folgenden Betrachtungen beschränken sich jedoch ausschließlich auf geführte Wellen.

In Abb. 2.5 ist das durch Lösung der Eigenwertgleichung (2.42) gewonnene Ausbreitungsverhalten der einzelnen Moden für den Spezialfall des schwach führenden, symmetrischen Filmwellenleiters ($n_2 = n_3$) dargestellt. Hierbei ist das normierte Phasenmaß B

$$B = \frac{\beta^2/k^2 - n_1^2}{n_1^2 - n_2^2} \tag{2.44}$$

als Funktion der normierten Frequenz V aufgetragen mit

$$V = kd\sqrt{n_1^2 - n_2^2}. \tag{2.45}$$

Man sieht, daß der Grundmode H_0 bzw. E_0 bereits bei beliebig kleiner

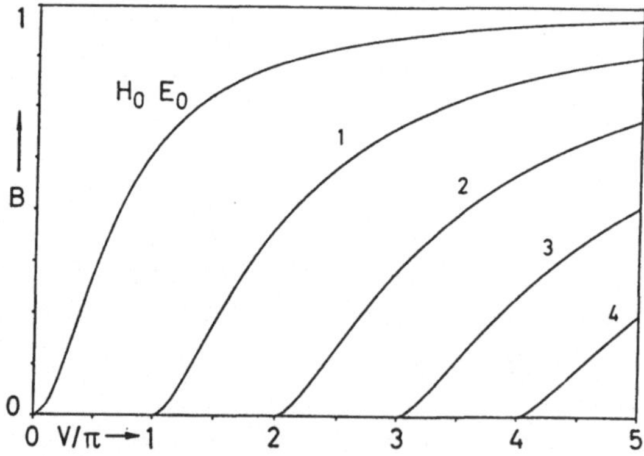

Abbildung 2.5: Normiertes Phasenmaß für H_p- und E_p-Moden im schwach führenden symmetrischen Filmwellenleiter

Wellenzahl k ($\lambda \to \infty$) zu laufen beginnt, wobei B bei Null beginnt, d.h. $\beta \approx n_2 k$. Das bedeutet, daß der Mode weit in den Außenraum ausgedehnt ist und hauptsächlich von dessen Brechzahl n_2 abhängt. Mit wachsender Frequenz und damit wachsendem k wächst B und damit auch β; der Mode konzentriert sich immer mehr im Kerngebiet, bis für sehr große Wellenzahlen $B \to 1$ und damit $\beta \to n_1 k$ geht. In diesem Fall ist der Mode fast vollständig auf das Kerngebiet beschränkt, weshalb seine Phasenkonstante fast ausschließlich von der Filmbrechzahl n_1 bestimmt wird. Man sieht weiterhin, daß mit wachsender Wellenzahl ab $V > \pi$ neben dem Grundmode auch der zweite Mode E_1 bzw. H_1 zu laufen beginnt. Je größer V wird, umso mehr geführte Moden werden im Wellenleiter ausbreitungsfähig. Der Fall des in der Praxis besonders wichtigen einmodigen Wellenleiters, des sogenannten Monomode-Wellenleiters, liegt dann vor, wenn entsprechend Abb. 2.5 die Bedingung $V < \pi$ erfüllt ist. Dies läßt sich wegen $V = kd\sqrt{n_1^2 - n_2^2}$ auf drei Weisen erreichen:

1. man wählt die Wellenzahl k genügend klein (λ genügend groß)

2. man wählt die Wellenleiterdicke d genügend klein

3. man wählt die Brechzahldifferenz $n_1^2 - n_2^2$ genügend klein.

Da in den meisten Fällen die Wellenlänge aus technologischen Gründen, z.B. der Wahl des Lasers, festliegt, führt man die Einwelligkeit durch eine am jeweiligen Fall zu optimierende Kombination von ausreichend geringer Wellenleiterdicke und Brechzahldifferenz herbei. Typische Werte in der Integrierten Optik sind $d = 10\mu m - 100\mu m$, $(n_1 - n_2)/n_1 = 10^{-3} - 10^{-2}$.

Den Übergang der Eigenschaften des symmetrischen Wellenleiters zum asymmetrischen Wellenleiter gibt Abb. 2.6 wieder, wobei die Stärke der Asymmetrie mittels des Parameters A durch

$$A = \frac{n_2^2 - n_3^2}{n_1^2 - n_2^2} \tag{2.46}$$

definiert ist. Es zeigt sich eine Verschiebung der Phasenkurven zu niedrigeren Werten mit wachsender Asymmetrie. Der wesentliche Unterschied zwischen dem symmetrischen und dem asymmetrischen Wellenleiter ist der, daß bei letzterem der Grundmode nicht für beliebig

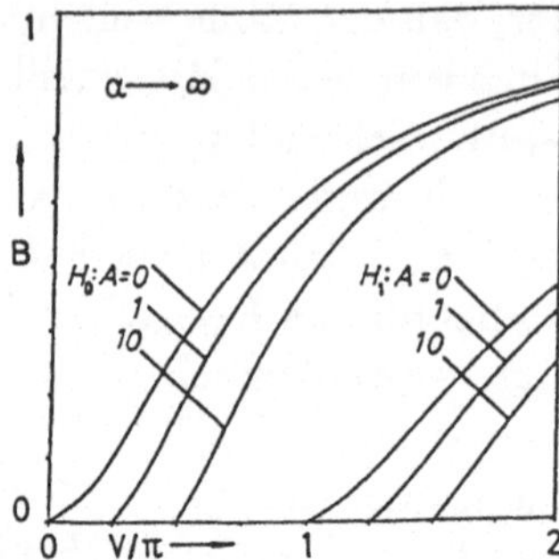

Abbildung 2.6: Phasenparameter B in Abhängigkeit vom Filmparameter V für Filmwellen niedriger Ordnung mit $A = \frac{n_s^2-n_0^2}{n_1^2-n_2^2}$ für H_p-Wellen

kleine V-Werte geführt werden kann, sondern daß auch er, wie all die höheren Moden, eine Cut-off Wellenlänge aufweist, oberhalb der keine Wellenführung mehr möglich ist. Beim Entwurf eines asymmetrischen einmodigen Wellenleiters muß man daher die Wellenleitergeometrie so optimieren, daß zwar der E_1 bzw. H_1-Mode nicht mehr geführt wird, daß der Grundmode (E_0 bzw. H_0) aber noch oberhalb seiner Cut-off-Wellenlänge liegt.

2.2 Streifenwellenleiter

Im Gegensatz zum in y-Richtung unendlich ausgedehnten Filmwellenleiter erfordert die gezielte Strahlführung in integriert-optischen Schaltungen neben der vertikalen auch eine seitliche Begrenzung der Wellen. Zu diesem Zweck muß durch entsprechende Ausgestaltung der Brechzahlen rings um das lichtführende Medium Totalreflexion an allen Grenzflächen sichergestellt werden. Man nennt ein solches Gebilde einen Streifenwellenleiter.

In Abb. 2.7 sind eine Auswahl möglicher Ausführungsformen von Streifenwellenleitern gezeigt. Der Einfachheit halber sind nur abrupte Übergänge der Brechzahlen dargestellt, jedoch führen die Fabrikationsprozesse bei der Streifenleiterherstellung eher zu Brechzahlquerschnitten mit allmählichem Brechzahlübergang zwischen Kern- und Außenraum.

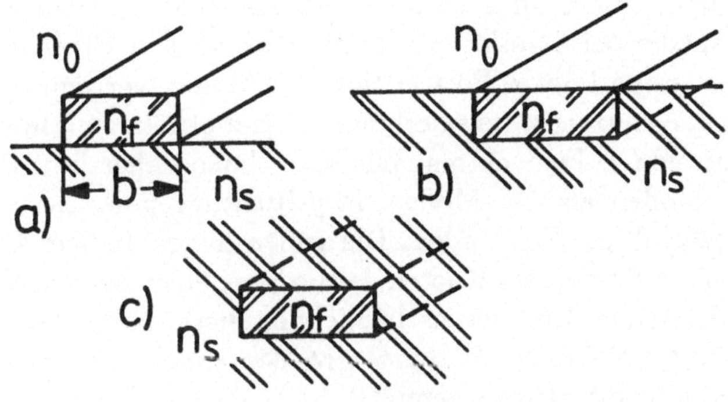

Abbildung 2.7: Optische Streifenleiter: a) aufliegender Streifen, b) bündig versenkter Streifen, c) vollständig versenkter Streifen

Beim sog. „aufliegenden Streifenleiter" ist ein Streifen endlicher Breite mit der Brechzahl n_1 auf ein Substrat mit etwas niedrigerer Brechzahl n_2 aufgebracht. Wenn die Brechzahl des äußeren Mediums n_3 ebenfalls geringer als n_1 ist, kann Licht im Inneren des Streifens durch Totalreflexion an allen vier Seitenwänden geführt werden. Befindet sich der Streifen im Substrat bündig zur Oberfläche, so spricht man vom „bündig versenkten Streifenleiter". Beim sog. „vollständig versenkten Streifenleiter" ist der Streifen auf allen vier Seiten vom Substrat umgeben. Solche planaren optischen Elemente sind relativ einfach herstellbar, da im wesentlichen auf die bereits ausgereifte Technologie der integrierten Schaltungen der Mikroelektronik zurückgegriffen werden kann. Eine durch Totalreflexion an allen vier Grenzen des Streifenleiters geführte Lichtwelle weist Feldverteilungen auf, die sowohl in x- wie in y-Richtung innerhalb eines Streifens stehende Wellen bilden, während sie in den Medien außerhalb des Streifens exponentialartig abfallen. Als wesentlicher Unterschied zum Filmwellenleiter setzt sich das Gesamtfeld eines Modes im Streifenleiter nicht nur aus drei, sondern in komplizierter Weise aus allen sechs Feldkomponenten zusammen. Wenn die Brechzahlunterschiede zwischen Streifen und umgebenden Medium nicht allzu groß sind, erweisen sich jedoch die Feldverteilungen der Transversalkomponenten als nahezu linear polarisiert.

Zur Kennzeichnung der Moden des Streifenleiters haben sich in der Literatur mehrere, unterschiedliche Nomenklaturen eingebürgert. Angepaßt an die bei Streifenleitern mit sehr kleinen Brechzahlunterschieden fast reine lineare Polarisation der Moden verwenden wir im folgenden als Kennzeichnungsmerkmal die Hauptpolarisationsrichtung des transversalen $\vec{E}$-Feldvektors. Wir bezeichnen daher in x-Richtung polarisierte Moden als E^x_{lm}-Moden, in y-Richtung polarisierte Wellen dementsprechend als E^y_{lm}-Moden. Die ganzzahligen Indices l bzw. m zählen dabei die Anzahl der Knoten der im Streifen stehenden Wellen in x- bzw. y- Richtung. Zur Veranschaulichung dieser Bezeichnungsweise sind in Abb. 2.8 die sechs niedrigsten Moden eines in $x - y$-Richtung ausgerichteten Streifenleiters gezeigt.

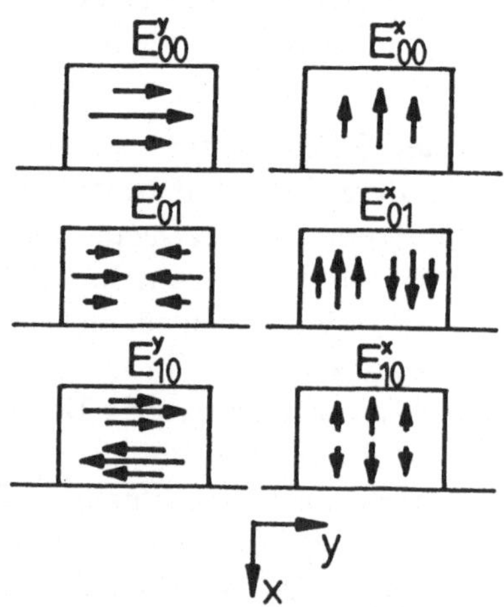

Abbildung 2.8: Transversales elektrisches Feld der E^x_{lm}- bzw. E^y_{lm}- Moden niedrigster Ordnung in optischen Streifenleitern

Der E^y_{00}-Mode stellt den Grundmode der E^y_{lm}-Wellen dar; er ist eng verwandt mit dem ebenfalls in y-Richtung polarisierten H_0-Mode des Filmwellenleiters. Gleichermaßen korrespondiert der E^x_{00}-Mode mit dem E_0-Mode des Filmwellenleiters. Bei geringen Brechzahldifferenzen zwischen Streifen und Außenmedium fallen die Phasenkonstanten der E^x_{lm}-Moden mit denen der E^y_{lm}-Moden analog zu den $H_p - E_p$-Moden des

Filmwellenleiters aufeinander. Die exakte Berechnung der Phasenkonstanten und Feldverteilungen der Moden des Streifenleiters erfordert im Gegensatz zum Filmwellenleiter einen sehr großen Rechenaufwand. Der Grund dafür liegt darin, daß beim Streifenleiter die Wellengleichung in Form einer im allgemeinen nicht separierbaren partiellen Differentialgleichung auftritt. Es existieren keine analytischen Lösungen, und selbst der Rückzug auf numerische Methoden bringt große Schwierigkeiten mit sich. Die numerische Integration der partiellen Differentialgleichungen erfordert die Anwendung komplizierter Verfahren, wie die der finiten Elemente oder der finiten Differenzen, deren Beschreibung den Rahmen dieses Buches sprengen würde.

2.3 Anregung der Moden

Aus der Tatsache, daß in einem Wellenleiter eine gewisse Anzahl von geführten Moden ausbreitungsfähig ist, kann noch nicht auf deren tatsächliche Anregung geschlossen werden. Die jeweils vorliegende Verteilung der Strahlungsleistung auf die einzelnen Moden hängt vielmehr von der speziellen Einstrahlungsbedingung am Eingang des Wellenleiters ab.

Die gesamte Feldverteilung in einem dielektrischen Wellenleiter ergibt sich daher als lineare Überlagerung der Felder aller seiner möglichen geführten Moden $\vec{E}_\nu, \vec{H}_\nu (\nu = 0, 1, 2, \cdots, \nu_{max})$ einschließlich des Kontinuums der ungeführten Strahlungsmoden $\vec{E}(\nu), \vec{H}(\nu)$ $(0 \leq \infty)$

$$\vec{E}_{ges} = \sum_\nu a_\nu \vec{E}_\nu + \int_0^\infty a(\nu) \vec{E}(\nu) d\nu \tag{2.47}$$

$$\vec{H}_{ges} = \sum_\nu a_\nu \vec{H}_\nu + \int_0^\infty a(\nu) \vec{H}(\nu) d\nu. \tag{2.48}$$

Aufgrund der mathematischen Struktur der Maxwellgleichungen gilt für die verschiedenen Moden eines beliebigen dielektrischen Wellenleiters die Orthogonalitätsrelation (Beweis siehe Anhang), wobei die Integration über die gesamte Querschnittsfläche des Wellenleiters zu erfolgen hat

$$\iint\limits_{-\infty}^{\infty} \left(\vec{E}_\nu \times \vec{H}^*_\mu\right) \cdot d\vec{f} \;=\; P_\mu \delta_{\nu\mu} \tag{2.49}$$

$$\iint\limits_{-\infty}^{\infty} \left(\vec{E}(\nu) \times \vec{H}^*(\mu)\right) \cdot d\vec{f} \;=\; P(\mu)\delta(\nu-\mu). \tag{2.50}$$

Wegen der Orthogonalität und der zusätzlichen Eigenschaft der Vollständigkeit der Moden ist es auf eindeutige Weise möglich, für eine gegebene Einstrahlung des Wellenleiters $\vec{E}_{ges}$ am Eingang (z.B. durch einen Laser), die Koeffizienten a_ν bzw. $a(\nu)$ zu bestimmen, welche die relative Anregung des jeweiligen Modes ν beschreiben:
Zur Bestimmung von a_μ für ein beliebig herausgegriffenes μ multiplizieren wir Gl. (2.47) mit $\vec{H}^*_\mu$ und integrieren über den Wellenleiterquerschnitt

$$\begin{aligned}
\iint\limits_{-\infty}^{\infty} \left(\vec{E}_{ges} \times \vec{H}^*_\mu\right) \cdot d\vec{f} &= \iint\limits_{-\infty}^{\infty} \left(\sum_\nu a_\nu \vec{E}_\nu \times \vec{H}^*_\mu\right) \cdot d\vec{f} \\
&\quad + \iint\limits_{-\infty}^{\infty} \left(\int\limits_0^{\infty} a_\nu \vec{E}_\nu \times \vec{H}^*_\mu d\nu\right) \cdot d\vec{f} \\
&= \sum_\nu a_\nu \iint\limits_{-\infty}^{\infty} \left(\vec{E}_\nu \times \vec{H}^*_\mu\right) \cdot d\vec{f} + 0 \\
&= \sum_\nu a_\nu P_\mu \delta_{\mu\nu} = a_\mu P_\mu
\end{aligned}$$

$$\rightsquigarrow a_\mu = \frac{1}{P_\mu} \iint\limits_{-\infty}^{\infty} \left(\vec{E}_{ges} \times \vec{H}^*_\mu\right) \cdot d\vec{f}. \tag{2.51}$$

Analog erhalten wir für die Strahlungsmoden

$$\begin{aligned}
\iint\limits_{-\infty}^{\infty} \left(\vec{E}_{ges} \times \vec{H}^*(\mu)\right) \cdot d\vec{f} &= \iint\limits_{-\infty}^{\infty} \left(\sum_\nu a_\nu \vec{E}_\nu \times \vec{H}^*(\mu)\right) \cdot d\vec{f} \\
&\quad + \iint\limits_{-\infty}^{\infty} \left(\left(\int\limits_0^{\infty} a(\nu)\vec{E}(\nu) d\nu\right) \times \vec{H}^*(\mu)\right) \cdot d\vec{f} \\
&= \int\limits_0^{\infty} a(\nu) \left(\iint\limits_{-\infty}^{\infty} \left(\vec{E}(\nu) \times \vec{H}^*(\mu)\right) \cdot d\vec{f}\right) d\nu + 0 \\
&= \int\limits_0^{\infty} a(\nu) P(\mu) \delta(\nu-\mu) d\nu = a(\mu)P(\mu)
\end{aligned}$$

$$\rightsquigarrow a(\mu) = \frac{1}{P(\mu)} \iint\limits_{-\infty}^{\infty} \left(\vec{E}_{ges} \times \vec{H}^*(\mu)\right) \cdot d\vec{f}. \tag{2.52}$$

Die gesamte Strahlungsleistung ist das Integral des Poynting-Vektors über den Wellenleiterquerschnitt

$$\begin{aligned} P_{ges} &= \iint\limits_{-\infty}^{\infty} \left(\vec{E}_{ges} \times \vec{H}^*_{ges}\right) \cdot d\vec{f} \\ &= \sum_{\nu}\sum_{\mu} a_\nu a^*_\mu \iint\limits_{-\infty}^{\infty} \left(\vec{E}_\nu \times \vec{H}^*_\mu\right) \cdot d\vec{f} + 0 + \\ &\quad + \iint\limits_{-\infty}^{\infty} a(\nu)a^*(\mu) \left(\iint\limits_{-\infty}^{\infty} \left(\vec{E}(\nu) \times \vec{H}^*(\mu)\right) \cdot d\vec{f}\right) d\mu d\nu \qquad (2.53) \\ &= \sum_{\nu}\sum_{\mu} a_\nu a^*_\mu P_\mu \delta_{\mu\nu} + \iint\limits_{-\infty}^{\infty} a(\nu)a^*(\mu)P(\mu)\delta(\nu-\mu)d\mu d\nu \\ &= \sum_{\nu} a_\nu a^*_\nu P_\nu + \int\int\limits_{0}^{\infty} a(\nu)a^*(\nu)P(\nu)d\nu. \end{aligned}$$

Die gesamte Strahlungsleistung setzt sich demnach aus den mit den Koeffizienten $a_\nu a^*_\nu$ gewichteten Einzelleistungen P_ν der Moden zusammen. Je nach der Form des eingestrahlten Feldes $\vec{E}_{ges}$ werden die Moden verschieden stark angeregt.

2.4 Anhang: Herleitung der Orthogonalitätsrelation

Wir gehen aus von den Maxwellschen Gleichungen

$$\nabla \times \vec{E} = -\mu \frac{\partial \vec{H}}{\partial t} \tag{2.54}$$

$$\nabla \times \vec{H} = \varepsilon \frac{\partial \vec{E}}{\partial t} \tag{2.55}$$

mit dem Ansatz für Wellenausbreitung in $+z$-Richtung

$$\vec{E} = \vec{E}(x,y)e^{-j\beta z}e^{+j\omega t} \tag{2.56}$$

$$\vec{H} = \vec{H}(x,y)e^{-j\beta z}e^{+j\omega t}. \tag{2.57}$$

Wir betrachten nun zwei verschiedene elektromagnetische Felder 1 und 2 in zwei verschiedenen Wellenleitern:

$$1.\ \vec{E}_1, \vec{H}_1 \quad \text{mit} \quad \varepsilon_1 = \varepsilon_2(x,y) + \Delta\varepsilon_1(x,y,z) \tag{2.58}$$
$$2.\ \vec{E}_2, \vec{H}_2 \quad \text{mit} \quad \varepsilon_2 = \varepsilon_2(x,y). \tag{2.59}$$

Beide Felder müssen die Rotorgleichungen (2.54) und (2.55) erfüllen; speziell muß gelten

$$\nabla \times \vec{E}_1 = -j\omega\mu\vec{H}_1 \tag{2.60}$$
$$\nabla \times \vec{H}_2 = +j\omega\varepsilon_2\vec{E}_2. \tag{2.61}$$

Wir bilden nun

$$\vec{H}_2^* \cdot \left(\nabla \times \vec{E}_1\right) = -j\omega\mu\vec{H}_2^* \cdot \vec{H}_1 \tag{2.62}$$
$$\vec{E}_1 \cdot \left(\nabla \times \vec{H}_2^*\right) = -j\omega\varepsilon_2\vec{E}_1 \cdot \vec{E}_2^*. \tag{2.63}$$

Die Differenz beider Gleichungen liefert

$$\begin{aligned} &\vec{H}_2^* \cdot \left(\nabla \times \vec{E}_1\right) - \vec{E}_1 \cdot \left(\nabla \times \vec{H}_2^*\right) \\ &\quad \equiv \nabla \cdot \left(\vec{E}_1 \times \vec{H}_2^*\right) = j\omega\left(\varepsilon_2\vec{E}_1 \cdot \vec{E}_2^* - \mu\vec{H}_1^* \cdot \vec{H}_2^*\right). \end{aligned} \tag{2.64}$$

Analog ergibt sich für die Rotorgleichungen

$$\nabla \times \vec{E}_2^* = +j\omega\mu\vec{H}_2^* \tag{2.65}$$
$$\nabla \times \vec{H}_1 = +j\omega\varepsilon_1\vec{E}_1. \tag{2.66}$$

Multiplikation mit $\vec{H}_1$ bzw. $\vec{E}_2^*$ liefert

$$\vec{H}_1 \cdot \left(\nabla \times \vec{E}_2^*\right) = +j\omega\mu\vec{H}_1 \cdot \vec{H}_2^* \tag{2.67}$$
$$\vec{E}_2^* \cdot \left(\nabla \times \vec{H}_1\right) = +j\omega\varepsilon_1\vec{E}_1 \cdot \vec{E}_2^*. \tag{2.68}$$

Subtraktion liefert

$$\begin{aligned} &\vec{H}_1 \cdot \left(\nabla \times \vec{E}_2^*\right) - \vec{E}_2^* \cdot \left(\nabla \times \vec{H}_1\right) \\ &\quad \equiv \nabla \cdot \left(\vec{E}_2^* \times \vec{H}_1\right) = j\omega\left(\mu\vec{H}_1 \cdot \vec{H}_2^* - \varepsilon_1\vec{E}_1 \cdot \vec{E}_2^*\right). \end{aligned} \tag{2.69}$$

Bilden wir die Summe von Gl. (2.64) und Gl. (2.69), so erhalten wir

$$\nabla \cdot \left(\vec{E}_1 \times \vec{H}_2^* + \vec{E}_2^* \times \vec{H}_1\right) = j\omega\left(\varepsilon_2 - \varepsilon_1\right)\vec{E}_1 \cdot \vec{E}_2^* = -j\omega\Delta\varepsilon_1\vec{E}_1 \cdot \vec{E}_2^*. \tag{2.70}$$

Unterscheiden wir bei der Divergenz zwischen transversalem und z-Anteil, so erhalten wir

$$\nabla \cdot \vec{A} = \Bigg(\underbrace{\frac{\partial}{\partial x}\vec{e}_x + \frac{\partial}{\partial y}\vec{e}_y}_{\substack{\text{hier transversal} \\ \nabla_t \cdot}} \underbrace{+\frac{\partial}{\partial z}\vec{e}_z}_{\substack{\text{hier z - Teil} \\ \partial/\partial z\vec{e}_z \cdot \text{ wirkt nur auf} \\ \text{z - Komponente von } \vec{A}}}\Bigg) \cdot \vec{A}$$

Die z-Komponenten entstehen beim Kreuzprodukt nur durch die transversalen Anteile im Produkt. Aufgespaltet in Transversal- und Longitudinalteil erhalten wir

$$\nabla_t \cdot \left(\vec{E}_1 \times \vec{H}_2^* + \vec{E}_2^* \times \vec{H}_1\right) + \frac{\partial}{\partial z}\left(\vec{E}_{1t} \times \vec{H}_{2t}^* + \vec{E}_{2t}^* \times \vec{H}_{1t}\right)_z = = -j\omega\Delta\varepsilon_1\vec{E}_1 \cdot \vec{E}_2^*. \tag{2.71}$$

Bei einer Integration über die Querschnittsfläche $\iint\limits_{-\infty}^{\infty} \cdots dxdy$ verschwindet der erste Term von Gl. (2.71) wegen Anwendung des 2-dimensionalen Gauß'schen Satzes

$$\iint\limits_{-\infty}^{\infty} \nabla_t \cdot \left(\vec{E}_1 \times \vec{H}_2^* + \vec{E}_2^* \times \vec{H}_1\right) dxdy = \oint_{c_\infty} ds\left(\vec{E}_1 \times \vec{H}_2^* + \vec{E}_2^* \times \vec{H}_1\right) \cdot \vec{e}_n = 0.$$

Übrig von Gl. (2.71) bleibt daher nach Integration über die Querschnittsfläche nur noch

$$\iint\limits_{-\infty}^{\infty} \left(\frac{\partial}{\partial z}\left(\vec{E}_{1t} \times \vec{H}_{2t}^* + \vec{E}_{2t}^* \times \vec{H}_{1t}\right)\right)_z dxdy = \iint\limits_{-\infty}^{\infty} \left(-j\omega\Delta\varepsilon_1\vec{E}_1 \cdot \vec{E}_2^*\right) dxdy. \tag{2.72}$$

Für den Spezialfall verschiedener Felder $\vec{E}_1$ und $\vec{E}_2$, aber identischer Wellenleiter $\varepsilon_1 = \varepsilon_2 \rightarrow \Delta\varepsilon_1 = 0$ erhalten wir

$$\iint\limits_{-\infty}^{\infty} \left(\frac{\partial}{\partial z}\left(\vec{E}_{1t} \times \vec{H}_{2t}^* + \vec{E}_{2t}^* \times \vec{H}_{1t}\right)\right)_z dxdy = 0\,. \tag{2.73}$$

Es war nach Gln. (2.56) - (2.57) gesetzt

$$\begin{aligned}\vec{E}_1 &= \vec{E}_1^l(x,y)e^{-j\beta_1 z}e^{+j\omega t}\\ \vec{H}_2 &= \vec{H}_2^l(x,y)e^{-j\beta_2 z}e^{+j\omega t}.\end{aligned}$$

Deshalb wird die Ableitung $\partial/\partial z$ zu

$$\frac{\partial \vec{E}_1}{\partial z} = -j\beta_1\vec{E}_1 \quad \text{und} \quad \frac{\partial \vec{H}_2^*}{\partial z} = +j\beta_2\vec{H}_2^*.$$

Für Gl. (2.73) können wir daher nun durch j gekürzt schreiben

$$(\beta_2 - \beta_1) \iint_{-\infty}^{\infty} \left(\vec{E}_{1t} \times \vec{H}_{2t}^* + \vec{E}_{2t}^* \times \vec{H}_{1t}\right)_z dxdy = 0\,. \tag{2.74}$$

<u>1.Fall</u>: $\beta_2 = \beta_1 \rightarrow \vec{E}_{2t} = \vec{E}_{1t}$ und $\vec{H}_{2t} = \vec{H}_{1t}$.

Der Vorfaktor ist Null; d.h. das Integral muß nicht verschwinden. Es gilt:

$$\iint_{-\infty}^{\infty} \left(\vec{E}_{1t} \times \vec{H}_{1t}^* + c.c.\right)_z dx\,dy = 2\Re e\{P_1\} \neq 0$$

$$\rightsquigarrow \boxed{\iint_{-\infty}^{\infty} \left(\vec{E}_{1t} \times \vec{H}_{1t}^*\right)_z dxdy = P_1 \quad \text{für } \beta_1 = \beta_2} \tag{2.75}$$

<u>2. Fall</u>: $\beta_2 \neq \beta_1 \rightarrow \vec{E}_{2t} \neq \vec{E}_{1t}$ und $\vec{H}_{2t} \neq \vec{H}_{1t}$.

Hier ist der Vorfaktor ungleich Null. Es muß also das Integral verschwinden:

$$\iint_{-\infty}^{\infty} \left(\vec{E}_{1t} \times \vec{H}_{2t}^* + \vec{E}_{2t}^* \times \vec{H}_{-1t}\right)_z dxdy = 0\,. \tag{2.76}$$

Für den rückläufigen Mode mit Index -1 muß analog zu Gl. (2.76) gelten:

$$\iint_{-\infty}^{\infty} \left(\vec{E}_{-1t} \times \vec{H}_{2t}^* + \vec{E}_{2t}^* \times \vec{H}_{-1t}\right)_z dxdy = 0\,. \tag{2.77}$$

Zwischen gleichen hin- und rücklaufenden Moden gilt aus Symmetriegründen

$$\begin{aligned}\vec{E}_{-1t}(x,y) &= E_{1t}(x,y)\\ \vec{H}_{-1t}(x,y) &= -H_{1t}(x,y).\end{aligned}$$

Eingesetzt in Gl. (2.77) ergibt sich daher

$$\iint\limits_{-\infty}^{\infty}\left(\vec{E}_{1t}\times\vec{H}^{*}_{2t}-\vec{E}^{*}_{2t}\times\vec{H}_{1t}\right)_z dxdy=0. \tag{2.78}$$

Addition von Gl. (2.76) und Gl. (2.78) liefert schließlich

$$\boxed{\iint\limits_{-\infty}^{\infty}\left(\vec{E}_{1t}\times\vec{H}^{*}_{2t}\right)_z dxdy=0 \quad \text{für } \beta_1=\beta_2} \tag{2.79}$$

Die Gln. (2.75) und (2.79) ergeben zusammen die Orthogonalitätsrelation.

Kapitel 3

Passive Elemente

In integrierten optischen oder optoelektronischen Schaltungen wird elektromagnetische Strahlung im Frequenzbereich der optischen Nachrichtentechnik, d.h. im Bereich von ca. $10^{14} - 10^{15} Hz$ verarbeitet. Im folgenden wird diese Strahlung kurz Licht genannt, obwohl sie meist im unsichtbaren Infraroten liegt. Der Begriff der Verarbeitung umfaßt hierbei sehr unterschiedliche Aufgabenstellungen, wie z.B.:

- Erzeugung von Licht
- Modulation von Licht
- Umwandlung von Lichtsignalen in elektrische Signale
- Aufteilung von verschiedenen Frequenzen auf verschiedene Wege usw.

Innerhalb der integrierten optischen Schaltung muß das Licht auf festgelegten Wegen (Bahnen, Leiter) geführt werden. Dies geschieht mittels dielektrischer Wellenleiter, und deshalb tritt in der Integrierten Optik häufig die Aufgabenstellung auf, Licht von einem Wellenleiter in einen anderen bzw. mehrere andere überzukoppeln. Wir werden uns deshalb in diesem Kapitel mit der Kopplung von Wellenleitern befassen, wobei wir im Abschnitt 3.1 die serielle Kopplung, d.h. das frontale Aufeinanderstoßen von Wellenleiter, im Abschnitt 3.2 die laterale Kopplung, d.h. die Kopplung von parallelen oder sich kreuzenden Wellenleitern betrachten. Wir werden dabei meist so vorgehen, daß wir zunächst die mathematische Behandlung der jeweiligen Wellenleiterkopplung besprechen, bevor wir jeweils auf Beispiele interessanter Anwendungen eingehen.

3.1 Serielle Kopplung von optischen Schichten

3.1.1 Matrizenrechnung für eindimensionale Schichtstrukturen

In diesem Abschnitt wollen wir das Wellenfeld in „eindimensionalen" Schichtstrukturen berechnen. „Eindimensional" heißt in diesem Zusammenhang, daß Veränderungen im Wellenfeld nur in Ausbreitungsrichtung, hier in z- Richtung auftreten, nicht aber in den dazu senkrechten Richtungen x und y. Exakt gilt dies also nur für in x- und y-Richtung unendlich ausgedehnte ebene Wellen. Praktisch gelten die Überlegungen von Abschnitt 3.1.1. auch für Lichtstrahlen, deren Randgebiete gegenüber einem breiten Gebiet ($d > 1000\lambda$) mit relativ homogener Intensitätsverteilung vernachlässigbar sind (z.B. Strahlen von Justierlasern). Dielektrische Wellenleiter erfüllen diese Bedingungen sicher nicht, doch können die Rechenschritte dieses Abschnitts später (3.1.3.) auf Wellenleiter erweitert werden.

Betrachten wir ein optisches Element S (Bild 3.1), das die Eigenschaft hat, eine einfallende Welle teilweise zu reflektieren und teilweise durchzulassen. Die einzelnen Wellen in den Gebieten vor und hinter dem S kennzeichnen wir durch die jeweilige elektrische Feldstärke. (Zur Erinnerung: Für eine ebene Welle gilt: $E = A_\kappa^\pm e^{j(\omega t \mp \beta z)}$). Die Felder A_κ^+ laufen in positive z-Richtung, A_κ^- in negative z-Richtung. Der Index $\kappa = e$ (Eingangsseite) bezeichnet in Bild 3.1 die Felder links von S, der Index $\kappa = a$ (Ausgangsseite) die Felder rechts von S. Man kann nun zwei voneinander unabhängige Fälle unterscheiden:

1. Es wird nur ein Feld A_e^+ von links eingestrahlt, welches ein reflektiertes Feld A_{e1}^- und ein transmittiertes Feld A_{a1}^+ liefert. Diese Felder erhält man mittels des Reflexionsfaktors r_1 und des Trans-

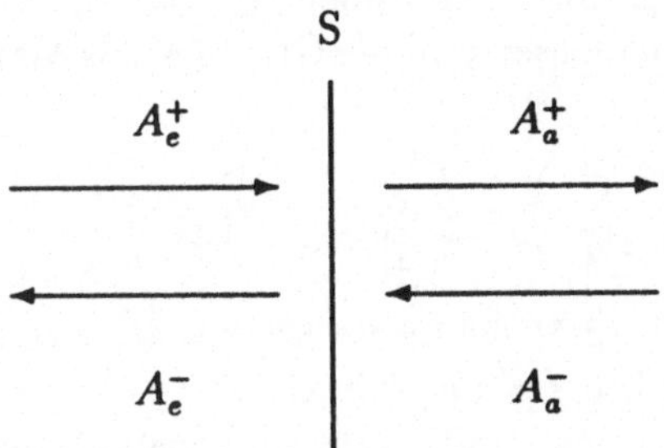

Abbildung 3.1: Spiegel S mit hin- und rücklaufenden Wellen

missionsfaktors d_1 :

$$\begin{aligned} A_{a1}^+ &= d_1 A_e^+ \\ A_{e1}^- &= r_1 A_e^+ \, . \end{aligned} \tag{3.1}$$

2. Ein Feld A_a^- wird von rechts eingestrahlt und ergibt mittels der Faktoren r_2 und d_2 die Felder A_{e2}^- und A_{a2}^+ :

$$\begin{aligned} A_{a2}^+ &= r_2 A_a^- \\ A_{e2}^- &= d_2 A_a^- \, . \end{aligned} \tag{3.2}$$

Diese beiden Fälle können gleichzeitig auftreten. Im allgemeinen hat man also das Gesamtfeld:

$$\begin{aligned} A_a^+ &= A_{a1}^+ + A_{a2}^+ = d_1 A_e^+ + r_2 A_a^- \\ A_e^- &= A_{e1}^- + A_{e2}^- = r_1 A_e^+ + d_2 A_a^- \, . \end{aligned} \tag{3.3}$$

Die beiden Gln. (3.3) löst man nun so auf, daß die Feldamplituden der Eingangsseite in Abhängigkeit der Amplituden der Ausgangsseite ausgedrückt werden:

$$\begin{aligned} A_e^+ &= \frac{1}{d_1} A_a^+ - \frac{r_2}{d_1} A_a^- \\ A_e^- &= \frac{r_1}{d1} A_a^+ + (d_2 - \frac{r_1 r_2}{d_2}) A_a^- \, . \end{aligned} \tag{3.4}$$

Man kann nun die Amplituden A_κ^+ und A_κ^- zu einem Vektor $\vec{A}_\kappa$ $(\kappa = e, a)$ zusammenfassen und die Gln. (3.4) als Matrizengleichung anschreiben:

$$\vec{A}_e = \begin{pmatrix} A_e^+ \\ A_e^- \end{pmatrix} = \begin{pmatrix} \frac{1}{d_1} & -\frac{r_2}{d_1} \\ \frac{r_1}{d_1} & d_2 - \frac{r_1 r_2}{d_1} \end{pmatrix} \begin{pmatrix} A_a^+ \\ A_a^- \end{pmatrix} = \underline{M} \cdot \vec{A}_a \,. \qquad (3.5)$$

Die durch Gl. (3.5) definierte Matrix $\underline{M}$ wird als (Wellen-) Kettenmatrix des Reflektors S bezeichnet.

Die Reflexions- und Transmissionsfaktoren r_i und d_i $(i = 1, 2)$ müssen aus dem physikalischen Aufbau des optischen Elements S bestimmt werden. Im folgenden werden zwei Beispiele für das Aufstellen von Kettenmatrizen gegeben.

Beispiel 1: Bestimmung von r_1, r_2, d_1 und d_2 für einen Spiegel, der nur aus einem einfachen Brechzahlsprung von $n_e = n_1$ auf $n_a = n_2$ besteht (Bild 3.2).

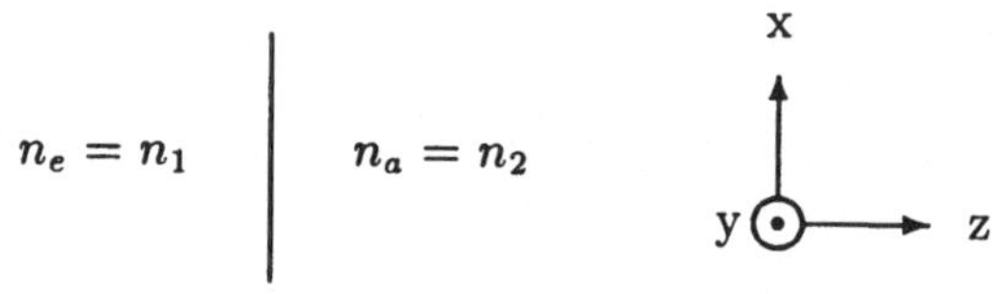

Abbildung 3.2: Spiegel mit einfachem Brechzahlsprung

Eine ebene Welle mit der Ausbreitungsrichtung z ist gegeben durch

$$\begin{aligned} E_y &= E_0 e^{j(\omega t \mp \beta z)} \\ H_x &= \mp \frac{\beta E_0}{\omega \mu_0} e^{j(\omega t \mp \beta z)} \,. \end{aligned} \qquad (3.6)$$

Diese Gleichungen erhält man z.B. aus den Gleichungen (Kapitel 2) für die TE-Wellen des Filmwellenleiters. In einem Gebiet mit homogenem Brechungsindex n_i ist

$$\beta = \frac{2\pi}{\lambda_0} n_i \qquad (3.7)$$

mit der Vakuumwellenlänge λ_0. Trifft die Welle nach Gl. (3.6) vom Gebiet mit n_1 aus auf den Brechzahlsprung bei z_0, müssen die tangentialen

Feldstärken an dieser Grenzfläche konstant sein. Diese Bedingung liefert die Gleichungen für die reflektierte und transmittierte Feldstärke E_r und E_t:

Elektrisches Feld: $E_0 + E_r = E_t$

Magnetisches Feld: $\frac{2\pi}{\lambda_0\omega\mu_0} n_1(-E_0 + E_r) = \frac{2\pi}{\lambda_0\omega\mu_0} n_2(-E_t)$.

Das Auflösen dieser Gleichungen führt auf r_1 und d_1:

$$\begin{aligned} \frac{E_r}{E_0} &= r_1 = \frac{n_1 - n_2}{n_1 + n_2} \\ \frac{E_t}{E_0} &= d_1 = \frac{2n_1}{n_1 + n_2} \,. \end{aligned} \tag{3.8}$$

Durch Vertauschen von n_1 und n_2 erhält man sofort:

$$\begin{aligned} r_2 &= \frac{n_2 - n_1}{n_1 + n_2} \\ d_2 &= \frac{2n_2}{n_1 + n_2} \,. \end{aligned} \tag{3.9}$$

Für die Kettenmatrix des Brechzahlsprungs von n_1 auf n_2 ergibt sich deshalb:

$$\underline{M}_1 = \underline{S}_{12} = \begin{pmatrix} \frac{n_1+n_2}{2n_1} & \frac{n_1-n_2}{2n_1} \\ \frac{n_1-n_2}{2n_1} & \frac{n_1+n_2}{2n_1} \end{pmatrix} \,. \tag{3.10}$$

Beispiel 2: Wellenausbreitung über die Strecke l, keine Reflexion, Dämpfung der Intensität mit der Dämpfungskonstanten α. Die Wellenausbreitung wird beschrieben durch die beiden Gleichungen:

$$E^+(l) = E^+(0)e^{-j\beta l}e^{-\frac{\alpha}{2}l} = d_1 E^+(0)$$

$$E^-(l) = E^-(0)e^{+j\beta l}e^{+\frac{\alpha}{2}l} = \frac{1}{d_2}E^-(0) \,.$$

Damit ergibt sich die Wellenkettenmatrix für die Wellenausbreitung über die Strecke l:

$$\underline{M}_2 = \underline{L} = \begin{pmatrix} e^{\frac{\alpha}{2}}e^{j\beta l} & 0 \\ 0 & e^{-\frac{\alpha}{2}l}e^{-j\beta l} \end{pmatrix} \,. \tag{3.11}$$

Mit den Matrizen $\underline{S}$ und $\underline{L}$ der beiden vorangehenden Beispiele kann man nun auch das Feld in einer Schichtenfolge nach Bild 3.3 durch Matrizenmultiplikation berechnen, da das eingansseitige Feld einer jeden Schicht Ausgangsfeld der linken benachbarten Schicht und das ausgangsseitige Feld Eingangsfeld der rechten benachbarten Schicht ist. Die Reflexions- und Transmissionsfaktoren der Gesamtanordnung kann man demzufolge der Matrix

$$\underline{M}_{ges} = \underline{S}_{12} \cdot \underline{L}_1 \cdot \underline{S}_{21} \cdot \underline{L}_2 \cdot \underline{S}_{12} \cdot \underline{L}_3 \cdot \underline{S}_{21} \cdot \underline{L}_4 \cdot \underline{S}_{12} \qquad (3.12)$$

entnehmen.

	$\underline{L}_1$		$\underline{L}_2$		$\underline{L}_3$		$\underline{L}_4$		
n_1	|	n_2	|	n_1	|	n_2	|	n_1	| n_2
	$\underline{S}_{12}$		$\underline{S}_{21}$		$\underline{S}_{12}$		$\underline{S}_{21}$		$\underline{S}_{12}$

Abbildung 3.3: Dielektrischer Spiegel aus mehreren Schichten mit den Brechungsindices n_1 und n_2; $\underline{S}_{12}$ und $\underline{S}_{12}$ Kettenmatrizen für Brechungsindexsprünge; $\underline{L}_1$ - $\underline{L}_4$ Kettenmatrizen für Wellenausbreitung

Die sogenannten dielektrischen Spiegel bestehen aus Schichtfolgen gemäß Bild 3.3. Diese Spiegel erreichen ihren maximalen Reflektionsfaktor bei der Wellenlänge λ_M, wenn die einzelnen Schichten eine Länge von $\lambda_M/4n_i$ oder ein ungeradzahliges Vielfaches von $\lambda_M/4n_i$ annehmen, wobei λ_M/n_i die Material-Wellenlänge in jeder Schicht ist. Bild 3.4 zeigt den mittels der Matrizen numerisch berechneten Verlauf des Reflexionsfaktors $|r_1|$ über λ_M/λ zweier Spiegel mit den Brechungsindices $n_1 = 3,5$ und $n_2 = 1.5$ in den verschiedenen Schichten. Alle Schichten haben die Länge $\frac{\lambda_M}{4n_i}$; der erste Spiegel besteht aus vier, der zweite aus zwölf Schichten.

Für eine Kettenmatrix der Form von Gl. (3.5) gilt ganz allgemein

$$det\underline{M} = \frac{1}{d_1}(d_2 - \frac{r_1 r_2}{d_1}) + \frac{r_1 r_2}{d_1^2} = \frac{d_2}{d_1} \,.$$

Für beliebige Matrizen $\underline{A}, \underline{B}, \underline{C}$ gilt:

$$det(\underline{A} \cdot \underline{B} \cdot \underline{C}) = det\underline{A} \cdot det\underline{B} \cdot det\underline{C} \,.$$

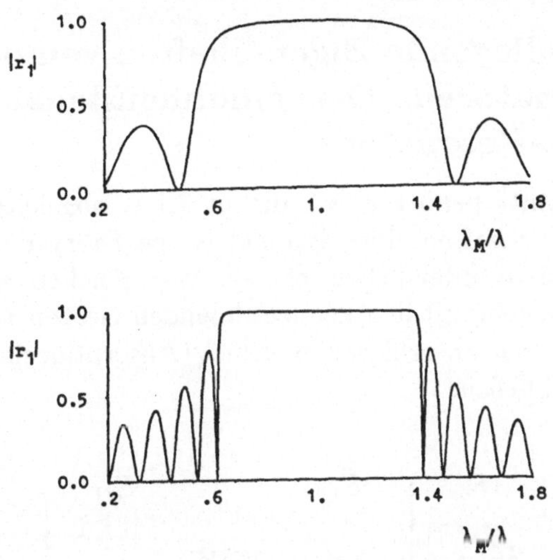

Abbildung 3.4: Reflexionsfaktor $|r_1|=|r_2|$ dielektrischer Spiegel

Da die Determinante der Matrix der Wellenausbreitung immer $det\underline{L} = 1$ (vgl. (3.11)) ist, und die Determinante eines Brechungsindexsprungs von $n_e = n_1$ nach $n_a = n_2$ immer

$$det\underline{S}_{12} = \frac{d_2}{d_1} = \frac{n_2}{n_1} = \frac{n_a}{n_e}$$

ist (vgl. (3.8) und (3.9)), gilt für eine beliebige Schichtenfolge (z.B. Bild 3.3)

$$\frac{d_{2ges}}{d_{1ges}} = \frac{n_a}{n_e}, \tag{3.13}$$

wobei n_e der Brechungsindex des Gebiets vor der Schichtenfolge ist, und n_a der Brechungsindex des Gebiets nach der Schichtenfolge. Diese Beziehung gilt auch dann, wenn sich mehr als zwei verschiedene Brechungsindices abwechseln.

3.1.2 Grundlegende Eigenschaften von optischen Resonatoren: Der eindimensionale Fabry-Perot-Resonator

In diesem Abschnitt benützen wir die in 3.1.1. abgeleiteten Matrizen, um die Eigenschaften eines symmetrischen Fabry-Perot Resonators nach Bild 3.5 zu untersuchen, der aus zwei gleichen, symmetrisch angeordneten Spiegeln mit den kennzeichnenden Größen r_1, d_1, r_2 und d_2 besteht, welche das absorbierende Gebiet (Absorptionskoeffizient α) der Länge l einschließen.

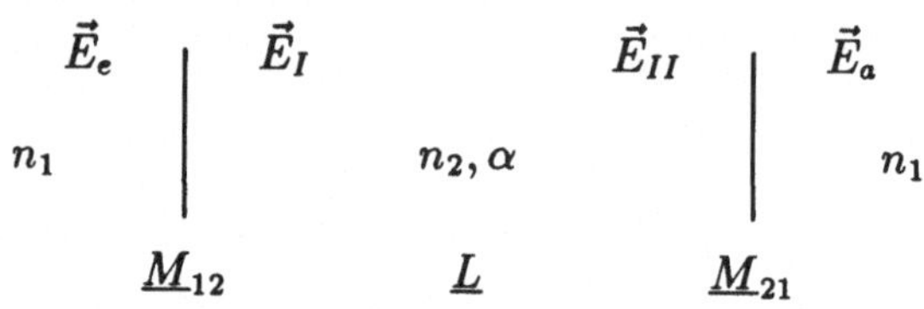

Abbildung 3.5: Symmetrischer optischer Resonator

Mit den gegebenen Reflexionskoeffizienten und Transmissionsfaktoren lautet die Kettenmatrix $\underline{M}_{FP} = \underline{M}_{12} \cdot \underline{L} \cdot \underline{M}_{21}$ ($\underline{M}_{21}$ erhält man aus $\underline{M}_{12}$ durch Vertauschen von r_1 mit r_2 und d_1 mit d_2):

$$\begin{aligned} \underline{M}_{FP} &= \begin{pmatrix} \frac{1}{d_1} & -\frac{r_2}{d_1} \\ \frac{r_1}{d_1} & d_2 - \frac{r_1 r_2}{d_1} \end{pmatrix} \cdot \begin{pmatrix} e^{\frac{\alpha}{2}l+j\beta l} & 0 \\ 0 & e^{-\frac{\alpha}{2}l-j\beta l} \end{pmatrix} \cdot \\ &\cdot \begin{pmatrix} \frac{1}{d_2} & -\frac{r_1}{d_2} \\ \frac{r_2}{d_2} & d_1 - \frac{r_1 r_2}{d_2} \end{pmatrix} . \end{aligned} \tag{3.14}$$

Die Matrix $\underline{M}_{FP}$ verknüpft die Felder $\vec{E}_e$ und $\vec{E}_a$:

$$\vec{E}_e = \underline{M}_{FP} \cdot \vec{E}_a \text{ bzw. ausführlicher}$$

$$\begin{pmatrix} E_e^+ \\ E_e^- \end{pmatrix} = \begin{pmatrix} m_{11} & m_{12} \\ m_{21} & m_{22} \end{pmatrix} \cdot \begin{pmatrix} E_a^+ \\ E_a^- \end{pmatrix} . \tag{3.15}$$

Wir befassen uns im folgenden mit dem Fall, daß Licht nur von links in den Resonator eingestrahlt wird. E_a^- ist also in Gl. (3.15) gleich Null, und das durch den Resonator durchgelassene Licht ist

$$E_a^+ = \frac{1}{m_{11}} E_e^+ = d_{1FP} E_e^+ .$$

Durch Ausführen der Matrizenmultiplikation von Gl. (3.14) erhält man

$$m_{11} = \frac{e^{\frac{\alpha}{2}l+j\beta l}}{d_1 d_2} - \frac{r_2^2}{d_1 d_2} e^{-\frac{\alpha}{2}l-j\beta l}$$

bzw. :

$$E_a^+ = \frac{d_1 d_2 e^{-\frac{\alpha}{2}l-j\beta l}}{1 - r_2^2 e^{-\alpha l - j2\beta l}} E_e^+ \,. \tag{3.16}$$

Hieraus erhält man mittels der Spiegelmatrix $\underline{M}_{21}$ des rechten Spiegels sofort

$$\begin{aligned} E_{II}^+ &= \tfrac{1}{d_2} E_a^+ \\ E_{II}^- &= \tfrac{r_2}{d_2} E_a^+ \end{aligned} \tag{3.17}$$

und mit dem Produkt $\underline{L} \cdot \underline{M}_{21}$

$$\begin{aligned} E_I^+ &= e^{\frac{\alpha}{2}l+j\beta l} \tfrac{1}{d_2} E_a^+ \\ E_I^- &= e^{-\frac{\alpha}{2}l-j\beta l} \tfrac{r_2}{d_2} E_a^+ \,. \end{aligned} \tag{3.18}$$

Die in Ausbreitungsrichtung transportierte Leistung(sdichte) ist gegeben durch die z-Komponente des Poynting-Vektors, für die mit Gl. (3.6) für ebene Wellen gilt:

$$P_z = |E_x \times H_y^*| = E_0^2 n_i \frac{2\pi}{\omega \mu_0 \lambda_0} = E_0^2 n_i \frac{k}{\omega \mu_0} = I \frac{k}{\omega \mu_0}$$

wobei wir $I = E_0^2 n_i$ hier als Intensität definieren.

Die im Resonator absorbierte Intensität erhält man als Differenz der in das absorbierende Gebiet hinein- und aus ihm herauslaufenden Wellenintensitäten:

$$I_{abs} = (|E_I^+|^2 + |E_{II}^-|^2 - |E_I^-|^2 - |E_{II}^+|^2) n_2 \,.$$

Mit den Feldern aus den Gln. (3.17) und (3.18) folgt:

$$I_{abs} = (\frac{e^{\alpha l}}{|d_2|^2} + |\frac{r_2}{d_2}|^2 - |\frac{r_2}{d_2}|^2 e^{-\alpha l} - \frac{1}{|d_2|^2}) |E_a^+|^2 n_2$$

und mit E_a^+ aus (3.16):

$$I_{abs} = (|\frac{r_2}{d_2}|^2 (1 - e^{-\alpha l}) - \frac{1}{|d_2|^2}(1 - e^{+\alpha l})) \frac{|d_1|^2 |d_2|^2 e^{-\alpha l} n_2}{|1 - r_2^2 e^{-\alpha l - j2\beta l}|^2} \cdot |E_e^+|^2$$

oder schließlich mit $I_E = |E_e^+|^2 n_1$ und $|r_2|^2 = R$:

$$\frac{I_{abs}}{I_E} = \frac{(1 - e^{-\alpha l})(Re^{-\alpha l} + 1)}{|1 - r_2^2 e^{-\alpha l} e^{-j2\beta l}|^2} |d_1|^2 \frac{n_2}{n_1} . \tag{3.19}$$

Um diese Gleichung noch etwas umschreiben zu können, müssen wir uns kurz den Energiebilanzen verlustloser Spiegel zuwenden. Für solche Spiegel muß die Summe aus reflektierter und transmitttierter Intensität die eingestrahlte Intensität ergeben. Sowohl die Einstrahlung von links, als auch von rechts ergeben je eine Gleichung:

$$\begin{aligned} \tfrac{n_2}{n_1}|d_1|^2 + |r_1|^2 &= 1 \\ \tfrac{n_1}{n_2}|d_2|^2 + |r_2|^2 &= 1 . \end{aligned} \tag{3.20}$$

Mit der Beziehung (3.13) (mit $n_e = n_1$und $n_a = n_2$ gilt $d_1 = d_2 \frac{n_1}{n_2}$) folgt aus Gl. (3.20):

$$|r_1|^2 = |r_2|^2 = |r|^2 = R \tag{3.21}$$

und schließlich:

$$|d_1|^2 \frac{n_2}{n_1} = 1 - R . \tag{3.22}$$

Damit kann man für die Absorption in einem Resonator mit verlustlosen Spiegeln schreiben:

$$\frac{I_{abs}}{I_E} = \frac{(1 - R)(1 + Re^{-\alpha l})(1 - e^{-\alpha l})}{|1 - r_2^2 e^{-\alpha l} e^{-j2\beta l}|^2} . \tag{3.23}$$

Nimmt man zusätzlich an, daß r_2 reell ist, daß also gilt $|r_2|^2 = r_2^2 = R$ erhält man endlich:

$$\frac{I_{abs}}{I_E} = \frac{(1 - R)(1 + Re^{-\alpha l})(1 - e^{-\alpha l})}{1 + R^2 e^{-2\alpha l} - 2Re^{-\alpha l} \cos 2\beta l} . \tag{3.24}$$

Die Eigenschaften des Fabry-Perot Resonators bedürfen einer ausführlichen Diskussion.

1. Transmittierte Intensität eines Resonators

Gl. (3.16) liefert mit Gl. (3.13) und Gl. (3.22) die transmittierte Intensität eines Resonators mit verlustlosen Spiegeln:

$$\frac{I_T}{I_E} = \frac{|E_a^+|^2 n_1}{|E_e^+|^2 n_1} = \frac{(1 - R)^2 e^{-\alpha l}}{|1 - r_2^2 e^{-\alpha l} e^{-j2\beta l}|^2} . \tag{3.25}$$

Für reelles r_2 folgt ähnlich zu Gl. (3.24)

$$\frac{I_T}{I_E} = \frac{(1-R)^2 e^{-\alpha l}}{1 + R^2 e^{-2\alpha l} - 2Re^{-\alpha l}\cos 2\beta l}\,. \tag{3.26}$$

Beim verlustlosen Resonator ($\alpha = 0$) nimmt I_T schließlich mit Hilfe der Umformung $-\cos 2\beta l = 2\sin^2\beta l - 1$ folgende Gestalt an:

$$\frac{I_T}{I_E} = \frac{1}{1 + \frac{4R}{(1-R)^2}\sin^2\beta l}\,. \tag{3.27}$$

Mit $I_T + I_R = I_E$ folgt für diesen Spezialfall

$$\frac{I_R}{I_E} = \frac{\frac{4R}{(1-R)^2}\sin^2\beta l}{1 + \frac{4R}{(1-R)^2}\sin^2\beta l}\,. \tag{3.28}$$

Gln. (3.27) und (3.28) sind auch unter dem Namen Airy-Funktionen bekannt. In Bild 3.6 ist die transmittierte Intensität I_T bezogen auf I_E für einen verlustlosen Resonator für verschiedene R dargestellt. Für bestimmte Werte von βl wird die Transmission gleich eins. Für diese βl-Werte entspiegeln sich die beiden Reflektoren in Bezug auf die einfallende Strahlung I_E. Der verlustfreie Resonator ist für diese βl-Werte in Resonanz.

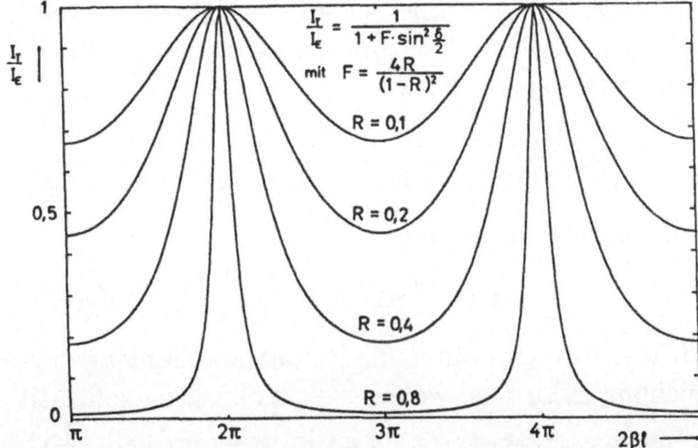

Abbildung 3.6: Transmittierte Intensität eines verlustlosen Resonators für verschiedene R

2. Resonanz, Lage und Bandbreite

Sowohl die Absorption als auch die Transmission weisen die gleiche βl- Abhängigkeit auf, vgl. Gl. (3.24) und Gl. (3.26) und lassen sich darstellen als (Z = Zähler $\neq f(\beta l)$):

$$\frac{Z}{1+R^2e^{-2\alpha l}-2Re^{-\alpha l}\cos 2\beta l}=\frac{Z}{(1-Re^{-\alpha l})^2+4Re^{-\alpha l}\sin^2\beta l}. \quad (3.29)$$

Resonanz liegt definitionsgemäß immer dann vor, wenn Transmission bzw. Absorption in Abhängigkeit von $\beta l=\frac{2\pi}{\lambda}nl$ maximale Werte annehmen. Dies ist dann der Fall, wenn $\cos 2\beta l=1$ vorliegt, was gleichbedeutend ist mit $2\beta l=2\pi m$ $m=0,1,2,3,4,\cdots$ bzw.:

$$m\frac{\lambda_R}{2n}=l\,. \quad (3.30)$$

Nach Gl. (3.30) liegt also immer dann Resonanz vor, wenn die Länge des Resonators ein ganzzahliges Vielfaches der halben (effektiven) Wellenlänge beträgt. Ist r_2 nicht reell, sondern $r_2=|r_2|e^{j\varphi_r}$ sind die Resonanzen gegeben durch $\cos(2\beta l-2\varphi_r)=1$.

Neben der Resonanzwellenlänge λ_r ist die Resonanzbandbreite eine wichtige Kenngröße eines Resonators. Diese kann man durch die sogenannte Halbwertsbreite charakterisieren, d.h. durch die Wellenlängen- oder Frequenzabweichung von der Resonanzbedingung, für die die Absorption bzw. die Transmission auf die Hälfte des Wertes bei Resonanz abgefallen sind. Für $\beta l=\beta_H l$ soll deshalb Gl. (3.29) auf den halben Maximalwert abgefallen sein:

$$\frac{Z}{(1-Re^{-\alpha l})^2+4Re^{-\alpha l}\sin^2\beta_H l}=\frac{1}{2}\frac{Z}{(1-Re^{-\alpha l})^2}\,.$$

Hieraus folgt die Bedingung:

$$4Re^{-\alpha l}\sin^2\beta_H l=(1-Re^{-\alpha l})^2\,. \quad (3.31)$$

Nun drücken wir $\beta_H l$ durch die Resonanzwellenlänge λ_R und eine kleine Abweichung $\Delta\lambda_H$ aus, wobei $\frac{\Delta\lambda_H}{\lambda_R}\ll 1$ gelten soll. Mit der Näherung für kleine x : $\frac{1}{1+x}\approx 1-x$ (x ist in unserem Fall $\frac{\Delta\lambda_H}{\lambda_R}$) und Gl. (3.30) erhalten wir:

$$\beta_H l=\frac{2\pi n}{\lambda_R\mp\Delta\lambda_H}l\approx\frac{2\pi nl}{\lambda_R}\pm\frac{2\pi nl}{\lambda_R}\cdot\frac{\Delta\lambda_H}{\lambda_R}=\pi m\pm\pi m\frac{\Delta\lambda_H}{\lambda_R}\,.$$

Jetzt können wir $\sin^2 \beta_H l$ berechnen:

$$\sin^2 \beta_H l = \sin^2(\pi m \frac{\Delta\lambda_H}{\lambda_R}) \approx (\pi m \frac{\Delta\lambda_H}{\lambda_R})^2$$

oder schließlich mit Gl. (3.31):

$$\frac{\Delta\lambda_H}{\lambda_R} = \frac{1}{\pi m} \frac{1 - Re^{-\alpha l}}{4\sqrt{Re^{-\alpha l}}}$$

bzw. :

$$\frac{\Delta\lambda_H}{\lambda_R} = \frac{\lambda_R}{4nl\pi} \frac{1 - Re^{-\alpha l}}{\sqrt{Re^{-\alpha l}}} . \qquad (3.32)$$

Man sieht an der für kleine $\frac{\Delta\lambda_H}{\lambda_R}$ gültigen Näherungsformel Gl. (3.32), daß die Bandbreite mit wachsender Länge l abnimmt und daß Verluste die Bandbreite verbreitern ($1 - Re^{-\alpha l} \uparrow$, falls $\alpha \uparrow$). Rechnet man mit $\Delta f_H = \Delta\lambda_H \frac{c}{\lambda_R^2}$ die Wellenlängen in Frequenzen um, erhält man:

$$\Delta f_H = \frac{c}{4nl\pi} \cdot (1 - Re^{-\alpha l}) \cdot \sqrt{Re^{-\alpha l}} .$$

3. Absorption in einem optischen Resonator bei Resonanz.

Die Absorption in einem Resonator mit dem Absorptionskoeffizienten α ist durch Gl. (3.24) gegeben, die bei Resonanz die Form annimmt:

$$\left.\frac{I_{abs}}{I_E}\right|_{Res} = \frac{(1-R)(1 + Re^{-\alpha l})(1 - e^{-\alpha l})}{(1 - Re^{-\alpha l})^2} . \qquad (3.33)$$

Bei festliegender Länge l und gegebenem Absorptionskoeffizienten α kann man den Reflexionsfaktor R so optimieren, daß $\frac{I_{abs}}{I_E}|_{Res}$ maximal wird. Die Auswertung der Gleichung $\delta(\frac{I_{abs}}{I_E}|_{Res})/\delta R = 0$ liefert einen für die Absorption optimalen Reflexionsfaktor von

$$R_{opt} = \begin{cases} \frac{3e^{-\alpha l} - 1}{3e^{-\alpha l} - e^{-2\alpha l}} & \alpha l < \ln 3 \\ 0 & \alpha l \geq \ln 3 \end{cases} \qquad (3.34)$$

Für $R = O$ liegt natürlich kein Resonator mehr vor. R_{opt} eingesetzt in Gl. (3.33) ergibt eine Absorption von:

$$\left.\frac{I_{abs}}{I_E}\right|_{Res,Ropt} = \frac{1}{8} \frac{(1 + e^{-\alpha l})^2}{e^{-\alpha l}} \quad \alpha l < \ln 3$$

Die Absorption in einem optimalen Resonator, der in Resonanz ist, wird in Bild 3.7 im Vergleich zu der Absorption über eine gleich lange Strecke l bei gleichem Absorptionskoeffizienten α dargestellt. Ein optimaler Resonator absorbiert auch bei sehr kleinen αl-Produkten noch eine große Lichtintensität. Bei einem symmetrischen (zwei gleiche Spiegel) Resonator liegt der Grenzwert, der nicht unterschritten wird bei 0.5. Betrachtet man einen asymmetrischen Spiegel, dessen einer Spiegel, der nicht vom Licht durchstrahlt werden muß, den Relexionsfaktor 1 aufweist, dann stellt man fest, daß sogar immer $\frac{I_{abs}}{I_E}|_{Res} = 1$ erreicht werden kann. Wie wir später sehen werden ist ein Reflektionsfaktor von exakt 1 aber praktisch nicht erreichbar, deshalb haben wir uns hier auf das Beispiel des symmetrischen Resonators beschränkt, der zwar sehr große Reflexionsfaktoren R_{opt} benötigt, nicht jedoch $R = 1$. R_{opt} beträgt z.B. für $\alpha l = 0.01$ gleich 0.99.

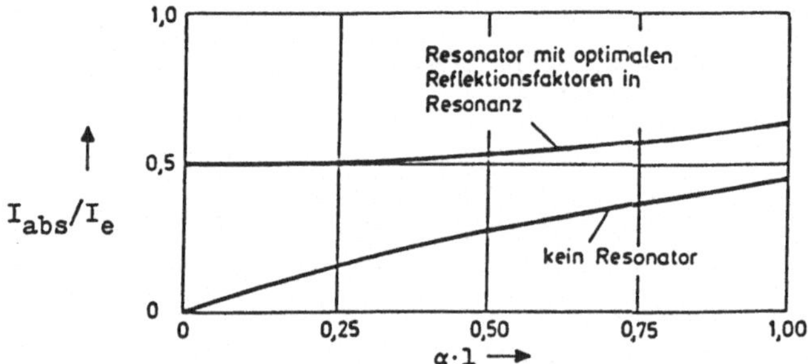

Abbildung 3.7: Vergleich der Absorbtion mit und ohne Resonator bei jeweils gleichem $\alpha \cdot l$

Das Verhältnis von minimaler Absorption in der Mitte zwischen zwei Resonanzen ($\hat{=} \cos 2\beta l = -1$) zu maximaler Absorption bei Resonanz ($\hat{=} \cos 2\beta l = 1$) beträgt:

$$\frac{I_{Min}}{I_{Max}} = \left(\frac{1 - Re^{-\alpha l}}{1 + Re^{-\alpha l}} \right)^2 . \qquad (3.35)$$

Dieses Verhältnis ist für $\alpha l = 0.01$ und $R = R_{opt} = 0.99 ca. 10^{-4}$ d.h. im Wellenlängenbereich zwischen zwei Resonanzen wird sehr wenig Intensität absorbiert. Um noch weitere Aussagen über die Halbwertsbreite treffen zu können, wird Gl. (3.34) in Gl. (3.32) eingesetzt und für kleine αl- Werte auf die näherungsweise gültige Form gebracht:

$$\Delta\lambda_H \approx \frac{\lambda_{0R}^2}{2n\pi}\alpha \quad \alpha l < 0.1 \tag{3.36}$$

Diese Gleichung bedeutet, daß bei Verwendung eines Materials mit kleinem Absorptionskoeffizienten sehr kleine Halbwertsbreiten erreichbar sind. Halbleiter weisen in der Nähe der Bandkante einen sehr kleinen Absorptionskoeffizienten auf. Für Silizium ist der Verlauf des Absorbtionskoeffizienten über der Wellenlänge in Bild 3.8 dargestellt. Ein Wert von $\alpha = 100\frac{1}{m}$ wird bei Si bei ca. $1.1\mu m$-Wellenlänge erreicht und liefert eine Bandbreite von unter $10^{-5}\mu m (n_{Si} = 3.5)$.

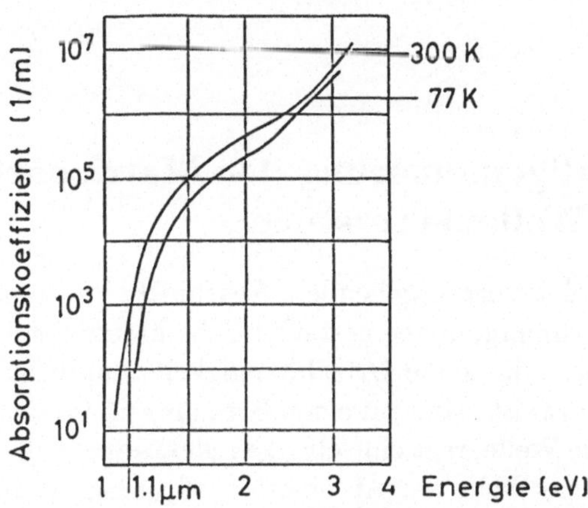

Abbildung 3.8: Absorptionskoeffizient α für Silizium

Den typischen Verlauf der absorbierten Intensität über der Wellenlänge in einem Resonator mit hohen Reflexionsfaktoren und niedrigem α gibt Bild 3.9 wieder. Benachbarte Resonanzstellen sind durch Gebiete mit sehr geringer Absorption getrennt. Liegt nun ein derartiger Resonator im Bereich der Raumladungszone einer in Sperrichtung gepolten Fotodiode, dann liefert diese Fotodiode nur elektrische Signale, wenn das eingestrahlte Lichtsignal innerhalb einer Resonanzbandbreite des Resonators liegt. Diese Fotodiode mit Resonator ist also ein sehr wellenlängenselektives Empfangselement. In späteren Abschnitten werden wir Modulations- und Demodulationseinrichtungen kennenlernen, die auf dieser selektiven Wirkungsweise einer Fotodiode mit Resonator beruhen.

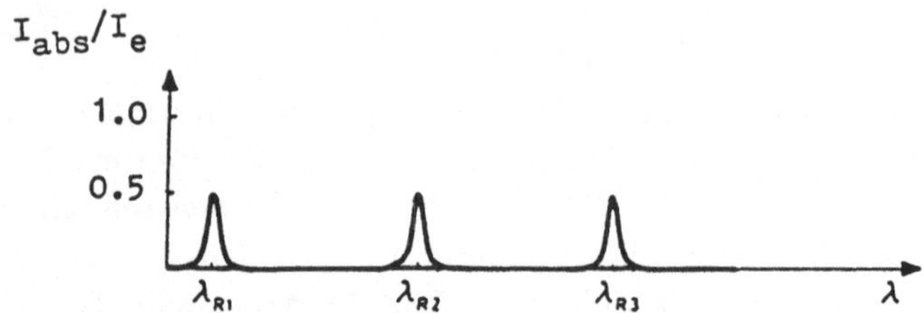

Abbildung 3.9: Wellenlängenabhängigkeit der auf die Einstrahlung bezogenen absorbierten Intensität in einem symmetrischen Resonator

3.1.3 Verallgemeinerung der Matrizenrechnung auf Wellenleiterstößе

Die Ergebnisse der vorrausgehenden Abschnitte gewannen wir durch eine Matrizenrechnung, die es gestattet Schichtenfolgen optischer Elemente zu rechnen, die keine Ortsabhängigkeit senkrecht zur Ausbreitungsrichtung aufweist. Eine auf einen Brechungsindexsprung (Bild 3.2) einfallende ebene Welle, regt eine einzige reflektierte Welle und eine einzige transmittierte Welle an. An einem Stoß zweier Wellenleiter herrschen nun grundsätzlich andere Verhältnisse. Das Feld in jedem Wellenleiter besteht auch bei einer einzigen Frequenz aus geführten und strahlenden Moden unterschiedlicher Wellenlängen. Im allgemeinen ändern sich bei einem Übergang von einem zum anderen Wellenleiter sowohl die Brechungsindices im Kern als auch im Außenraum der Leiter. Strahlt man einen geführten Mode z.B. auf einen Stoß zweier Filmwellenleiter nach Bild 3.10 ein, werden deshalb in den meisten Fällen im reflektierten und transmittierten Licht auch andere Moden als der eingestrahlte angeregt. Dieser Vorgang wird als Modenumwandlung oder Modenkonversion bezeichnet, und ihn gilt es in der Berechnung einer Schichtfolge, die aus Wellenleiterstücken besteht, zu berücksichtigen.

Das gesamte transversale Feld in einem Wellenleiter, das in positive

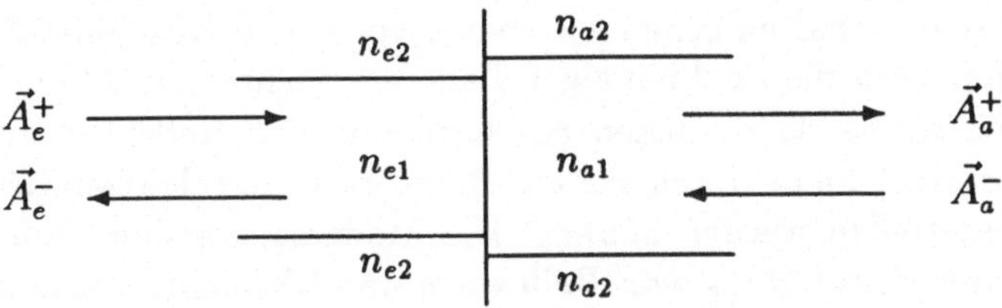

Abbildung 3.10: Stoß zweier Wellenleiter

z Richtung läuft, kann durch folgende Gleichungen beschrieben werden.

$$\vec{E}_t(x,y,z) = \sum_\mu A_\mu^+ \vec{E}_\mu(x,y) e^{-j\beta_\mu z}$$
$$\vec{H}_t(x,y,z) = \sum_\mu A_\mu^+ \vec{H}_\mu(x,y) e^{-j\beta_\mu z}. \tag{3.37}$$

Man beachte, daß die Amplituden A im Unterschied zu Abschnitt 3.1.1., wo sie die Amplituden des elektrischen Feldanteils darstellten, jetzt Amplituden von (normierten) Moden E_μ bzw H_μ sind. Für die Bezeichnung der Modeordnung führen wir neue Indices ein, und zwar μ für das linke („e") Gebiet und ν für das rechte („a") Gebiet. Die Indices e und a und die Bezeichnungen + und − haben wieder die gleiche Bedeutung wie in Abschnitt 3.1.1.. Die Amplituden der verschiedenen Wellenleitermoden, die auf der Eingangsseite in positive Ausbreitungsrichtung laufen, sind also z.B. $A_{e1}^+, A_{e2}^+, \cdots, A_{e\mu}^+, \cdots, A_{eM}^+$. Diese Amplituden fassen wir zu einem Vektor zusammen:

$$\vec{A}_e^+ = \begin{pmatrix} A_{e1}^+ \\ A_{e2}^+ \\ \vdots \\ A_{e\mu}^+ \\ \vdots \\ A_{eM} \end{pmatrix}. \tag{3.38}$$

Ebenso verfahren wir mit den anderen Feldern und bilden analog $\vec{A}_e^-$, $\vec{A}_a^+$ und $\vec{A}_a^-$.

Um nun wieder eine Kettenmatrix für den Wellenleiterstoß nach Bild 3.10 zu erhalten gehen wir wieder vor wie in Abschnitt 3.1.1., d.h. wir überlagern die unabhängigen Fälle der Lichteinstrahlung von links und von rechts. Wir müssen nur beachten, daß Reflexion und Transmission nicht mehr durch skalare Reflexions- und Transmissionsfaktoren beschrieben werden können. Die Modenkonversion muß vielmehr durch die Verwendung von Reflexions und Transmissionsfaktormatrizen berücksichtigt werden. Diese Matrizen bezeichnen wir mit $\underline{r}_1, \underline{r}_2, \underline{d}_1$ und $\underline{d}_2$. Die Gleichungen für den ersten Feldanteil (Einstrahlung von links) lauten analog zu Gl. (3.1)

$$\begin{aligned} (\vec{A}_a^+)_1 &= \underline{d}_1 \vec{A}_e^+ \\ (\vec{A}_e^-)_1 &= \underline{r}_1 \vec{A}_e^+ \end{aligned} \tag{3.39}$$

und für den zweiten Feldanteil (Einstrahlung von rechts) analog zu Gl. (3.2)

$$\begin{aligned} (\vec{A}_a^+)_2 &= \underline{r}_2 \vec{A}_a^- \\ (\vec{A}_e^-)_2 &= \underline{d}_2 \vec{A}_a^- . \end{aligned} \tag{3.40}$$

Ausführlich geschrieben lauten die Gleichungen (3.39), (3.40) z.B.:

$$\begin{pmatrix} A_{a1}^+ \\ \vdots \\ A_{a\nu}^+ \\ \vdots \\ A_{aN}^+ \end{pmatrix}_1 = \begin{pmatrix} d_{11} & d_{12} & d_{13} & \cdots & d_{1M} \\ d_{21} & \cdot & \cdot & & \cdot \\ d_{31} & \cdot & & & \\ \vdots & & & d_{\nu\mu'} & \\ d_{N1} & \cdot & & & \end{pmatrix} \begin{pmatrix} A_{e1}^+ \\ \vdots \\ A_{e\mu'}^+ \\ \vdots \\ A_{eM}^+ \end{pmatrix} \tag{3.41}$$

$$\begin{pmatrix} A_{e1}^- \\ \vdots \\ A_{e\mu}^- \\ \vdots \\ A_{eM}^- \end{pmatrix}_1 = \begin{pmatrix} r_{11} & r_{12} & r_{13} & \cdots & r_{1M} \\ r_{21} & \cdot & \cdot & & \\ r_{31} & \cdot & & & \\ \vdots & & & r_{\mu\mu'} & \\ r_{M1} & \cdot & & & \end{pmatrix} \begin{pmatrix} A_{e1}^+ \\ \vdots \\ A_{e\mu'} \\ \vdots \\ A_{eM}^+ \end{pmatrix} . \tag{3.42}$$

Die Überlagerung beider Fälle ergibt analog zu Gl. (3.3):

$$\vec{A}_a^+ = \underline{d}_1 \vec{A}_e^+ + \underline{r}_2 \vec{A}_a^- \tag{3.43}$$

$$\vec{A}_e^- = \underline{r}_1 \vec{A}_e^+ + \underline{d}_2 \vec{A}_a^- . \tag{3.44}$$

In der praktischen Rechnung kann durch geeignete Maßnahmen immer erreicht werden, daß die maximale Anzahl der Moden in beiden Wellenleitern gleich ist, daß also $M = N$ ist und daß $\underline{d}_1$ und $\underline{d}_2$ quadratische Matrizen sind. Dann existieren die inversen Matrizen $\underline{d}_1^{-1}$ und $\underline{d}_2^{-1}$. Deshalb kann man Gl. (3.43) von links mit $\underline{d}_1^{-1}$ multiplizieren, um $\vec{A}_e^+$ in Abhängigkeit von $\vec{A}_a^+$ und $\vec{A}_a^-$ zu erhalten (Gl. (3.45)). Diese Gleichung eingesetzt in Gl. (3.44) liefert schließlich Gl. (3.46):

$$\vec{A}_e^+ = \underline{d}_1^{-1}\vec{A}_a^+ - \underline{d}_1^{-1}\underline{r}_2\vec{A}_a^- \tag{3.45}$$

$$\vec{A}_e^- = \underline{r}_1\underline{d}_1^{-1}\vec{A}_a^+ + (\underline{d}_2 - \underline{r}_1\underline{d}_1^{-1}\underline{r}_2)\vec{A}_a^-. \tag{3.46}$$

Die beiden Gln. (3.45) und (3.46) liefern schließlich die Matrizengleichung:

$$\begin{pmatrix} \vec{A}_e^+ \\ \vec{A}_e^- \end{pmatrix} = \begin{pmatrix} \underline{d}_1^{-1} & -\underline{d}_1^{-1}\underline{r}_2 \\ \underline{r}_1\underline{d}_1^{-1} & \underline{d}_2 - \underline{r}_1\underline{d}_1^{-1}\underline{r}_2 \end{pmatrix} \cdot \begin{pmatrix} \vec{A}_a^+ \\ \vec{A}_a^- \end{pmatrix} \tag{3.47}$$

oder noch kürzer

$$\vec{A}_e = \underline{M} \cdot \vec{A}_a \tag{3.48}$$

wobei $\underline{M}$ die Teilmatrizen $\underline{d}_1^{-1}, -\underline{d}_1^{-1}\underline{r}_2, \underline{r}_1\underline{d}_1^{-1}$ und $\underline{d}_2 - \underline{r}_1\underline{d}_1^{-1}\underline{r}_2$ enthält, und sich die Vektoren $\vec{A}_k$ aus den Vektoren $\vec{A}_k^+$ und $\vec{A}_k^-$ ($k = e, a$) zusammensetzen. Für die reine Wellenausbreitung hat $\underline{M}$ die Gestalt:

$$\underline{L} = \underline{M} = \begin{pmatrix} e^{\frac{\alpha}{2}l+j\beta_1 l} & & & & & \\ & \ddots & & & & 0 \\ & & e^{\frac{\alpha}{2}l+j\beta_M l} & & & \\ & & & e^{-\frac{\alpha}{2}l-j\beta_1 l} & & \\ & 0 & & & \ddots & \\ & & & & & e^{-\frac{\alpha}{2}l-j\beta_M l} \end{pmatrix} \tag{3.49}$$

Die Matrizen $\underline{r}_i, \underline{d}_i$ $(i = 1, 2)$ werden wieder aus den physikalischen Eigenschaften bestimmt. Beim einfachen Wellenleiterstoß ist dies die Konstanz des transversalen $\vec{E}$ und $\vec{H}$ Feldes. Mit $\vec{E}_\mu(x, y)$ und $\vec{H}_\mu(x, y)$ wird das transversale Feld des geführten Modes der Ordnung μ bezeichnet, mit $E(\mu, x, y)$ und $H(\mu, x, y)$ das des strahlenden Feldes, das vom kontinuierlichen Parameter μ abhängt. Wenn das Feld eines Wellenleiters von mehreren Parametern abhängt, wenn z.B. die Modeordnung durch eine zweifache Indicierung s und t gegeben ist, dann können diese zwei oder mehr Parameter durch Umrechnung immer auf den einen Index μ zurückgeführt werden. Der Index μ bezieht sich wieder auf die Eingangsseite (e), ν auf die Ausgangsseite (a). Die beiden Gleichungen für die Konstanz des $\vec{E}$-Feldes und des $\vec{H}$-Feldes lauten dann:

$$\begin{aligned}
&\sum_{\mu} A^{+}_{e\mu} E_{\mu}(x,y) + \int_{\mu} A^{+}_{e}(\mu) E(\mu,x,y) d\mu + \\
&+ \sum_{\mu} A^{-}_{e\mu} E_{\mu}(x,y) + \int_{\mu} A^{-}_{e}(\mu) E(\mu,x,y) d\mu = \\
&\qquad = \sum_{\nu} A^{+}_{a\nu} E_{\nu}(x,y) + \int_{\nu} A^{+}_{a}(\nu) E(\nu,x,y)
\end{aligned} \tag{3.50}$$

$$\begin{aligned}
&\sum_{\mu} - A^{+}_{e\mu} H_{\mu}(x,y) - \int_{\mu} A^{+}_{e}(\mu) H(\mu,x,y) d\mu + \\
&+ \sum_{\mu} A^{-}_{e\mu} H_{\mu}(x,y) + \int_{\mu} A^{-}_{e}(\mu) H(\mu,x,y) d\mu = \\
&= - \sum_{\nu} A^{+}_{a\nu} H_{\nu}(x,y) - \int_{\nu} A^{+}_{a}(\nu) H(\nu,x,y) d\nu \, .
\end{aligned} \tag{3.51}$$

Wir wissen, daß die Wellenleitermoden orthogonal zueinander sind, deshalb können wir die transversalen Felder folgendermaßen normieren:

$$\begin{aligned}
\iint (E_{\mu} \times H^{*}_{\mu'}) dx dy &= \delta_{\mu\mu'} = \begin{cases} 1 & \text{für } \mu = \mu' \\ 0 & \text{für } \mu \neq \mu' \end{cases} \\
\iint E(\mu) \times H^{*}(\mu') dx dy &= \delta(\mu - \mu') \\
\iint E_{\mu} \times H^{*}(\mu') dx dy &= 0
\end{aligned} \tag{3.52}$$

Die gleichen Beziehungen gelten auch für den zweiten Wellenleiter, nämlich wenn wir ν und ν' für μ und μ' schreiben. Integrale, die Moden zweier verschiedener Gebiete enthalten, sind dagegen im allgemeinen nicht gleich Null oder eins. Wir definieren deshalb die Größen F und G wie folgt:

$$\begin{aligned}
\iint E_{\mu} \times H^{*}_{\nu} dx dy &= F_{\mu\nu} \\
\iint E_{\mu} \times H^{*}(\nu) dx dy &= F_{\mu}(\nu) \\
\iint E(\mu) \times H^{*}_{\nu} dx dy &= F(\mu)_{\nu} \\
\iint E(\mu) \times H^{*}(\nu) dx dy &= F(\mu,\nu)
\end{aligned} \tag{3.53}$$

und entsprechend:

$$\begin{array}{lcl} \iint H_\mu \times E_\nu^* dxdy & = & G_{\mu\nu} \\ \iint H_\mu \times E^*(\nu) dxdy & = & G_\mu(\nu) \\ \iint H(\mu) \times E_\nu^* dxdy & = & G_\nu(\mu) \\ \iint H(\mu) \times E^*(\nu) dxdy & = & G(\mu,\nu) \,. \end{array} \tag{3.54}$$

Multiplizieren wir Gl. (3.50) mit $\vec{H}_\mu^*(x,y)$ bzw. mit $\vec{H}^*(\mu,x,y)$ vektoriell und integrieren über x und y, dann erhalten wir:

$$\begin{array}{lcl} A_{e\mu}^+ + A_{e\mu}^- & = & \sum\limits_{\nu=1}^{N_{Gef}} A_{a\nu}^+ F_{\nu\mu} \;+\; \int\limits_\nu A_a^+(\nu) F_\mu(\nu) d\nu \\ A_e^+(\mu) + A_e^-(\mu) & = & \sum\limits_\nu A_{a\nu}^+ F_\nu(\mu) \;+\; \int\limits_\nu A_a^+(\nu) F(\mu,\nu) d\nu. \end{array} \tag{3.55}$$

Gl. (3.51) multiplizieren wir mit $\vec{E}_\nu^*(x,y)$ bzw. mit $\vec{E}^*(\nu,x,y)$. Nach der Integration über die Querabmessungen ergibt sich:

$$\begin{array}{lcl} -A_{a\nu}^+ & = & \sum\limits_{\mu=1}^{M_{Gef}} -A_{e\mu}^+ G_{\mu\nu} + \sum\limits_\mu A_{e\mu}^- G_{\mu\nu} - \\ & & - \int\limits_\mu A_e^+(\mu) G(\mu)_\nu d\mu + \int\limits_\mu A_e^-(\mu) G(\mu)_\nu d\mu \\ -A_a^+(\nu) & = & \sum\limits_\mu -A_{e\mu}^+ G_\mu(\nu) + \sum_\mu A_{e\mu}^- G_\mu(\nu) - \\ & & - \int\limits_\mu A_e^+(\mu) G(\mu,\nu) d\mu + \int\limits_\mu A_e^-(\mu) G(\mu,\nu) d\mu \,. \end{array} \tag{3.56}$$

Die Gleichungen (3.55) und (3.56) enthalten M_{Gef} und N_{Gef} Unbekannte (Anzahl der geführten Moden) und die zwei unbekannten Funktionen $A_e^-(\mu)$ und $A_a^+(\nu)$ und bestehen aus ebensovielen gekoppelten Integralgleichungen. Um diese Gleichungen numerisch lösen zu können, müssen wir die Integrale auf den rechten Seiten diskretisieren, d.h. in Summen aufspalten. Dazu spalten wir z.B. die Integrale über $\nu : \int_\nu \cdots d\nu$ in Teilintegrale über $\Delta\nu_i$ auf und wählen die Intervalle $\Delta\nu_i$ so klein, daß wir die unbekannten $A(\nu)$ als konstant in diesen Intervallen $\Delta\nu_i$ ansehen dürfen. Wir schreiben kurz $A(\nu) = A(\nu_i) = A_\nu$ und ziehen die

Unbekannte vor das Integral über $\Delta\nu_i$. Die Summation über alle Integrale über $\Delta\nu_i$ liefert schließlich wieder den ursprünglichen Integrationsbereich über alle ν. Formelmäßig führen wir also folgende Maßnahmen aus:

$$\begin{aligned}\int_\nu A_a^+(\nu)F_\mu(\nu)d\nu &= \sum_i A_a^+(\nu_i)\int_{\Delta\nu_i} F_\mu(\nu)d\nu = \sum_i A_a^+(\nu_i)F_{\nu_i\mu} \\ \text{oder kurz} &= \sum_\nu A_{a\nu}^+ F_{\nu\mu}\end{aligned} \tag{3.57}$$

und

$$\int_\nu A_a^+(\nu)F(\nu,\mu_i)d\nu = \sum_i A_a^+(\nu_i)\int_{\Delta\nu_i} F(\nu,\mu_i)d\nu = \sum_\nu A_{a\nu}^+ F_{\nu\mu}. \tag{3.58}$$

Die Summen über ν in Gl. (3.57) und Gl. (3.58) erstrecken sich über einen anderen Bereich ν als die Summen gleicher Gestalt, die schon in Gl. (3.55) stehen. Man kann deshalb ohne weiteres geführte Moden und Strahlungsmoden zu einer Summe zusammenfassen und erhält mit $A_e^+(\mu_i) = A_{e\mu}^+$ aus den zwei Gl. (3.55) formal eine einzige:

$$A_{e\mu}^+ + A_{e\mu}^- = \sum_{\nu=1}^{N} A_{a\nu}^+ F_{\nu\mu}. \tag{3.59}$$

Durch die gleichen Maßnahmen erhält man aus Gl. (3.56)

$$-A_{a\nu}^+ = \sum_{\mu=1}^{M}(-A_{e\mu}^+ + A_{e\mu}^-)G_{\mu\nu}. \tag{3.60}$$

Die oberen Grenzen der Summationen M und N umfassen jetzt geführte Moden und diskretisierte Strahlungsmoden. Für die numerische Behandlung müssen M und N einen endlichen Wert annehmen, d.h. man kann nicht beliebig viele Strahlungsmoden berücksichtigen. Insbesondere ist die Wahl von $M = N$ möglich, eine Annahme die wir schon bei der Herleitung der Wellenkettenmatrix trafen.

Bilden wir jetzt aus den Koeffizienten $F_{\nu\mu}$ die Matrix $\underline{F}_{\nu\mu}$ bzw. die dazu transponierte Matrix $\underline{F}_{\mu\nu}$ und entsprechend $\underline{G}_{\nu\mu}$, bekommen wir aus Gl. (3.59) und Gl. (3.60) die Matrixgleichungen:

$$\vec{A}_e^+ + \vec{A}_e^- = \underline{F}_{\mu\nu}\vec{A}_a^+ \tag{3.61}$$

$$-\vec{A}_a^+ = \underline{G}_{\nu\mu}(-\vec{A}_e^+ + \vec{A}_e^-) \tag{3.62}$$

mit z.B. $\vec{A}_e^+$ nach Gln. (3.38). (3.61) und (3.62) ergeben aufgelöst nach $\vec{A}_a^+$ und $\vec{A}_e^-$:

$$\vec{A}_a^+ = 2(\underline{F}_{\mu\nu} + \underline{E})^{-1}\underline{G}_{\nu\mu}\vec{A}_e^+ = \underline{d}_1\vec{A}_e^+ \tag{3.63}$$

$$\vec{A}_e^- = (\underline{F}_{\mu\nu}2(\underline{F}_{\mu\nu} + \underline{E})^{-1}\underline{G}_{\nu\mu} - \underline{E})\vec{A}_e^+ = \underline{r}_1\vec{A}_e^+. \tag{3.64}$$

Damit sind zwei der gesuchten Matrizen, nämlich $\underline{r}_1$ und $\underline{d}_1$ bekannt. Durch die gleiche Rechnung, jedoch mit der Einstrahlung von rechts erhält man auch $\underline{r}_2$ und $\underline{d}_2$. Praktisch führt man diese zweite Rechnung dadurch aus, daß man in den Formeln (3.63) und (3.64) die beiden Gebiete miteinander vertauscht (μ steht jetzt für Gebiet a, ν für Gebiet e).

Abschließend ist noch ein Spezialfall zu erwähnen, für den Gln. (3.50) und (3.51) sehr einfache analytische Lösungen aufweisen. Wenn nämlich für Filmwellenleiter gleicher Dimension die Beziehung

$$n_{1e}^2 - n_{2e}^2 - (n_{1a}^2 - n_{2a}^2) = \Delta n^2 = 0 \tag{3.65}$$

gilt, dann sind die TE-Moden beider Filmwellenleiter „e" und „a" orthogonal zueinander und alle $F_{\nu\mu}$ und $G_{\nu\mu}$ gleich Null für $\nu \neq \mu$. In diesem Fall tritt keine Modenkonversion auf und man kann für jeden einzelnen Mode wieder Reflexions- und Transmissionsfaktoren berechnen.

Die in diesem Abschnitt beschriebene Matrizenmethode wurde dazu verwendet, die Verluste von dielektrischen Spiegeln, die aus Filmwellenleiterstücken bestehen, zu berechnen. Diese Verluste rühren in den gerechneten Beispielen von Modenkonversion und einem kleinen Absorptionskoeffizienten $\alpha = 1000\frac{1}{m}$ her. Für die Darstellung der Verluste müssen wir zwei Begriffe definieren:

1. Den Gesamtenergieverlust V eines Modes μ:

$$V = (I_{e\mu} - (I_{r\mu} + I_{t(r=\mu)}))/I_{e\mu}. \tag{3.66}$$

V bezeichnet also die Intensität, die einem Mode μ entzogen wird, bezogen auf die einfallende Intensität $I_{e\mu}$ ($I_{r\mu}$ reflektierte Intensität, $I_{t(r=\mu)}$ transmittierte Intensität).

2. Den Verlust an transmittierter Amplitude: Hierbei geht man aus vom berechneten Reflexionsfaktor des verlustbehafteten Spiegels und berechnet sich mit ihm nach Gl. (3.20) den Transmissionsfaktor d_{10} des verlustlosen Spiegels mit gleichem Reflexionsfaktor (in Gl. (3.20) hier sinngemäß effektive Brechungsindices aus $\beta = \frac{2\pi}{\lambda_0} n_{eff}$ verwenden). Mit dem tatsächlichen Transmissionsfaktor d_{1V} erhält man schließlich die Verluste an transmittierter Amplitude:

$$V_{d1} = \frac{d_{10} - d_{1V}}{d_{10}}. \tag{3.67}$$

Für verschiedene Beispiele werden V und V_{d1} für den Grundmode des TE-Feldes in Bild 3.11 und 3.12 angegeben. Man erkennt, daß die Verluste mit wachsenden Δn^2 (Gl. (3.65)) zunehmen. Gut geführte Moden haben kleinere Verluste als schlecht geführte (Δn^2 wirkt sich stärker aus). Obwohl die Gesamtenergieverluste zahlenmäßig sehr klein sind (Bild 3.11), wirken sich die Verluste insofern stark auf die Spiegeleigenschaften aus, als Reflexionsfaktoren von 1 nicht mehr erreicht werden können und in der Nähe des Grenzreflexionsfaktors kein Licht mehr durch den Spiegel transmittiert wird (Bild 3.12). Diese Eigenschaft wirkt sich besonders nachteilig auf die Wirkungsweise der optischen Resonatoren des Abschnitts 3.1.2. aus, da der Transmissionsfaktor d_1 in der absorbierten Intensität (Gl. (3.19)) als Faktor auftritt. Aus diesem Grund muß bei Resonatoren mit Spiegeln hoher Reflexionsfaktoren nach einer anderen Möglichkeit der Lichteinkopplung gesucht werden. Das Durchstrahlen von Spiegeln muß vermieden werden.

Bemerkung zu Abschnitt 3.1.3.:

Die Diskretierung der Wellenleiterstrahlungsmoden ist in der angegebenen Form teilweise etwas mühsam. Als Alternative empfiehlt es sich in vielen Fällen, in weitem Abstand vom dielektrischen Wellenleiter unendlich gut leitende Umrandungen anzunehmen, d.h. der Wellenleiter wird in einem Metallhohlleiter eingebettet gedacht. Das führt dazu, daß die Strahlungsmoden des dielektrischen Wellenleiters zu sehr dicht liegenden Moden des Metallhohlleiters werden, die kein Kontinuum sind, sondern schon als diskrete Moden vorliegen. Für viele Fälle ist diese „natürliche" Diskretisierung der Strahlungsmoden genausogut geeignet, wie die in Abschnitt 3.1.3. angegebene, wobei sie aber den

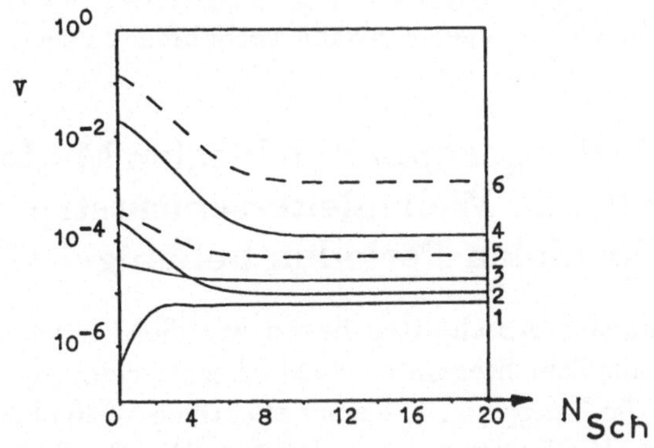

Abbildung 3.11: Relative Energieverluste V für dielektrische Spiegel

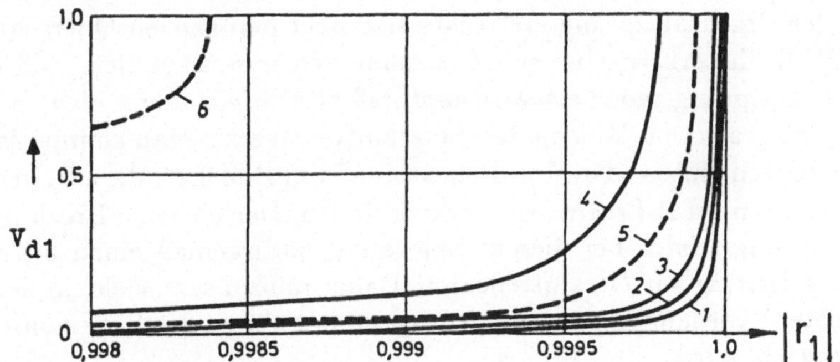

Abbildung 3.12: Verluste der transmittierten relativen Amplitude

I Index des ersten Wellenleiters
II Index des zweiten Wellenleiters
n Brechungsindex
1 Kerngebiet des Wellenleiters
2 Außenraum des Wellenleiters
d Dicke des Wellenleiters

	d/µm	n_{1I}	n_{2I}	n_{1II}	n_{2II}	Δn^2
1	20	3,6	3,55	1,6	1,5	0,0475
2	1					
3	20	3,6	3,55	1,6	1,55	0,2
4	1					
5	20	3,6	3,55	1,6	1,58	0,2939
6	1					

Abbildung 3.13: Materialbeispiele

Vorteil hat, mit sehr viel weniger Aufwand verbunden zu sein.

3.1.4 Theorie der gekoppelten idealen Moden, angewandt auf Wellenleiterschichtstrukturen mit sehr vielen Perioden beliebiger Gestalt

In den vorangegangenen Abschnitten haben wir dielektrische Spiegel kennengelernt, die aus Schichten unterschiedlicher Brechungsindices bestehen, die jeweils die Länge von 1/4 einer effektiven Wellenlänge oder ein ungeradzahliges Vielfaches davon aufweisen. Die Brechungsindexsprünge der betrachteten Beispiele waren sehr groß, z.B. von 3.5 auf 1.5, und der Brechzahlsprung erstreckte sich über den ganzen Querschnitt des Wellenleiterkerngebietes. Man kann sich nun vorstellen, daß der Brechzahlsprung reduziert wird und daß er sich vor allem nicht mehr über den gesamten Wellenleiterquerschnitt erstreckt. Man kommt dann zu den sogenannten „Grating-Reflektoren" von Bild 3.14, die z.B. in den sogenannten DFB-Lasern Anwendung finden. Der einzelne Brechungsindexsprung leistet bei diesem Spiegeltyp naturgemäß einen äußerst kleinen Beitrag zur Gesamtreflexion. Daher müßen sehr viele „Spiegelschichten" vorhanden sein, damit insgesammt ein großer Reflexionsfaktor erreicht wird.

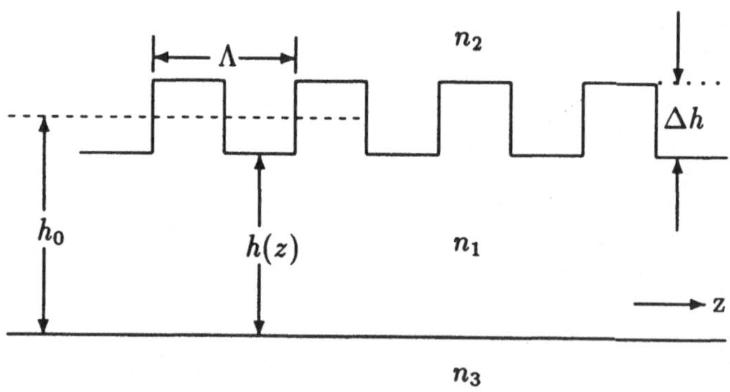

Abbildung 3.14: Gratingspiegel mit Rechteckstruktur

Es ist im Prinzip zwar möglich, den Spiegeltyp von Bild 3.14 mit der Matrizenmethode der vorausgegangenen Abschnitte zu berechnen, doch stößt diese Methode hier an ihre Grenze. Aufgrund des äußerst kleinen Beitrags jeder Schicht zum Reflexionsfaktor, müssen die Matrizen $\underline{r}_1$, $\underline{d}_1$, $\underline{r}_2$ und $\underline{d}_2$ äußerst genau berechnet werden, damit die kleinen $r_{\mu\mu'}$ und $d_{\mu\nu}$ nicht in Diskretisierungs- und anderen numerischen Fehlern untergehen. Außerdem erfordert die sehr viel größere Schichtenzahl eine große Anzahl von Matrizenmultiplikationen. Beide Gründe haben einen starken Anstieg an numerischem Aufwand und benötigter Rechenzeit zur Folge.

Ein Reflektor der Art von Bild 3.14 und darüber hinaus jeder in Ausbreitungsrichtung mit sehr vielen periodischen Störungen beliebiger Form behaftete Wellenleiter wird am besten mit der sogenannten gekoppelten Modentheorie (coupled mode theory) behandelt. Bei der Theorie der gekoppelten Moden sind hauptsächlich zwei Varianten zu unterscheiden, nämlich

1. die Entwicklung nach idealen Moden und

2. die Entwicklung nach lokalen Moden.

In diesem Abschnitt lernen wir die erste Form kennen, mit der zweiten werden wir uns in Abschnitt 3.2.3. beschäftigen.

Am Beginn unserer Überlegungen zur Theorie der gekoppelten Moden müssen wir uns an Kapitel 2 erinnern. Dort haben wir für zwei Felder $\vec{E}_1$, $\vec{H}_1$ und $\vec{E}_2$, $\vec{H}_2$ aus den Maxwell'Gleichungen folgende Beziehung hergeleitet:

$$\iint \frac{\partial}{\partial z}(\vec{E}_{1t} \times \vec{H}_{2t}^* + \vec{E}_{2t}^* \times \vec{H}_{1t})dxdy = \iint -j\omega\Delta\varepsilon_1\vec{E}_1 \cdot \vec{E}_2^* dxdy \ , \quad (3.68)$$

wobei das erste Feld in einem Gebiet mit

$$\varepsilon_1(x,y,z) = \varepsilon_2(x,y) + \Delta\varepsilon_1(x,y,z),$$

das zweite Feld in einem Gebiet mit $\varepsilon_2(x,y)$ existieren soll. Die in Klammern angeführten Abhängigkeiten von x, y, z machen deutlich, daß wir das zweite Feld als das Feld eines idealen Wellenleiters ansetzen, und den Brechungsindex ($n_1^2 = \varepsilon_1/\varepsilon_0$) des ersten Gebiets aus dem Brechungsindexverlauf des idealen Wellenleiters durch Überlagerung einer (hier periodischen) Störung $\Delta\varepsilon_1(x,y,z)$ erhalten.

Die Maxwellgleichungen lauten für ladungsfreie Isolatoren:

$$\begin{aligned} rot\,\vec{E} &= \nabla \times \vec{E} = -j\omega\mu_0\vec{H} \\ rot\,\vec{H} &= \nabla \times \vec{H} = +j\omega\varepsilon\vec{E} \end{aligned} \tag{3.69}$$

mit

$$\nabla = \begin{pmatrix} \partial/\partial x \\ \partial/\partial y \\ \partial/\partial z \end{pmatrix}.$$

Wenn man den transversalen Nablaoperator

$$\nabla_t = \begin{pmatrix} \partial/\partial x \\ \partial/\partial y \\ 0 \end{pmatrix}$$

einführt, kann man die longitudinalen Komponenten der Felder von Gl. (3.69) sehr kurz schreiben als:

$$\begin{aligned} \vec{H}_z &= \tfrac{-1}{j\omega\mu_0}\nabla_t \times \vec{E}_t \\ \vec{E}_z &= \tfrac{+1}{j\omega\varepsilon}\nabla_t \times \vec{H}_t\ . \end{aligned} \tag{3.70}$$

Aus diesen Gleichungen sieht man sehr deutlich, daß man die z-Komponenten aus den transversalen Feldern ohne Differerentiation nach z erhält, wobei man beachten muß, daß $\vec{E}_t$, $\vec{H}_t$, $\vec{E}_z$ und $\vec{H}_z$ sehr wohl von z abhängen, da die Abhängigkeit $e^{\pm j\beta z}$ in den Bezeichnungen von Gl. (3.70) enthalten ist. Die Moden des idealen Wellenleiters haben deshalb die Form:

$$\vec{E}_{2\mu} = \vec{E}_\mu e^{-j\beta_\mu z} = \begin{pmatrix} \vec{E}_{\mu tr}(x,y) \\ E_{\mu z}(x,y) \end{pmatrix} \cdot e^{-j\beta_\mu z} \tag{3.71}$$

$$\vec{H}_{2\mu} = \vec{H}_\mu e^{-j\beta_\mu z} = \begin{pmatrix} \vec{H}_{\mu tr}(x,y) \\ H_{\mu z}(x,y) \end{pmatrix} \cdot e^{-j\beta_\mu z}. \tag{3.72}$$

Nach diesen idealen Moden entwickeln wir nun das transversale Feld des gestörten Wellenleiters:

$$\begin{aligned} \vec{E}_{1t} &= \sum(a_\nu + b_\nu)\vec{E}_{tr\nu} \\ \vec{H}_{1t} &= \sum(a_\nu - b_\nu)\vec{H}_{tr\nu} \end{aligned} \tag{3.73}$$

Man beachte, daß die a_ν und b_ν und die $\vec{E}_{1t}$ und $\vec{H}_{1t}$ von Gl. (3.73) sowohl die schnelle z-Abhängigkeit $e^{-j\beta z}$ der Wellenausbreitung enthalten, als auch die schwache z-Abhängigkeit aufgrund der periodischen Störung der Wellenleitergeometrie: Es gilt also:

$$\begin{aligned} a_\nu(z) &= a^l_\nu(z)e^{-j\beta_\nu z} \\ b_\nu(z) &= b^l_\nu(z)e^{+j\beta_\nu z}. \end{aligned} \tag{3.74}$$

Alle Felder mit dem Index „tr" sind transversale Felder ohne schnellen Anteil $e^{\pm j\beta z}$ (im Gegensatz zum Index „t").

Wir setzen nun die Entwicklung Gl. (3.73) unter Berücksichtigung von Gl. (3.74) in Gl. (3.68) ein, setzen für das zweite Feld E_{2t} und H_{2t} einen Mode μ des idealen Wellenleiters und integrieren über die transversalen Dimensionen x und y (zwei Vorzeichen für μ- Mode, je nach Laufrichtung):

$$\begin{aligned} &\iint \sum_\nu \frac{\partial}{\partial z} \Big\{ (a^l_\nu(z)e^{\mp j\beta_\nu z} + b^l_\nu(z)e^{+j\beta_\nu z})\vec{E}_{\nu tr} \times (\pm\vec{H}^*_{\mu tr})(e^{\mp j\beta_\mu z})^* + \\ &\quad + \vec{E}^*_{\mu tr}(e^{\mp j\beta_\mu z})^* \times \vec{H}_{\nu tr} \cdot (a^l_\nu(z)e^{-j\beta_\nu z} - b^l_\nu(z)e^{+j\beta_\nu z}) \Big\} dxdy = \\ &= \iint -j\omega\Delta\varepsilon_1 \vec{E}_1 \vec{E}^*_{\pm\mu}(e^{\mp j\beta_\mu z})^* dxdy \end{aligned} \tag{3.75}$$

Die Indices μ und ν beziehen sich nun auf verschiedene Moden ein und desselben idealen Wellenleiters. Als erstes wenden wir die Produktregel der Differentiation auf die einzelnen Glieder so an, wie in folgendem Beispiel:

$$\begin{aligned} &\frac{\partial}{\partial z}\left[a^l_\nu(z)e^{-j\beta_\nu z} \cdot \vec{E}_{\nu tr} \times (\pm\underline{\vec{H}^*_{\mu tr}})(e^{\mp j\beta_\mu z})^*\right] = \\ &= \underbrace{[\frac{\partial}{\partial z}a^l_\nu(z)] \cdot e^{-j\beta_\nu z}\vec{E}_{\nu tr} \times (\pm\vec{H}^*_{\mu tr})(e^{\mp\beta_\mu z})^* +}_{\text{„1"}} \\ &\underbrace{+ a^l_\nu(z) \cdot \frac{\partial}{\partial z}[e^{-j\beta_\nu z}\vec{E}_{\nu tr} \times (\pm\vec{H}^*_{\mu tr})(e^{\mp j\beta_\mu z})^*]}_{\text{„2"}} \end{aligned}$$

Der Term „2" enthält im Faktor der differenziert wird, die Felder ν und μ des gleichen Wellenleiters. In Kapitel 2 (Orthogonalität der Moden) wurde gezeigt, daß für zwei Wellenleitermoden immer gilt:

$$\iint \frac{\partial}{\partial z}(\vec{E}_{1t} \times \vec{H}_{2t}^* + \vec{E}_{2t}^* \times \vec{H}_{1t})dxdy = 0\,. \tag{3.76}$$

Deshalb liefern alle sinngemäß gebildeten Terme „2" keinen Beitrag zu Gl. (3.75). Nach der Integration über x und y liefern auch nur die Glieder „1" einen von Null verschiedenen Beitrag in denen $\mu = \nu$ (Orthogonalität). Deshalb vereinfacht sich Gl. (3.75) zu:

$$\begin{aligned} &\left(\frac{da_\mu^l(z)}{dz}e^{-j\beta_\mu z} + \frac{db_\mu^l(z)}{dz}e^{+j\beta_\mu z}\right)\cdot(\pm 1)\cdot e^{\pm j\beta_\mu z} + \\ &+\left(\frac{da_\mu^l(z)}{dz}e^{-j\beta_\mu z} - \frac{db_\mu^l(z)}{dz}e^{+j\beta_\mu z}\right)\cdot e^{\pm j\beta_\mu z} = \\ &= -\iint j\omega\Delta\varepsilon_1\vec{E}_1\cdot\vec{E}_{\pm\mu}^*\cdot e^{\pm j\beta_\mu z}dxdy. \end{aligned} \tag{3.77}$$

Die zwei verschiedenen Vorzeichen liefern schließlich zwei Gleichungen für a_μ^l und b_μ^l:

$$\begin{aligned} \frac{da_\mu^l(z)}{dz} &= -\iint \tfrac{1}{2}j\omega\Delta\varepsilon_1\vec{E}_1\vec{E}_{+\mu}^*e^{+j\beta_\mu z}dxdy \\ \frac{db_\mu^l(z)}{dz} &= \iint \tfrac{1}{2}j\omega\Delta\varepsilon_1\vec{E}_1\vec{E}_{-\mu}^*e^{-j\beta_\mu z}dxdy\,. \end{aligned} \tag{3.78}$$

Den Ausdruck $\Delta\varepsilon_1 \cdot \vec{E}_1$ bezeichnet man oft als Polarisation $\vec{P}_1$. In diesem $\vec{P}_1$, und damit in den rechten Seiten von Gl. (3.78) sind auch die unbekannten a_μ^l und b_μ^l enthalten.

Mit Hilfe von Gl. (3.70) und Gl. (3.73) kann man P_1 auf die Form bringen:

$$\begin{aligned} \vec{P}_1 &= \Delta\varepsilon_1\textstyle\sum_\nu \vec{E}_{\nu 1} = \Delta\varepsilon_1\sum_\nu \begin{pmatrix} \vec{E}_{\nu 1t} \\ E_{\nu 1z} \end{pmatrix} = \\ &= \Delta\varepsilon_1\textstyle\sum_\nu \begin{pmatrix} (a_\nu^l e^{-j\beta_\nu z} + b_\nu^l e^{+j\beta_\nu z})\vec{E}_{tr\nu} \\ (a_\nu^l e^{-j\beta_\nu z} - b_\nu^l e^{+j\beta_\nu z})E_{z\nu}\cdot\frac{\varepsilon_2}{\varepsilon_1} \end{pmatrix}. \end{aligned} \tag{3.79}$$

Mit den Koppelkoeffizienten $K^t_{\nu\mu}$ und $K^z_{\nu\mu}$

$$\begin{aligned} K^t_{\nu\mu} &= \omega \iint \Delta\varepsilon_1 \vec{E}_{tr\nu} \cdot \vec{E}^*_{tr\mu} dxdy \\ K^z_{\nu\mu} &= \omega \iint \frac{\Delta\varepsilon_1 \cdot \varepsilon_2}{\varepsilon_2 + \Delta\varepsilon_1} \cdot E_{z\nu} \cdot E^*_{z\mu} dxdy \end{aligned} \tag{3.80}$$

und P_1 aus Gl. (3.79) bekommt man schließlich für Gl. (3.78)

$$\begin{aligned} \frac{da^l_\mu(z)}{dz} = -\tfrac{1}{2} j \sum_\nu \Big(& a^l_\nu (K^t_{\nu\mu} + K^z_{\nu\mu}) e^{-j\beta_\nu z + j\beta_\mu z} + \\ & + b^l_\nu (K^t_{\nu\mu} - K^z_{\nu\mu}) e^{+j\beta_\nu z + j\beta_\mu z} \Big) \end{aligned} \tag{3.81}$$

und unter Berücksichtigung von $E_{z(-\nu)} = -E_{z\nu}$

$$\begin{aligned} \frac{db^l_\mu(z)}{dz} = \tfrac{1}{2} j \sum_\nu \Big(& a^l_\nu (K^t_{\nu\mu} - K^z_{\nu\mu}) e^{-j\beta_\nu z + j\beta_\mu z} + \\ & + b^l_\nu (K^t_{\nu\mu} + K^z_{\nu\mu}) e^{+j\beta_\nu z - j\beta_\mu z} \Big) . \end{aligned} \tag{3.82}$$

Ziel unserer Rechnung war es, das Feld $\vec{E}_1$, $\vec{H}_1$ eines periodisch gestörten Wellenleiters zu berechnen. Dieses Ziel haben wir dann erreicht, wenn wir die Größen $a^l_\mu(z)$ und $b^l_\mu(z)$ aus den Gleichungen (3.81) und (3.82) ermittelt haben. Diese Gleichungen bestehen nun aus einem System gekoppelter Integro-Differentialgleichungen, da die Summen über ν nach der Kurzschreibweise $\sum = \sum + \int$ auch die Integrale über die Strahlungsmoden einschließen. Für dieses System gibt es in zwei Spezialfällen analytische Näherungslösungen:

1. Wenn $\Delta\varepsilon_1$ und damit die $K_{\nu\mu}$ sehr schnelle räumliche Schwingungen in z-Richtung aufweisen, wie es bei Grating-Spiegeln der Fall ist, die wir in diesem Abschnitt berechnen wollen.

2. Wenn $\Delta\varepsilon_1$ nicht von der Ausbreitungsrichtung abhängt, wie es z.B. bei gekoppelten parallelen Wellenleitern der Fall ist, vgl. Abschnitt 3.2.1..

Für alle anderen Fälle, also weiträumige oder nicht periodische z-Abhängigkeit, müssen die Gln. (3.81) und (3.82) numerisch mittels

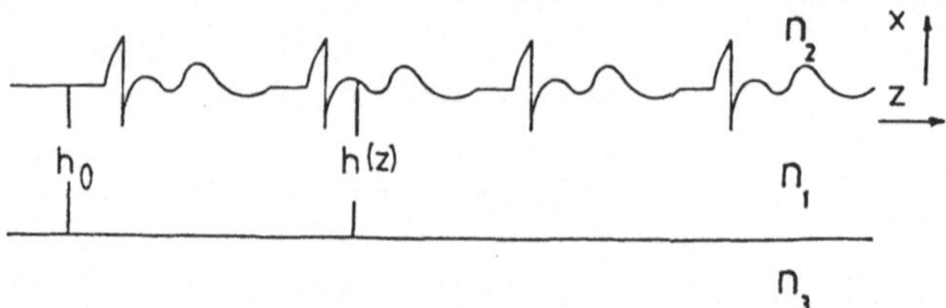

Abbildung 3.15: Grating-Spiegel mit periodischer Grenzfläche

größerer Rechner gelöst werden. Dann ist es jedoch vielfach besser eine Entwicklung nach lokalen Moden vorzunehmen. Doch dazu in Abschnitt 3.2.3..

Jetzt wollen wir einen Grating-Spiegel nach Bild 3.15 behandeln, der eine periodische, aber beliebig geformte Grenzfläche zwischen Kern und Ausenraum mit der allgemeinen Funktion $h(z)$ aufweist. Die Breite des ungestörten bzw. idealen Wellenleiters sei h_0.

$\Delta\varepsilon_1 = \Delta\varepsilon$ ist dann gegeben durch:

$$\Delta\varepsilon = \begin{cases} \varepsilon_0(n_1^2 - n_2^2) & \text{für } h_0 < x < h(z) \quad \text{falls } h(z) > h_0 \\ -\varepsilon_0(n_1^2 - n_2^2) & \text{für } h(z) < x < h_0 \quad \text{falls } h(z) < h_0 \\ 0 & \text{für sonstige } x \end{cases} \tag{3.83}$$

Die Koppelkoeffizienten nach Gl. (3.80) werden für diesen Filmwellenleiter zu

$$K_{\nu\mu}^t = \omega(n_1^2 - n_2^2)\varepsilon_0 \int_{h_0}^{h(z)} \vec{E}_{tr\nu} \cdot \vec{E}_{tr\mu}^* dx \tag{3.84}$$

$$K_{\nu\mu}^z = \begin{cases} \omega(n_1^2 - n_2^2)\varepsilon_0 \int_{h_0}^{h(z)} \frac{n_2^2}{n_1^2} E_{z\nu} \cdot E_{z\mu}^* dx & h(z) > h_0 \\ \\ \omega(n_1^2 - n_2^2)\varepsilon_0 \int_{h_0}^{h(z)} \frac{n_1^2}{n_2^2} E_{z\nu} \cdot E_{z\mu}^* dx & h(z) < h_0 \end{cases} \tag{3.85}$$

$K_{\nu\mu}^t$ nimmt dabei die relativ einfache Gestalt von Gl. (3.84) an, da der Vorzeichenwechsel von $\Delta\varepsilon$ in Gl. (3.79) jetzt im Wechsel der Integrationsrichtung steckt. Für $h_0 < h(z)$ wird von kleinerem nach größerem x integriert, für $h_0 > h(z)$ vom größeren nach kleinerem x.

Die Gratinghöhe $|h(z) - h_0|$ ist in den meisten Anwendungsfällen für Grating-Spiegel sehr klein, so daß man die xAbhängigkeit der Feldstärken im Integrationsbereich vernachlässigen kann. Als Wert der Feldstärke nimmt man näherungsweise die Feldstärken $E_{t\nu 0}$ und $E_{z\nu 0}$ der idealen Moden an der Grenzfläche des idealen Wellenleiters und zieht sie vor die Integrale. Dann kann man die x Integration ausführen:

$$K^t_{\nu\mu} = \omega(n_1^2 - n_2^2)\varepsilon_0 \vec{E}_{t\nu 0} \cdot \vec{E}^*_{t\mu 0}(h(z) - h_0) \tag{3.86}$$

$$K^z_{\nu\mu} = \begin{cases} \omega(n_1^2 - n_2^2)\varepsilon_0 E_{z\nu 0} \cdot E^*_{z\mu 0} \cdot \frac{n_2^2}{n_1^2}(h(z) - h_0) & h(z) > h_0 \\ \\ \omega(n_1^2 - n_2^2)\varepsilon_0 E_{z\nu 0} \cdot E^*_{z\mu 0} \cdot \frac{n_1^2}{n_2^2}(h(z) - h_0) & h(z) < h_0 \end{cases} \tag{3.87}$$

Bei schwacher Führung ist natürlich die weitere Näherung $\frac{n_1}{n_2} \approx 1$ erlaubt.

Die zwei periodischen Funktionen:

$$1. \qquad h(z) - h_0 \quad \text{und} \tag{3.88}$$

$$2. \quad \begin{cases} \frac{n_2^2}{n_1^2}(h(z) - h_0) & h(z) > h_0 \\ \\ \frac{n_1^2}{n_2^2}(h(z) - h_0) & h(z) < h_0 \end{cases} \tag{3.89}$$

kann man als komplexe, räumliche Fourierreihe nach folgenden Formeln entwickeln:

$$f(z) = \sum_{r=-\infty}^{+\infty} q_r e^{jr \cdot \frac{2\pi}{\Lambda} \cdot z} \tag{3.90}$$

mit

$$q_r = \frac{1}{\Lambda} \int_0^{\Lambda} f(z) e^{-jr \cdot \frac{2\pi}{\Lambda} \cdot z} dz \tag{3.91}$$

wobei Λ die Länge der Periode des Gratingmusters ist. Die Koppelkoeffizienten Gl. (3.86) und Gl. (3.87) nehmen hiermit die Gestalt an:

$$\begin{aligned} K^u_{\nu\mu} &= \omega(n_1^2 - n_2^2)\varepsilon_0 E_{u\nu 0} \cdot E^*_{u\mu 0} \cdot \sum_r q^u_r e^{jr \cdot \frac{2\pi}{\Lambda} \cdot z} = \\ &= k^u_{\nu\mu} \cdot \sum_r q^u_r \cdot e^{jr \cdot \frac{2\pi}{\Lambda} \cdot z}. \end{aligned} \tag{3.92}$$

Für u ist entweder z oder t zu setzen, für $u = t$ werden die transversalen Felder skalar miteinander multipliziert, da $E_{t\nu 0}$ und $E_{t\mu 0}$ Vektoren sind. Beispiel: Für das Rechteck-Grating (Abb. 3.16) gilt:

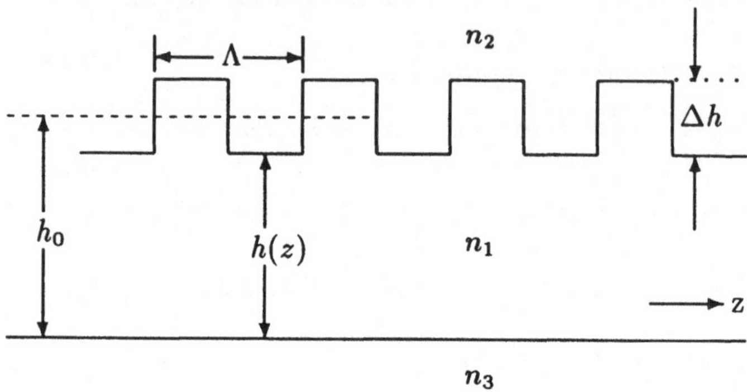

Abbildung 3.16: Grating-Spiegel mit Rechtecktruktur

$$h(z) - h_0 = \sum_{r=-\infty}^{r=+\infty} \frac{\Delta h}{jr\pi} e^{jr\cdot\frac{2\pi}{\Lambda}\cdot z} =$$

$$r \text{ nur ungerade!} \tag{3.93}$$

$$= \frac{\Delta h}{j\pi} \left(e^{j\cdot\frac{2\pi}{\Lambda}\cdot z} - e^{-j\cdot\frac{2\pi}{\Lambda}\cdot z} + \frac{1}{3}(e^{j3\cdot\frac{2\pi}{\Lambda}\cdot z} - e^{-j3\cdot\frac{2\pi}{\Lambda}\cdot z}) + \cdots \right)$$

Das Gleichungssystem (3.81) und (3.82) das wir lösen wollen, hat die ursprüngliche Form:

$$\begin{aligned} \frac{da_\mu^l}{dz} &= f_1(a_\nu^l, b_\nu^l) \\ \frac{db_\mu^l}{dz} &= f_2(a_\nu^l, b_\nu^l). \end{aligned}$$

Wir können die Lösung rein formal schreiben als

$$\begin{aligned} a_\mu^l &= \int_0^L f_1(a_\nu^l, b_\nu^l)dz \\ b_\mu^l &= \int_0^L f_2(a_\nu^l, b_\nu^l)dz . \end{aligned} \tag{3.94}$$

Die rechten Seiten enthalten zwar noch die unbekannten a_ν^l und b_ν^l, doch wissen wir, daß diese Größen relativ langsam von z abhängen. Jede der Größen a_ν^l oder b_ν^l tritt als Faktor einer Schwingung $a \cdot e^{j\varphi z}$ auf, z.B.:

$$a \cdot e^{j\varphi z} = (K_{\nu\mu}^t + K_{\nu\mu}^z) \cdot e^{-j\beta_\nu z + j\beta_\mu z} \; ; \; K_{\nu\mu}^u = k_{\nu\mu}^u \cdot \sum_r q_r^u e^{jr \cdot \frac{2\pi}{\Lambda} \cdot z}.$$

Integriert man nun eine Größe $a(z)e^{j\varphi z}$ über viele Perioden der schnellen Schwingung $e^{j\varphi z}$, ist das Ergebnis der Integration in guter Näherung Null, falls sich $a(z)$ innerhalb einer Periode von $e^{j\varphi z}$ nur geringfügig ändert. Vernachlässigt man noch zusätzlich die Beiträge von unvollständigen Perioden am Anfang oder Ende des Integrationsbereichs, dann liefern nur solche Summenglieder auf den rechten Seiten von Gl. (3.94) Beiträge zum Ergebnis von $a_\mu^l(L)$ und $b_\mu(L)$, deren Phasen $\varphi \cdot z$ der Schwingungen $e^{j\varphi z}$ sich über dem Integrationsbereich L nur sehr wenig ändern.

Gln. (3.94) haben ausführlich geschrieben die Form (Gl. (3.92) in Gl. (3.81) und Gl. (3.82) eingesetzt):

$$\begin{aligned} a_\mu^l(L) &= \int_0^L \underbrace{\Big[-\tfrac{1}{2}j \cdot \sum_\nu [a_\nu^l \cdot \textstyle\sum_r (k_{\nu\mu}^t \cdot q_r^t + k_{\nu\mu}^z \cdot q_r^z) \cdot e^{jr\frac{2\pi}{\Lambda}z} e^{-j\beta_\nu z + j\beta_\mu z} + \\ &\qquad + b_\nu^l \cdot \sum_r (k_{\nu\mu}^t \cdot q_r^t - k_{\nu\mu}^z \cdot q_r^z) e^{jr\frac{2\pi}{\Lambda}z} e^{+j\beta_\nu z + j\beta_\mu z}]\Big]}_{(A)} dz \\ b_\mu^l(L) &= \int_0^L \overbrace{\Big[\frac{1}{2}j \cdot \sum_\nu [a_\nu^l \cdot \sum_r (k_{\nu\mu}^t \cdot q_r^t - k_{\nu\mu}^z \cdot q_r^z) \cdot e^{jr\frac{2\pi}{\Lambda}z} e^{-j\beta_\nu z - j\beta_\mu z} + \\ &\qquad + b_\nu^l \cdot \textstyle\sum_r (k_{\nu\mu}^t \cdot q_r^t + k_{\nu\mu}^z \cdot q_r^z) e^{jr\frac{2\pi}{\Lambda}z} e^{+j\beta_\nu z - j\beta_\mu z}]\Big]}^{(B)} dz \\ &\qquad -\infty < r < \infty. \end{aligned} \tag{3.95}$$

Ist die Grundschwingung ($|r| = 1$) der räumlichen Schwingung gerade so bemessen, daß

$$\frac{2\pi}{\Lambda} - \beta_\mu - \beta_{\nu=\mu} \approx 0 \; , \tag{3.96}$$

dann tragen nur die mit (A) und (B) gekennzeichneten Terme zur Integration bei ((A) für $r = -1$, (B) für $r = +1$). Eine Wechselwirkung tritt (im Mittel) nur zwischen dem vorwärtslaufenden Mode a_μ und dem rückwärtslaufenden Mode b_μ gleicher Ordnung auf. Vom Gleichungssystem Gl. (3.95) bleiben nur noch wenige Terme übrig und wieder in differentieller Form geschrieben lautet es nun:

$$\begin{aligned}\frac{da_\mu^l}{dz} &= -\frac{1}{2}j \cdot b_\mu^l (k_{\mu\mu}^t \cdot q_{-1}^t - k_{\mu\mu}^z \cdot q_{-1}^z) e^{-j\frac{2\pi}{\Lambda}z + 2j\beta_\mu z} \\ \frac{db_\mu^l}{dz} &= \frac{1}{2}j \cdot a_\mu^l (k_{\mu\mu}^t \cdot q_{+1}^t - k_{\mu\mu}^z \cdot q_{+1}^z) e^{j\frac{2\pi}{\Lambda}z - 2j\beta_\mu z} .\end{aligned} \tag{3.97}$$

Bemerkung: Bedingung (3.96) bzw. $\frac{2\pi}{\Lambda} = 2\beta = \frac{4\pi}{\lambda_{eff}}$ ist gleichbedeutend mit $\Lambda = \frac{\lambda_{eff}}{2}$. Beim Rechteckgrating vgl. Bild 3.16 ist $\frac{\Lambda}{2}$ eine „Spiegelschicht", welche damit wieder wie beim dieelektrischen Spiegel $\frac{\lambda_{eff}}{4}$ lang ist.

Um Gl. (3.97) allgemein lösen zu können führen wir noch folgende Abkürzungen ein:

$$\begin{aligned}-\frac{1}{2}j(k_{\mu\mu}^t \cdot q_{-1}^t - k_{\mu\mu}^z \cdot q_{-1}^z) &= \kappa^* \\ \frac{1}{2}j(k_{\mu\mu}^t \cdot q_{+1}^t - k_{\mu\mu}^z \cdot q_{+1}^z) &= \kappa\end{aligned} \tag{3.98}$$

Diese Abkürzung ist für alle reellen $k_{\mu\mu}^u$ richtig, da q_{-1}^u immer das konjugiert komplexe von q_{+1}^u ist, bzw. da die $q_{\pm 1}^u$ Fourierkoeffizienten einer reellen (Orts-)Funktion sind (vgl. Gl. (3.91)). Damit lauten Gl. (3.97):

$$\begin{aligned}\frac{da_\mu^l}{dz} &= \kappa^* b_\mu e^{j2\delta z} \\ \frac{db_\mu^l}{dz} &= \kappa a_\mu e^{-j2\delta z}\end{aligned} \tag{3.99}$$

mit

$$2\delta = 2\beta_\mu - \frac{2\pi}{\Lambda} \, . \tag{3.100}$$

Die Lösung dieser Gleichung soll die Randwertbedingung

$$
\begin{aligned}
a_\mu^l(0) &= A(0) \\
b_\mu^l(L) &= 0
\end{aligned}
\tag{3.101}
$$

erfüllen. Diese besagen, daß von links bei $z = 0$ ein Mode mit der Amplitude $A(0)$ eingestrahlt wird, während von rechts beim Ende des Gratings bei $z = L$ kein Licht eingestrahlt wird. Die folgende Lösung von Gl. (3.99) erhält man nach längerer, aber elementarer Rechnung:

$$
\begin{aligned}
a_\mu^l(z) &= \frac{A(0)[\delta \sinh \sqrt{|\kappa|^2-\delta^2}(z-L)+j\sqrt{|\kappa|^2-\delta^2}\cosh\sqrt{|\kappa|^2-\delta^2}(z-L)}{-\delta \sinh\sqrt{|\kappa|^2-\delta^2}L+j\sqrt{|\kappa|^2-\delta^2}\cosh\sqrt{|\kappa|^2-\delta^2}L} e^{+j\delta z} \\
b_\mu^l(z) &= \frac{A(0)j\kappa \sinh\sqrt{|\kappa|^2-\delta^2}(z-L)}{-\delta \sinh\sqrt{|\kappa|^2-\delta^2}L+j\sqrt{|\kappa|^2-\delta^2}\cosh\sqrt{|\kappa|^2-\delta^2}L} e^{-j\delta z}.
\end{aligned}
\tag{3.102}
$$

Bild 3.17 gibt den prinzipiellen Verlauf von $|a_\mu^l|$ und $|b_\mu^l|$ über z wieder. Bild 3.18 gibt den Verlauf des Reflexionsgrades $|b_\mu^l|$ über der Wellenlänge wieder. Beachtenswert ist die extreme Schmalbandigkeit dieses Reflektors, ein Effekt der für die Konstruktion von Monomode-Lasern genutzt wird.

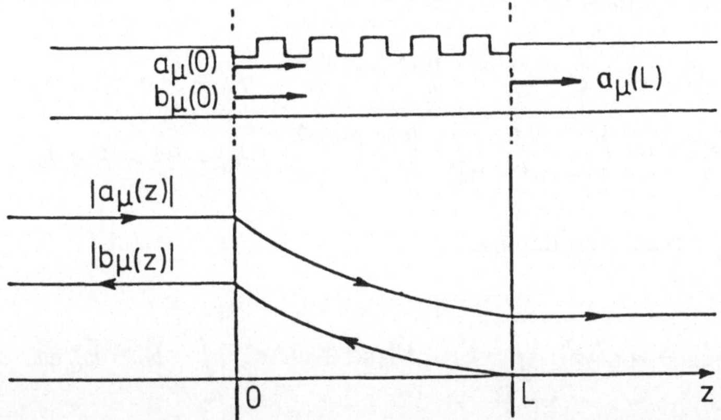

Abbildung 3.17: Prinzipieller Verlauf von $|a_\mu^l|$ und $|b_\mu^l|$ über z

Für den Fall der exakten Abstimmung ($\delta = 0$) ergeben sich für

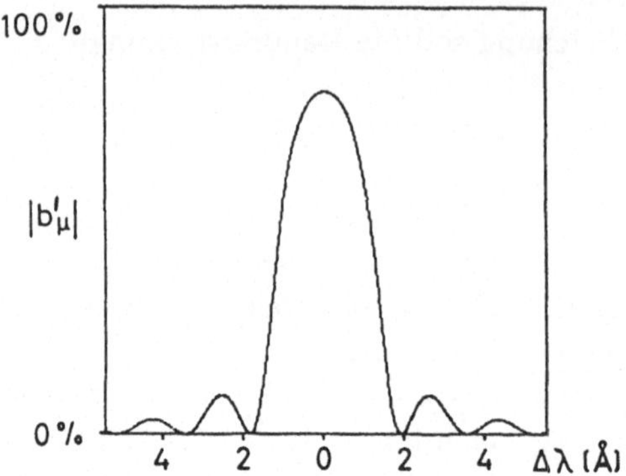

Abbildung 3.18: Verlauf des Reflexionsgrades $|b^l_\mu|$ über der Wellenlänge

$a_\mu(L)$ und $b_\mu(0)$ sehr einfache Ausdrücke:

$$\begin{aligned} a_\mu(L) &= \frac{A(0)}{\cosh|\kappa|L} \\ b_\mu(L) &= -A(0)\tanh|\kappa|L \cdot \frac{\kappa}{|\kappa|} \end{aligned} \tag{3.103}$$

(κ ist oft imaginär, deswegen Vorsicht bei $\kappa/|\kappa|$).

Bemerkung: Für das Rechteck-Grating (z.B. Bild 3.16) bietet sich noch eine Variante der Berechnung von $K^u_{\nu\mu}$ an. Man schreibt zunächst $\Delta\varepsilon_1$ in der Form an:

$$\begin{aligned} \frac{\Delta\varepsilon'}{\varepsilon_0} &= \begin{cases} n_1^2 - n_2^2 & 0 < z < \frac{\Lambda}{2} \\ 0 & \frac{\Lambda}{2} < z < \Lambda \end{cases} & h_0 < h < \frac{\Delta h}{2} + h_0 \\ \frac{\Delta\varepsilon''}{\varepsilon_0} &= \begin{cases} 0 & 0 < z < \frac{\Lambda}{2} \\ -(n_1^2 - n_2^2) & \frac{\Lambda}{2} < z < \Lambda \end{cases} & h_0 - \frac{\Delta h}{2} < h < h_0 \end{aligned}$$

Für $K^t_{\nu\mu}$ erhält man dann z.B.:

$$K^t_{\nu\mu} = \omega \cdot \Delta\varepsilon'' \int_{h_0 - \frac{\Delta h}{2}}^{h_0} \vec{E}_{t\nu} \cdot \vec{E}^*_{t\mu} dx + \omega\Delta\varepsilon' \int_{h_0}^{h_0 + \frac{\Delta h}{2}} \vec{E}_{t\nu} \cdot \vec{E}^*_{t\mu} dx.$$

In dieser Form hängen die Integrationsgrenzen nicht mehr von z ab (die Koordinaten x und y sind nicht mehr verkoppelt). Man kann die Integrale für beliebig große Δh ausführen und vermeidet die Näherung, die im Anschluß an Gl. (3.84) bzw. Gl. (3.85) durchgeführt werden mußte ($\vec{E}_{t\nu}$ = konst.; $\vec{E}_{t\mu}$ = konst.). $\Delta\varepsilon'$ und $\Delta\varepsilon''$ werden wieder als Fourierreihe entwickelt.

Für $K^z_{\nu\mu}$ erhält man entsprechend (nach Gl. (3.80)):

$$K^z_{\nu\mu} = \omega \cdot \frac{\Delta\varepsilon''\varepsilon_2}{\varepsilon_2 + \Delta\varepsilon''} \int\limits_{h_0 - \frac{\Delta h}{2}}^{h_0} \vec{E}_{z\nu} \cdot \vec{E}^*_{z\mu} dx + \omega \frac{\Delta\varepsilon'\varepsilon_2}{\varepsilon_2 + \Delta\varepsilon'} \int\limits_{h_0}^{h_0 + \frac{\Delta h}{2}} \vec{E}_{z\nu} \cdot \vec{E}^*_{z\mu} dx$$

$\varepsilon_2(x) \triangleq$ Verlauf beim idealen Wellenleiter.

3.2 Laterale Kopplung von Wellenleitern

Bisher betrachteten wir Wellenleiterstücke, die mit ihren Endflächen senkrecht aufeinander stoßen, und wir können nun die Felder in Wellenleitern berechnen, die sich in Ausbreitungsrichtung sprunghaft ändern. In diesem Kapitel werden wir zunächst parallele Wellenleiter behandeln und kommen schließlich zu Wellenleitern, die schief in einem Winkel zueinander verlaufen oder deren Querschnitt sich in Ausbreitungsrichtung kontinuierlich verändert.

3.2.1 Zwei parallel zueinander verlaufende Wellenleiter

Wir wollen nun die Kopplung zweier benachbarter paralleler Wellenleiter nach Bild 3.19 untersuchen. Wir werden uns zunächst mittels der schon bekannten Theorie der gekoppelten Moden die auftretenden Effekte mittels Näherungen verdeutlichen, die für die meisten praktischen Fälle ausreichend sind. Am Ende werden wir zumindest den Weg einer exakten Rechnung angeben, die allerdings nur mit numerischen Mitteln ausgeführt werden kann.

Wir gehen aus von Gln. (3.78), in denen die Änderung der Modenamplitude durch eine Störung des Brechzahlverlaufs $\Delta\varepsilon_1$ beschrieben

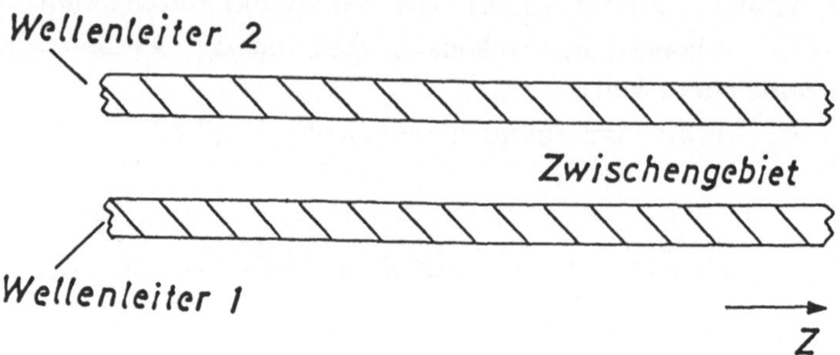

Abbildung 3.19: Zwei parallele, gekoppelte Wellenleiter

wird.

$$\begin{aligned} \frac{da^l_\mu(z)}{dz} &= -\iint \tfrac{1}{2} j\omega \Delta\varepsilon_1 \vec{E}_1 \vec{E}^*_{+\mu} e^{j\beta_\mu z} dx dy \\ \frac{db^l_\mu(z)}{dz} &= \iint \tfrac{1}{2} j\omega \Delta\varepsilon_1 \vec{E}_1 \vec{E}^*_{-\mu} e^{-j\beta_\mu z} dx dy. \end{aligned} \tag{3.104}$$

Das gesamte elektromagnetische Feld in den beiden Wellenleitern entwickelt man nun nach den Moden des ersten und den Moden des zweiten Wellenleiters, wobei man zunächst die Wellenleiter für sich als ungestört betrachtet. Die geführten Moden eines Wellenleiters transportieren Energie vorwiegend im Kerngebiet dieses Wellenleiters, im Außenraum nimmt die Energiedichte rasch ab. a^l_μ in Gl. (3.78) sei jetzt die Amplitude eines Modes des ersten Wellenleiters. Für diesen Wellenleiter ist der zweite Wellenleiter die Störgröße $\Delta\epsilon_1$, welche die Änderung von a^l_μ bewirkt. Diese Größe $\Delta\epsilon_1$ ist mit dem Gesamtfeld $\vec{E}_1$ zu multiplizieren, am Ort von $\Delta\epsilon_1$ ist aber praktisch $\vec{E}_1$ allein durch das Feld des zweiten Wellenleiters gegeben. Deshalb bezieht sich der Index ν in der Gleichung $\vec{P}_1 = \Delta\epsilon_1 \sum_\nu \vec{E}_\nu$ auf die Moden des zweiten Wellenleiters. $\vec{P}_1$ wird wieder umgeformt wie in Gl. (3.79), und führt man wieder die Bezeichnungen (Gl. 3.80) ein, erhält man wieder Gl. (3.81):

$$\begin{aligned} \frac{da^l_\mu(z)}{dz} &= -\tfrac{1}{2} j \sum_\nu \Big(a^l_\nu (K^t_{\nu\mu} + K^z_{\nu\mu}) e^{-j\beta_\nu z + j\beta_\mu z} + \\ &\quad + b^l_\nu (K^t_{\nu\mu} - K^z_{\nu\mu}) e^{+j\beta_\nu z + j\beta_\mu z} \Big) , \end{aligned} \tag{3.105}$$

wobei sich der Index μ jetzt allerdings auf einen Mode des ersten Wellenleiters und der Index ν auf einen Mode des zweiten Wellenleiters bezieht.

Der erste Wellenleiter ist in dem gleichen Sinn eine „Störung" des zweiten Wellenleiters, und man erhält durch eine entsprechende Rechnung die Änderung der Modenamplitude des zweiten Wellenleiters:

$$\begin{aligned}\frac{da^l_\nu(z)}{dz} &= -\tfrac{1}{2}j\sum_\mu \Big(a^l_\mu(K^t_{\mu\nu}+K^z_{\mu\nu})e^{-j\beta_\mu z+j\beta_\nu z}+\\ &\quad xb^l_\mu(K^t_{\mu\nu}-K^z_{\mu\nu})e^{+j\beta_\mu z+j\beta_\nu z}\Big)\ .\end{aligned} \tag{3.106}$$

Berücksichtigen wir die Tatsache, daß die Geometrie dieses Problems und damit auch die $K^u_{\nu\mu}$, $u=t,z$ keine z-Abhängigkeit aufweisen, dann bringt uns die gleiche Begründung wie in Abschnitt 3.2.4. die Erkenntnis, daß nur Terme zur Lösung a^l_μ und a^l_ν beitragen, deren schnelle Schwingungen $e^{j\varphi}$ längs des Koppelbereichs nahezu konstant sind. Dies ist dann der Fall, wenn die beiden Moden ν und μ ungefähr die gleichen Ausbreitungskonstanten β_μ und β_ν haben. Mit

$$\beta_\nu-\beta_\mu=2\delta \tag{3.107}$$

erhalten wir aus Gln. (3.105) und (3.106)

$$\begin{aligned}\frac{da^l_\mu}{dz} &= -\tfrac{1}{2}ja^l_\nu(K^t_{\nu\mu}+K^z_{\nu\mu})e^{-j2\delta z}\\ \frac{da^l_\nu}{dz} &= -\tfrac{1}{2}ja^l_\mu(K^t_{\mu\nu}+K^z_{\mu\nu})e^{+j2\delta z}\ .\end{aligned} \tag{3.108}$$

Aus Symmetriegründen ist für zwei gleiche Wellenleiter natürlich $K = = \frac{K^t_{\mu\nu}+K^z_{\mu\nu}}{2} = \frac{K^t_{\nu\mu}+K^z_{\nu\mu}}{2}$. Nach der Substitution von $a^l_\mu=\overline{a}_\mu e^{-j\delta z}$ und $a^l_\nu=\overline{a}_\nu e^{+j\delta z}$ ist auch dieses System von Differentialgleichungen leicht zu lösen und mit den Anfangsbedingungen

$$\begin{aligned}a^l_\mu(0) &= 1\\ a^l_\nu(0) &= 0\end{aligned} \tag{3.109}$$

die gleichbedeutend damit sind, daß die gesamte Energie bei $z=0$ im ersten Wellenleiter transportiert wird, erhält man die Lösungen:

$$\begin{aligned}a^l_\mu(z) &= (\cos\sqrt{K^2+\delta^2}z+j\frac{\delta}{\sqrt{K^2+\delta^2}}\sin\sqrt{K^2+\delta^2}z)e^{-j\delta z}\\ a^l_\nu(z) &= -j\frac{K}{\sqrt{K^2+\delta^2}}\sin\sqrt{K^2+\delta^2}ze^{+j\delta z}.\end{aligned} \tag{3.110}$$

Der maximale Anteil im zweiten Wellenleiter wird betragsmäßig $K/\sqrt{K^2+\delta^2}$ und zwar bei

$$z_0\sqrt{K^2+\delta^2} = (2m+1)\frac{\pi}{2} \quad \text{bzw.} \quad z_0 = \frac{(2m+1)\frac{\pi}{2}}{\sqrt{K^2+\delta^2}}\,, \quad m = 1, 2, 3, \cdots .$$

Für $\delta = 0$ ist dieser Ausdruck sogar gleich 1, d.h. die gesamte Energie pendelt zwischen den beiden Wellenleitern hin und her.

Nun müssen wir noch die Koppelkonstante K berechnen. Dazu werten wir die Formeln Gl. (3.80) für das Beispiel symmetrischer TE-Filmwellenleitermoden aus. Wir betrachten nach Bild 3.20 zwei parallele Filmwellenleiter, die durch das Zwischenmedium mit dem Brechungsindex n_3 getrennt sind. Ein TE-Mode hat als einzige Komponente des elektrischen Feldes die y-Komponente: $E_{y\nu} = E_{0y\nu}e^{j(\omega t - \beta_\nu z)}$.

Wir machen zunächst einen Ansatz für das Feld in jedem der beiden gleichen, symmetrischen Wellenleiter, und vernachlässigen dabei den Einfluß, den beide Wellenleiter aufeinander ausüben. Dies gilt insbesondere für gut geführte Wellen. Dieser Ansatz lautet:

$$E_{y\nu} = \begin{cases} A\cos\kappa x & 0 \le x \le d \\ Be^{\gamma x} + Ce^{-\gamma x} & d \le x \le D \\ Fe^{-\rho x} & D \le x < \infty \end{cases} \quad x = x_1 \text{ oder } x_2 \tag{3.111}$$

Für negative x ist $E_{y\nu}$ symmetrisch zu ergänzen. Es gelten folgende Beziehungen, wobei zu beachten ist, daß κ mit der Koppelgröße von Abschnitt 3.1.4. nichts zu tun hat:

$$\begin{aligned} \kappa &= \sqrt{n_1^2k_0^2 - \beta^2} \\ \gamma &= \sqrt{\beta^2 - n_2^2k_0^2)} \\ \rho &= \sqrt{\beta^2 - n_3^2k_0^2} \end{aligned} \tag{3.112}$$

wobei $k_0 = \frac{2\pi}{\lambda}$ (λ Vakuumwellenlänge). Das zu den Brechzahlsprüngen tangentiale Feld H_z berechnet sich aus $H_z = \frac{j}{\omega\mu_0}\frac{\delta E_\nu}{\delta z}$ zu:

$$H_{z\nu} = \begin{cases} -\frac{j}{\omega\mu_0}A\sin\kappa x & 0 \le x \le d \\ \frac{j\gamma}{\omega\mu_0}(Be^{\gamma x} - Ce^{-\gamma x}) & d \le x \le D \\ -\frac{j\rho}{\omega\mu_0}Fe^{-\rho x} & D \le x < \infty \end{cases} \quad x = x_1, x_2 \tag{3.113}$$

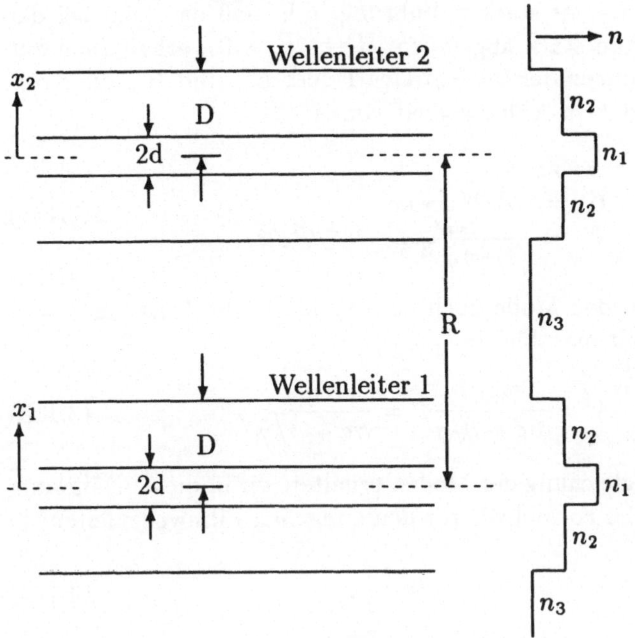

Abbildung 3.20: Zwei parallele, durch ein Zwischenmedium mit dem Brechungsindex n_3, getrennte Filmwellenleiter

Unter der Annahme der starken Führung, d.h. daß das Feld bei der Grenzfläche D schon stark abgefallen ist ($e^{-\gamma D} \approx 0$), erhält man aus den Anpaßbedingungen der tangentialen Felder $E_{y\nu}$ und $H_{z\nu}$ die Koeffizienten B, C und F in Abhängigkeit von A:

$$\begin{aligned} B &\approx 0 \\ C &= Ae^{\gamma d}\cos\kappa d \\ F &= \frac{2\kappa\gamma A}{(\gamma+\rho)\sqrt{\kappa^2\gamma^2}} \cdot e^{(\rho-\gamma)D}e^{\gamma d}. \end{aligned} \tag{3.114}$$

Normiert man nun den Mode noch derart, daß er die Leistung $P = 1$ transportiert, erhält man für A:

$$A^2 = \frac{2\omega\mu_0}{\beta d + \beta/\gamma}P = \frac{2\omega\mu_0}{\beta d + \beta/\gamma}\,. \tag{3.115}$$

Für die Eigenwertgleichung der Moden erhalten wir in dieser Näherung $e^{-\gamma D} \approx 0$ die gleiche Formel wie für den einfachen Filmwellenleiter

$$\tan\kappa d = \frac{\gamma d}{\kappa d}\,. \tag{3.116}$$

Das TE-Feld hat keinen E_z-Anteil, deshalb ist

$$K = K^t_{\nu\mu} = \omega\varepsilon_0 \int dx \Delta n^2 E_{t\nu}E^*_{t\mu}$$

mit

$$\Delta n^2 = \begin{cases} n_2^2 - n_3^2 & \text{für } R-(D+d) \le x \le R-d \\ n_1^2 - n_3^2 & \text{für } R-d \le x \le R+d \\ n_2^2 - n_3^2 & \text{für } R+d \le x \le R+(d+D) \\ 0 & \text{sonst} \end{cases}$$

Mit den obigen Moden erhält man nach längerer Rechnung schließlich

$$K = \frac{4\kappa^2\gamma^3\rho}{\beta(1+\gamma d)(\kappa^2+\gamma^2)(\gamma+\rho)^2} \cdot e^{-2\gamma(D-d)}e^{-\rho(R-2D)}. \tag{3.117}$$

Hat man kein Zwischenmedium mit $n = n_3$, so folgt mit $\gamma = \rho$

$$K = \frac{\kappa^2\gamma^2}{\beta(1+\gamma d)(\kappa^2+\gamma^2)} \cdot e^{-\gamma(R-2d)}. \tag{3.118}$$

In die Berechnung dieses Koppelkoeffizienten K und des Energieaustausches zweier paralleler Wellenleiter gingen verschiedene Näherungen ein. Deshalb soll hier noch kurz der exakte Weg beschrieben werden, der aber unter Umständen numerisch mit einigem Aufwand verbunden ist.

Bei Wahrung der vollen Genauigkeit müssen die beiden Wellenleiter als ein zusammenhängendes Gebiet behandelt werden, d.h. man muß einen Feldansatz für die Schichtstruktur nach Bild 3.20 machen und sich die Ausbreitungskonstanten β_i, β_j dieses Gesamtgebiets berechnen. Dies ist deshalb numerisch aufwendig, weil sich Lösungspaare β_i, β_j ergeben, die sich nur wenig unterscheiden. Für ein solches Lösungspaar gilt

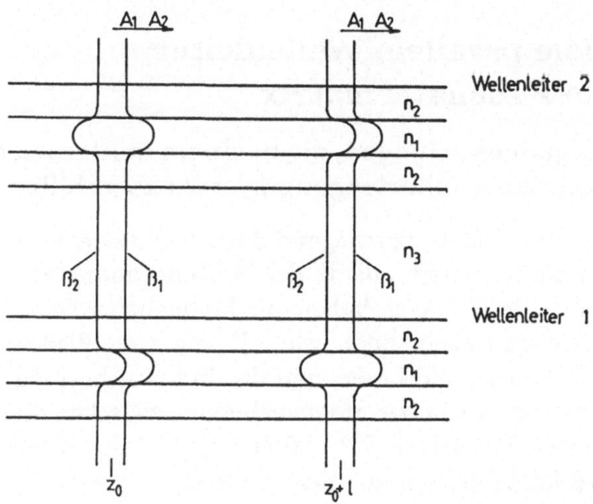

Abbildung 3.21: Addition der Feldamplituden beider Moden

$$\beta_1 - \beta_2 = 2K \tag{3.119}$$

bzw. $\beta_1 = \beta + K, \beta_2 = \beta - K$, wobei K wieder die bisher schon verwendetet Kopplungskonstante ist und β die Ausbreitungskonstante in der Näherungsrechnung. In einer geometrisch symmetrischen Struktur, wie in Bild 3.20, gehören die beiden Ausbreitungskonstanten β_1 und β_2 zu je einem symmetrischen und einem antisymmetrischen Feld. Man beachte, daß die β_1 und β_2 zu Feldern gehören, die in der Gesamtstruktur existieren, d.h. die eine wesentliche Energie gleichzeitig in beiden Wellenleitern transportieren. Entlang der Ausbreitungsrichtung ändert sich der Betrag der Amplitude dieser Moden nicht . Das Pendeln der Energie von einem Wellenleiter zum anderen kommt dadurch zustande, daß durch die verschiedenen Ausbreitungskonstanten das Amplitudenverhältnis der beiden Moden nach dem Durchlaufen einer gewissen Strecke L um den Faktor -1 geändert wird. Addieren sich z.B. die Feldamplituden beider Moden bei z_0 so, daß sie sich im zweiten Wellenleiter auslöschen, befindet sich die Energie praktisch nur im ersten Wellenleiter. Nach der Strecke L, mit $(\beta_1 - \beta_2)L = \pi$ löschen sich die Moden im ersten Wellenleiter aus und die Energie befindet sich im zweiten Wellenleiter. Dies wird in Bild 3.21 schematisch dargestellt.

3.2.2 Viele parallele Wellenleiter: Die Resonatormatrix

3.2.2.1 Aufgabenstellungen, die in einem modernen optischen Nachrichtenübertragungssystem zu erfüllen sind

Eine Glasfaser wird heute vorwiegend dazu benutzt einen oder einige wenige Träger zu übertragen, die in der Größenordnung von ca. 1 GHz moduliert sind. Diese Träger haben im Frequenzbereich meist einen sehr großen Abstand zueinander, wie z.B. die zwei Wellenlängen des GalliumAluminiumArsenid Lasers und des IndiumPhosphid Lasers bei $0.85\mu m$ und $1.3\mu m$. Allein der Frequenzbereich zwischen diesen beiden Wellenlängen beträgt jedoch $1.2 \cdot 10^5 GHz$, d.h. die Kapazität einer Glasfaser wird heute bei weitem nicht genutzt.

Um die Leistungsfähigkeit einer Glasfaser besser ausnutzen zu können, wird an einer Konzeption gearbeitet, die es erlaubt sehr viele Träger über eine Faser zu übertragen. Der Abstand der einzelnen Träger soll dabei sehr klein sein und etwa $5 \cdot 10^{-5} \mu m (\hat{=} 15 GHz)$ oder weniger betragen, jeder Träger ist jedoch wieder in der Größenordnung von ca. $1 GHz$ moduliert, vgl. Bild 3.22. Diese vielen Kanäle N, wobei N im Bereich zwischen 10 u. 100 liegt, bilden ein Kanalband, dessen relative Bandbreite nur einige Promille oder weniger beträgt.

Ein großer Vorteil dieser Konzeption besteht darin, daß das gesamte Kanalband gleichzeitig durch einen Laserverstärker verstärkt werden kann, ohne daß die Kanäle getrennt werden müssen, da die Bandbreite aller Kanäle zusammen kleiner ist als die Verstärkungsbandbreite eines optischen Verstärkers (= Laser ohne Spiegel). Wegen der relativ geringen Modulation der einzelnen Träger ($1GHz$) spielt die Signalverzerrung aufgrund der Faserdispersion eine untergeordnete Rolle.

Da sehr viele Träger über eine Glasfaser übertragen werden sollen, ist es wünschenswert die Energie pro Kanal möglichst niedrig zu halten. Dies kann man durch die Verwendung von kohärenten Empfangsmethoden, d.h. Heterodyn- oder Homodynüberlagerungsempfang erreichen.

Bild 3.23 zeigt die einzelnen Elemente eines optischen Nachrichtenübertragungssystems, wie es gerade vorgestellt wurde. Wegen der geringen Abstände der Kanäle und des Gebrauchs kohärenter Empfangsmethoden muß jeder Träger äußerst schmalbandig und sehr frequenzstabil sein. Deshalb ist es vorteilhaft, wenn man nicht den oder die Laser selbst moduliert (mittels des Injektionsstroms), sondern einen externen Modulator verwendet, der wellenlängenselektiv jeden einzelnen Träger aus dem Trägergesamtband moduliert.

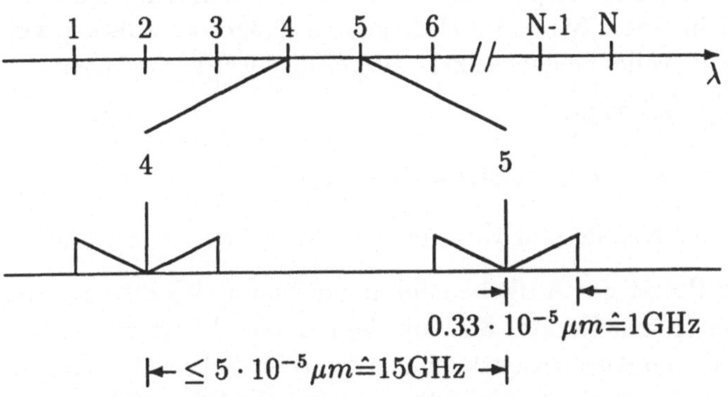

Abbildung 3.22: Im Frequenzbereich sehr dicht liegende Kanäle, deren Träger mit ca. $1GHz$ moduliert sind

Man kann nicht erwarten, daß man die „Bearbeitung" von vielen, dicht liegenden Trägern mittels vieler diskreter Elemente durchführen kann. Wegen der geforderten hohen Stabilität und der möglichst geringen Kosten erfordert die Realisierung eines derartigen Systems die

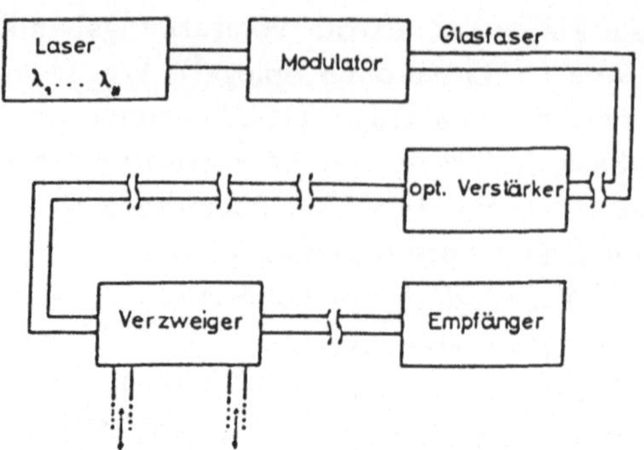

Abbildung 3.23: Aufgaben eines Systems mit dichtliegenden Trägern

Verwendung integrierter optischer „Schaltungen" und, da elektronische Regelkreise bzw. Kreise, die die Signale elektrisch weiterverarbeiten, am besten mit integriert sein sollen, sogar integrierter opto-elektronischer Schaltungen. Deshalb muß die optische Einrichtung auf ein monolithisches Halbleitersubstrat integrierbar sein. Fassen wir noch einmal die Hauptaufgaben in einem System dichtliegender Träger zusammen, vgl. Bild 3.23, die alle wellenlängenselektiv ausgeführt werden müssen:

- Modulation der Träger
- Zusammenfassen oder Aufspalten der Kanäle
- Empfang der Kanäle und Umwandlung in elektrische Signale.

Für den letzten Punkt der Aufgabenstellungen bietet sich offenbar der optische Resonator aus Kapitel 3.1. an, denn dieses Element weist ja bei einem niedrigeren Absorptionskoeffizienten α ein sehr wellenlängenselektives Absorptionsverhalten mit Bandbreiten kleiner $10^{-5}\mu m$ auf. Der kanalselektive Empfang vieler Kanäle kann dann so gelöst werden, daß jeder Kanal nach Bild 3.24 in einem anderen Resonator absorbiert wird, wobei jeder Resonator mit einer Fotodiode kombiniert wird. Es gilt nun also eine geometrische Anordnung von optischen Resonatoren zu finden, die die Aufgabe in Bild 3.24 erfüllt und zwar so, daß jeder Resonator eine möglichst große Intensität seines zugehörigen Kanals erhält. Eine 1 zu N Aufteilung der Energie ist auf jeden Fall zu vermeiden.

Eine Durchstrahlung von Spiegeln mit hohen Reflexionsfaktoren kommt nach Abschnitt 3.1.3. wegen der Spiegelverluste nicht in Frage. Deshalb bietet sich nach Abschnitt 3.2.1. die Energieeinkopplung in Resonatoren durch parallel verlaufende Wellenleiter bzw. Resonatoren an. Eine Anordnung von parallelen Resonatoren wie in Bild 3.25 erfüllt die Aufgabenstellung auch im Prinzip, doch ist die Absorption in dieser Anordnung nicht mehr schmalbandig genug. Dies ist deshalb der Fall, da die seitliche Kopplung der Resonatoren die Bandbreite der Resonatoren mit wachsender Koppelstärke verbreitert. Die Resonatoren von Bild 3.25 müssen aber relativ stark gekoppelt sein, um den Energiefluß vom Einkoppelresonator bis in den am weitesten außen gelegenen Resonator zu gewährleisten. Dies führt dazu, daß man die ebene Anordnung von Resonatoren aufgeben und die Resonatoren in mindestens zwei Ebenen anordnen muß. Man erhält ein im Querschnitt matrixartiges Gebilde, das aus Resonatoren bzw. Wellenleitern besteht und kurz Resonatormatrix genannt wird.

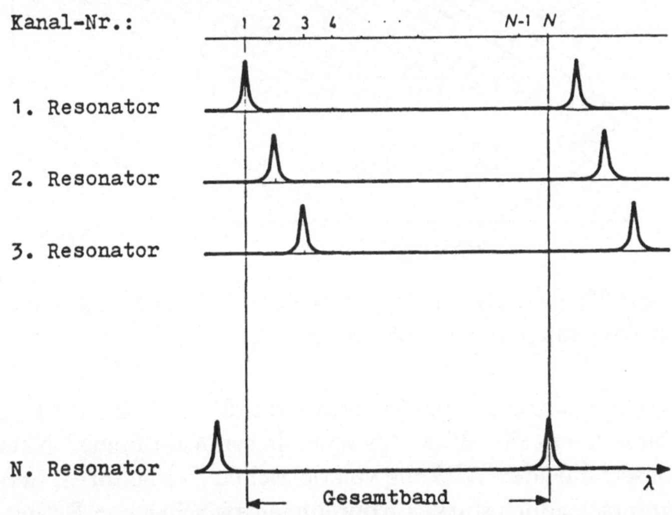

Abbildung 3.24: N verschiedene Resonatoren sind mit jeweils einer Resonanz auf einen Kanal abgestimmt

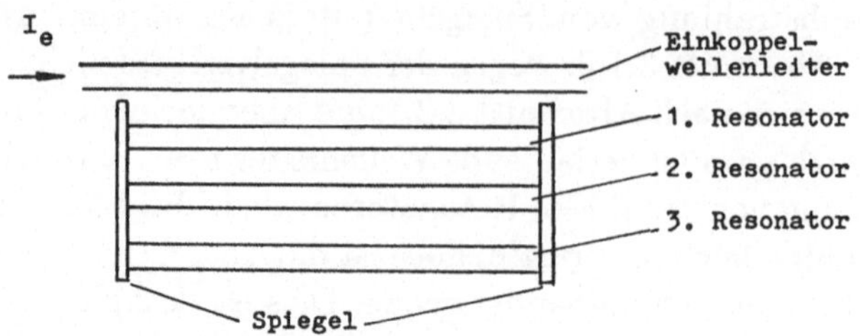

Abbildung 3.25: Einkopplung in parallele Resonatoren

3.2.2.2 Lösung der Aufgabenstellungen durch parallele Wellenleiter: Die Resonatormatrix

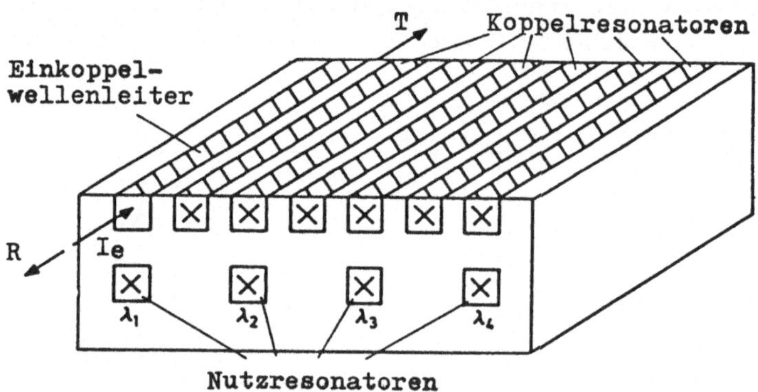

Abbildung 3.26: Resonatormatrix; prinzipielle Anordnung der Resonatoren; p-n-Übergänge nicht gezeichnet

Eine Resonatormatrix hat im Allgemeinen die Gestalt von Bild 3.26. Worauf beruht nun die Wirkungsweise dieser Anordnung? Neben der absorptionserhöhenden Wirkung von optischen Resonatoren, beruht sie auf den unterschiedlich starken Kopplungen zwischen den Resonatoren. Demgemäß können wir in einer Resonatormatrix zwei Arten von Resonatoren unterscheiden, wobei jede Ebene einer Matrix verzugsweise eine Art von Resonatoren enthält.

Die Resonatoren der ersten Art werden Koppelresonatoren genannt und sind durch die sehr starke Kopplung zwischen benachbarten Resonatoren gekennzeichnet. In Bild 3.26 sind sie in der oberen Ebene angeordnet. Die Kopplung zwischen zwei Koppelresonatoren ist viel stärker als in der Anordnung von Bild 3.25. Dies hat zwei Auswirkungen. Einerseits ist der Energietransport zwischen den Koppelresonatoren sehr effektiv, andererseits werden die Resonanzen durch die starke Kopplung derart verbreitert und verschoben, daß in den Koppelresonatoren praktisch kein Licht mehr absorbiert wird, obwohl diese den gleichen Absorptionskoeffizienten wie die übrige Resonatormatrix aufweisen. Die durch die starke Kopplung sehr breitbandigen Koppelresonatoren zeigen nicht mehr den absorptionserhöhenden Effekt sehr schmalbandiger Resonatoren.

Die Resonatoren der zweiten Art sind die sog. Nutzresonatoren, die in Bild 3.26 in der unteren Ebene angeordnet sind. Diese Resonatoren haben verglichen mit den Koppelresonatoren untereinander einen sehr viel größeren Abstand und sind untereinander vernachläßigbar gering gekoppelt (exponentieller Abfall der Kopplung mit zunehmendem Abstand). Die Kopplung des einzelnen Nutzresonators an seinen benachbarten Koppelresonator der darüberliegenden Ebene ist relativ schwach. Deshalb werden die Resonanzen der Nutzresonatoren nicht verbreitert und bleiben nahezu an den Stellen im Wellenlängenband, wo sie auch bei gänzlich ungekoppelten Resonatoren lägen. Der Begriff der relativ schwachen Kopplung bezieht sich auf die Koppelstärke paralleler Wellenleiter. Bei den vorliegenden Resonatoren wird die Kopplung jedoch auch zu einem Resonanzeffekt, d.h. bei Nichtresonanz gelangt kein Licht in den Nutzresonator, bei Resonanz dagegen wird die Kopplung des Resonators sehr groß, und eine sehr große Intensität des Lichts der Resonanzwellenlänge gelangt in den Nutzresonator und wird dort aufgrund der absorptionserhöhenden Wirkung des sehr guten Resonators absorbiert. Der einzelne Nutzresonator hat die gleiche wellenlängenselektive Absorption wie der einzelne Resonator aus Abschnitt 3.1.2. nach Bild 3.27.

Da in den Koppelresonatoren fast keine Absorption auftritt, dürfen nach Bild 3.27 die Raumladungszonen der für einzelne Nutzresonatoren bestimmte Fotodioden auch Kopplresonatoren umfassen.

Alle Resonatoren, egal ob Nutz- oder Koppelresonator, müssen Spiegel mit Reflexionsfaktoren nahe 1 aufweisen, die auf die beiden Endflächen der Resonatormatrix aufgebracht werden können. Alle Träger und

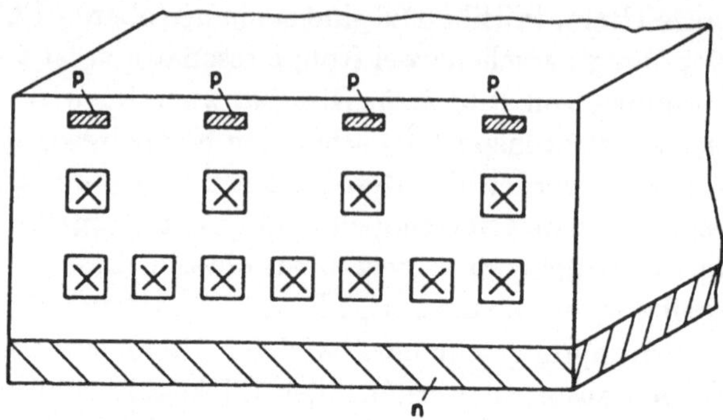

Abbildung 3.27: Mögliche Anordnung der p und n Gebiete der Photodioden in einer Resonatormatrix

ihre Seitenbänder werden in die Resonatormatrix über einen Einkoppelwellenleiter eingekoppelt. Dieser Wellenleiter braucht nicht verspiegelt zu sein und kann irgendwo in der Ebene der Koppelresonatoren liegen. Die Resonatormatrizen der folgenden Beispiele haben alle unverspiegelte Einkoppelwellenleiter. Ein Spiegel mit dem Reflexionsfaktor 1 auf der Rückseite des Einkoppelwellenleiters könnte die Absorption z.B. bis um den Faktor 2 erhöhen.

Nach dieser qualitativen Beschreibung der Resonatormatrix wollen wir nun ein mathematisches Modell entwickeln, das es uns gestattet, die Felder in einer Resonatormatrix zu berechnen. Dazu müssen wir zunächst wieder einige Bezeichnungen einführen. Wir nummerieren alle Resonatoren bzw. Wellenleiter mit dem Index μ durch. Im Resonator μ laufen die Wellen E_μ^+ und E_μ^- mit den Modenamplituden a_μ und b_μ in $\pm z$-Richtung, der Frontspiegel liegt bei $z = 0$, der rückwärtige Spiegel bei $z = l$.

Zunächst betrachten wir eine Anordnung von gekoppelten parallelen Wellenleitern (nicht Resonatoren), die den gleichen Querschnitt der zu berechnenden Resonatormatrix aufweist. Das vorwärtslaufende Feld in jedem Wellenleiter ist

$$a_\mu(z) = a_\mu^l(z) e^{-j\Omega_\mu \frac{z}{l}} \tag{3.120}$$

mit

$$\Omega_\mu = \beta_\mu l - j\alpha_\mu l/2\,. \tag{3.121}$$

β_μ ist dabei die Ausbreitungskonstante, α_μ der Absorptionskoeffizient des Wellenleiters μ. Für gleiche Frequenzen sollen die β_μ aller einzelnen Wellenleiter gleich sein und zunächst auch die α_μ. Wir führen den Index μ bei Ω_μ nur ein, um später Änderungen von α_μ zulassen zu können.

Die einzelnen a_μ (bzw.a_μ^l)) aller Wellenleiter ordnen wir zu einem Vektor $\vec{a}$ (bzw.$\vec{a}^l$) an. Gemäß der Ergebnisse der Theorie der gekoppelten Moden angewandt auf parallele Wellenleiter (vgl. 3.2.2.) können wir die (langsame) Veränderung der $a_\mu^l(z)$ für Wellenleiter gleicher Ausbreitungskonstante ($\delta = 0$) beschreiben durch das Differentialgleichungssystem:

$$\frac{d\vec{a}^l}{dz} = \underline{K} \cdot \vec{a}^l. \tag{3.122}$$

Die Matrix $\underline{K}$ enthält die Koppelkoeffizienten der einzelnen Wellenleiter multipliziert mit $-\frac{1}{2}j$. Die Lösung der Gleichung (3.122) ist durch die Eigenvektoren $\vec{A}_\nu$ (mit den Elementen $a_{\mu\nu}$) der Matrix $\underline{K}$ und den dazugehörigen Eigenwerten γ_ν gegeben. Das Feld im Wellenleiter μ ist demgemäß:

$$a_\mu(z) = \sum_\nu a_{\mu\nu} \cdot p_\nu^+ \cdot e^{\gamma_\nu z} \cdot e^{-j\Omega_\mu \frac{z}{l}}\,, \tag{3.123}$$

wobei die p_ν^+ die noch unbekannten Koeffizienten der Eigenvektoren $\vec{A}_\nu$ sind. Die p_ν^+ bilden den Vektor $\vec{p}^{\,+}$. Wenn wir jetzt noch die Diagonalmatrizen $\underline{D}(x_k)$ mit den Diagonalelementen $x_k (k = \nu\ oder \mu)$ definieren und die Matrix $\underline{A}$ aus den Elementen $a_{\mu\nu}$ (beziehungsweise aus den Eigenvektoren $\vec{A}_\nu$ nebeneinander angeordnet) besteht, erhalten wir das vorwärtslaufende Feld in allen Wellenleitern durch die Gleichung:

$$\vec{a}(z) = \underline{D}(e^{-j\Omega_\mu \frac{z}{l}})\underline{A} \cdot \underline{D}(e^{\gamma_\nu z})\vec{p}^{\,+}. \tag{3.124}$$

Für das rückwärtslaufende Feld erhalten wir durch Anwendung analoger Schritte:

$$\vec{b}(z) = \underline{D}(e^{-j\Omega_\mu \frac{l-z}{l}})\underline{A} \cdot \underline{D}(e^{\gamma_\nu (l-z)})\vec{p}^{\,-}. \tag{3.125}$$

Nun betrachten wir wieder Resonatoren. $r_{1\mu}, d_{1\mu}$ und $r_{2\mu}$ sind die Reflexions- bzw. Transmissionsfaktoren der Front (1)- bzw. rückwärtigen (2) Spiegel. Für die Einstrahlung nur von vorn liefern die Spiegel die beiden Gleichungen:

$$\begin{aligned} \vec{b}(l) &= \underline{D}(r_{2\mu}e^{-j2\beta_\mu \Delta l_\mu})\vec{a}(l) & (3.126)\\ \vec{a}(0) &= \underline{D}(r_{1\mu})\vec{b}(0) + \underline{D}(d_{1\mu})\vec{a}_{eing}. & (3.127)\end{aligned}$$

Die kleinen Längenänderungen Δl_μ in Gl. (3.126) werden eingeführt, um die Phasen der Reflexionsfaktoren $r_{2\mu}$ verändern und damit die Resonatoren auf verschiedene Resonanz-Wellenlängen λ_μ abstimmen zu können. $\vec{a}_{eing}$ ist das bei $z = 0$ eingestrahlte Licht. Gewöhnlich ist nur ein Element von $\vec{a}_{eing}$ ungleich Null, da nur in den Einkoppelresonator bzw. - wellenleiter Licht eingestrahlt wird.

Setzt man Gl. (3.124) und Gl. (3.125) für $z = 0$ und $z = l$ in Gln. (3.126) und (3.127) ein, dann erhält man zwei Gleichungen für $\vec{p}^{\,+}$ und $\vec{p}^{\,-}$. Aufgelöst nach diesen Vektoren erhält man:

$$\begin{aligned} \vec{p}^{\,+} &= \left\{\underline{A} - \underline{D}(r_{1\mu}e^{-j\Omega_\mu}) \cdot \underline{D}(e^{\gamma_\nu l}) \cdot \underline{A}^{-1} \cdot \right. \\ &\quad \left. \underline{D}(r_{2\mu}e^{-j2\beta_\mu \Delta l_\mu}e^{-j\Omega_\mu})\underline{A}\underline{D}(e^{\gamma_\nu l})\right\}^{-1} \underline{D}(d_{1\mu})\vec{a}_{eing} \end{aligned} \qquad (3.128)$$

$$\vec{p}^{\,-} = \underline{A}^{-1}\underline{D}(r_{2\mu}e^{-j2\beta_\mu \Delta l_\mu}e^{-j\Omega_\mu})\underline{A}\underline{D}(e^{\gamma_\nu l})\vec{p}^{\,+}\ . \qquad (3.129)$$

Damit ist durch Gln. (3.124) und (3.125) das Gesamtfeld $a_\mu(z) + b_\mu(z)$ in jedem Resonator bekannt.

Man kann zeigen, daß die Absorption in einem Gebiet mit den Absorptionskoeffizient α auch gegeben ist durch

$$I_{abs} = \int\limits_{\mathrm{Vol.}} w\alpha dv\ , \qquad (3.130)$$

wobei w die Energiedichte des elektromagnetischen Feldes ist. Mit diesem Ausdruck erhält man für die absorbierte Intensität im Resoator μ bezogen auf die eingefallene Intensität:

$$\frac{I_{abs}}{I_e} = \frac{1}{|\,a_e\,|^2}\int\limits_0^l |\,a_\mu(z) + b_\mu(z)\,|^2\,\alpha_\mu dz\ . \qquad (3.131)$$

Diese Formel kann natürlich nur wieder numerisch ausgewertet werden, wobei man zunächst die Matrix $\underline{A}$ und die Eigenwerte γ_ν aus der Matrix $\underline{K}$ bestimmt, bevor man $\vec{p}^{\,+}$ und $\vec{p}^{\,-}$ berechnet und schließlich die

Integration über das Gesamtfeld nach Gl. (3.131) ausführt. Auf diese Weise wurde die Absorption in einer Resonatormatrix, die 10 Nutzresonatoren (und 19 Koppelresonatoren) enthält berechnet. Das Ergebnis ist in Bild 3.28 und 3.29 dargestellt.

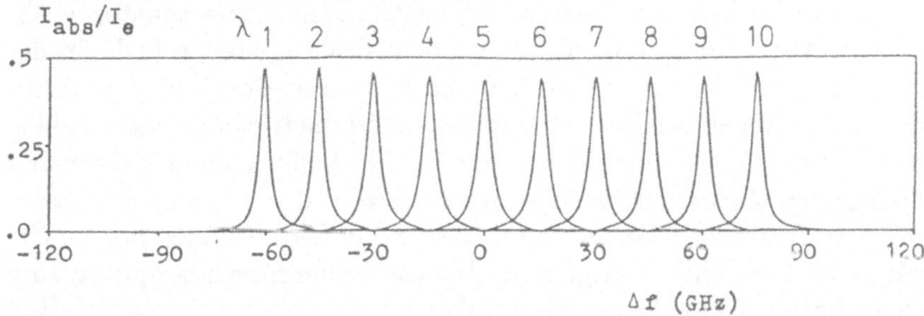

Abbildung 3.28: I_{abs}/I_e in den verschiedenen Nutzresonatoren einer Resonatormatrix mit 10 Nutzresonatoren

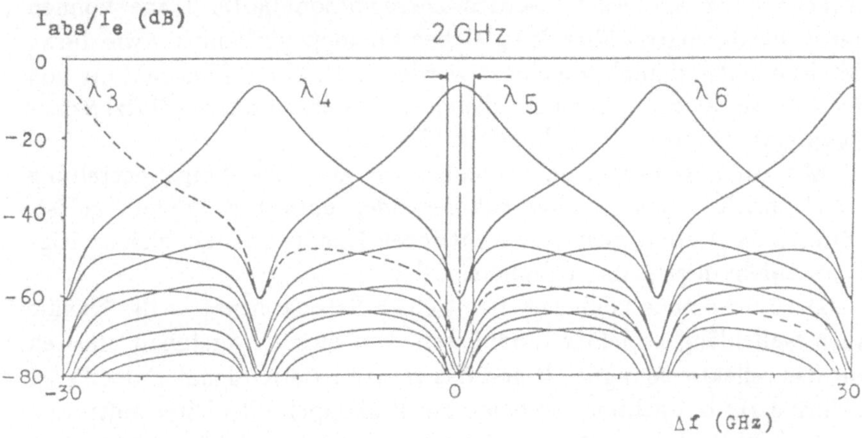

Abbildung 3.29: I_{abs}/I_e in logarithmischer Darstellung

Bild 3.28 zeigt die Absorption in den 10 auf verschiedene Wellenlängen $\lambda_\mu, 1 \leq \mu \leq 10$, abgestimmten Nutzresonatoren. Die Wellenlängen λ_μ haben einen Abstand von $\Delta\lambda = 5 \cdot 10^{-5} \mu m$, was 15 GHz entspricht. In diesem Beispiel wird bei Resonanz ca. die Hälfte der eingestrahlten Intensität absorbiert (Einkoppelwellenleiter an Rückseite nicht verspiegelt).

Bild 3.29 zeigt einen vergrößerten Ausschnitt von Bild 3.28, der nun in logarithmischem Maßstab dargestellt ist. Verschiedene Linien zeigen die Absorption in verschiedenen Nutzresonatoren in Abhängigkeit von der Wellenlänge λ. Die höchste Linie in der Nachbarschaft von jedem Peak λ_μ wird jeweils im zugehörigen Nutzresonator μ absorbiert. Die unteren Linien, unter jedem Peak λ_μ stellen Licht in der Umgebung von λ_μ dar, das in anderen Nutzresonatoren $\mu' \neq \mu$ absorbiert wird. Wegen der fast vollkommenen Symmetrie der Linien, stellen diese unteren Linien auch das unerwünschte Licht anderer Träger und ihrer Seitenbänder dar, welches im Nutzresonator μ absorbiert wird. Für den Träger der Wellenlänge λ_5 sind die Seitenbänder bei 1 GHz gekennzeichnet und es zeigt sich, daß die Nebensprechdämpfung zum benachbarten Kanal besser als 42 dB ist.

Sollen die Vorteile der kohärenten Empfangsmethoden genutzt werden, müssen die unmodulierten Träger mit hoher Energie dem zu empfangenden Signal zugesetzt werden. Diese unmodulierten Träger können der Resonatormatrix über den gleichen Einkoppelwellenleiter wie die zu detektierenden Signale zugeführt werden (z.B. durch Einstrahlung von der Rückseite). Sie werden auf die gleiche Weise durch die Nutzresonatoren getrennt wie die modulierten Signale.

Mit einer Resonatormatrix haben wir also eine Aufgabenstellung im Nachrichtensystem mit dicht liegenden optischen Trägern gelöst, nämlich das Demultiplexen der optischen Kanäle und das gleichzeitige Umwandeln in elektrische Signale.

Darüber hinaus können wir mit einer Resonatormatrix die Kanäle auch wellenlängenselektiv modulieren. Um dies zu verstehen, müssen wir das reflektierte Signal R und das transmittierte Signal T der Resonatormatrix betrachten, die beide am Einkoppelwellenleiter auftreten. Beide Signale R und T können als Ausgangssignale verwendet werden, da sie alle Wellenlängen des Eingangssignals I_E beinhalten. Eine wellenlängenselektive Modulation von R und T, die nur in der unmittelbaren Umgebung einer Trägerwellenlänge auftritt, erhält man durch die Veränderung der Parameter des auf die Trägerwellenlänge abgestimmten Nutzresonators. Dies geschieht am einfachsten durch Injektion freier Ladungsträger.

Injizierte freie Ladungsträger verändern sowohl den Brechungsindex des Nutzresonators als auch den Absorptionskoeffizienten. Eine Injek-

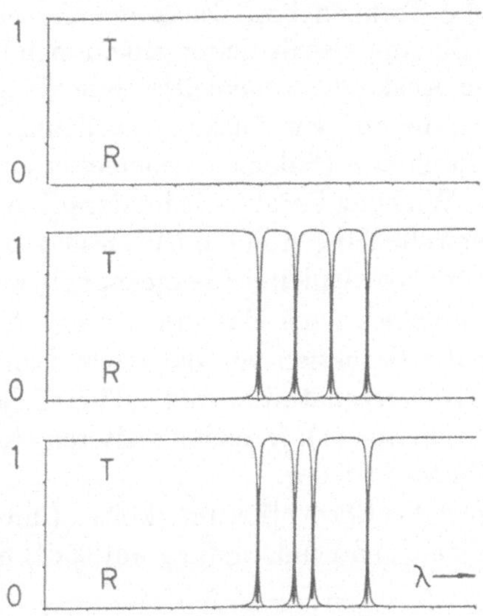

Abbildung 3.30: Modulation von R und T einer Resonatormatrix

tion von $8.0 \cdot 10^{16} cm^{-3}$ freier Elektronen ergibt bei der Wellenlänge von $1.3 \mu m$ z.B. ein Δn von $0.67 \cdot 10^{-4}$ und ein $\Delta\alpha$ von $8m^{-1}$. Das bedeutet, daß die Auswirkungen der Absorptionsänderung gegenüber den Auswirkungen der Brechzahländerung, welche eine Verschiebung der Resonanzfrequenz des Resonators bewirkt vergleichsweise klein sind. Wie diese Ladungsträgerinjektion zur Modulation verwendet werden kann, erkennt man anhand von Bild 3.30.

Bild 3.30a zeigt den Anteil der R und T Kurven, der allein von den Koppelresonatoren herrührt. In Bild 3.30b ist der Einfluß an die Koppelresonatoren angekoppelter Nutzresonatoren mit niedriger Absorption $\alpha = 10m^{-1}$ und einem Resonanzabstand von $5 \cdot 10^{-5} \mu m$ auf R und T gezeigt. In Bild 3.30c bewirkt die Inkektion von $8,0 \cdot 10^{16}$ freier Ladungsträger die Verschiebung der Resonanzfrequenz des direkten Nutzresonators. Die R u. T Kurven an der ursprünglichen Resonanzfrequenz des dritten Nutzresonators haben sich dadurch erheblich geändert, und es liegt eine wellenlängenselektive Modulation von R und T vor.

Bild 3.31 zeigt eine Resonatormatrix, die auch die dritte gestellte

Aufgabe, das optische Trennen bzw. Zusammenfassen von Kanälen, löst. Die auf einem Einkoppelwellenleiter ankommenden Kanäle werden auf verschiedene Auskoppelwellenleiter wellenlängenselektiv verteilt, bzw. umgekehrt, die auf den Auskoppelwellenleitern eingestrahlten Kanäle werden durch den Einkoppelwellenleiter ausgekoppelt. Die wellenlängenselektive Wirkung beruht wieder darauf, daß Licht nur bei bestimmten Resonanzwellenlängen in die Nutzresonatoren gelangt und von dort in die Auskoppelwellenleiter übergekoppelt wird.

Bild 3.32 zeigt schließlich noch eine zweikreisige Ausführung einer Resonatormatrix für die Detektion von optischen Signalen, bestehend aus zwei Ebenen von Nutzresonatoren. Bild 3.33 gibt die Absorption in einem ersten Nutz-Resonator (1), in einem weiteren Nutzresonator (2) und der Summe (3) daraus wieder.

Verwendet man nur die Absorption im zweiten (unteren) Nutzresonator, kann man die Nebensprechdämpfung auf 90dB erhöhen.

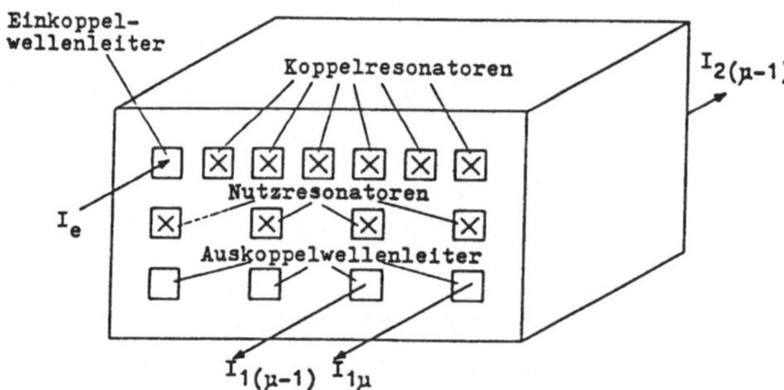

Abbildung 3.31: Resonatormatrix zum optischen Trennen

3.2.2.3 Materialfragen im Zusammenhang mit Resonatormatrizen

Eine Resonatormatrix benötigt p-n- Übergänge, d.h. als Material kommen nur Halbleiter in Frage. Ferner nützt eine Resonatormatrix die niedrige Absorption in der Nähe der Bandkante, d.h. die Bandkante des verwendeten Materials muß im Bereich der zu verwendenden Wellenlängen liegen.

Das zur Zeit technologisch am besten beherrschte Material ist Silizium, das eine Absorption von $\alpha = 100m^{-1}$ im Bereich von $1,1\mu m$ auf-

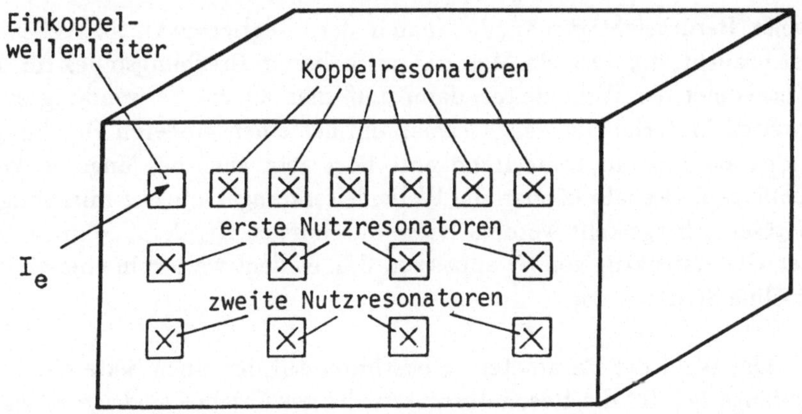

Abbildung 3.32: „zweikreisige" Resonatormatrix mit zwei Ebenen von Nutzresonatoren

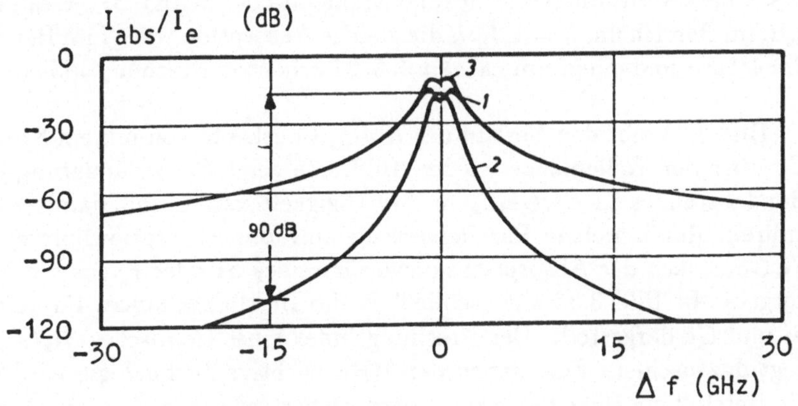

1 I_{abs}/I_e in einem der "ersten" Nutzresonatoren
2 I_{abs}/I_e in einem der "zweiten" Nutzresonatoren
3 Summe von 1 und 2

Abbildung 3.33: Absorption in den Nutzresonatoren einer zweikreisigen Resonatormatrix

weist. Berücksichtigt man, daß man in der Integrierten Optik Wellenleiter braucht, d.h. also ein Material mit höherem Brechungsindex für das Kerngebiet der Wellenleiter, dann muß man an die Verwendung eines zweiten Materials denken. Germanium hat einen größeren Brechungsindex als Silizium, seine Bandkante liegt aber auch bei längeren Wellenlängen. Deshalb können die Wellenleiterkerngebiete aus Mischungen Si_xGe_{1-x} hergestellt werden. Diese Mischungen Si_xGe_{1-x} können sich der Gitterstruktur von Si anpassen, d.h. es liegt weiterhin eine einkristalline Struktur vor.

Die Wahl des Parameters x bestimmt auf der einen Seite die Wellenlänge bei der die Resonatormatrix die gewünschte niedrige Absorption aufweist (vgl. Bild 3.34 u. 3.35), auf der anderen Seite aber auch den Brechungsindexunterschied zwischen Wellenleiterkern- und Außengebiet. Mischkristalle Si_xGe_{1-x} wurden schon im ganzen Bereich $0 \leq x \leq 1$ hergestellt mittels Molekularstrahlepitaxie (MBE). $Si_{0,7}Ge_{0,3}$ hat z.B. im Bereich um $\lambda = 1.3\mu m$ die gleiche Absorption wie Si im Bereich um $1.1\mu m$ und einen um ca. $\Delta n = 0,24$ erhöhten Brechungsindex.

Bild 3.34 gibt den Verlauf der Absorptionskante von reinem Si und Ge über der Wellenlänge wieder. Bild 3.35 zeigt die Veränderung des Bandabstandes in Si_xGe_{1-x} in Abhängigkeit von x und damit auch indirekt durch welche Parallelverschiebung die Absorptionskurve für Si_xGe_{1-x} aus der Absorptionskurve für reines Si oder reines Ge hervorgeht. In Bild 3.36 sind schließlich die Brechungsindices für reines Si und Ge dargestellt. Der Brechungsindex eines Gemisches Si_xGe_{1-x} liegt dazwischen. Eine neben der MBE wichtige Technologie wird für die Herstellung einer Resonatormatrix sicher das sog. anisotrope Ätzen sein. Dieses Vorzugsätzen, das die anisotrope Wirkung verschiedenen Ätzen auf unterschiedliche Kristallflächen ausnützt, kann dazu verwendet werden tiefe Gräben in Si zu ätzen, deren glatte Flächen kaum Licht streuen und deshalb ausgezeichnete Grenzflächen für Wellenleiter bilden. In diesen Gräben können dann mittels MBE Wellenleiter geschaffen werden.

Bild 3.38 stellt dar wie eine auf ein Substrat integrierte Resonatormatrix aussehen könnte.

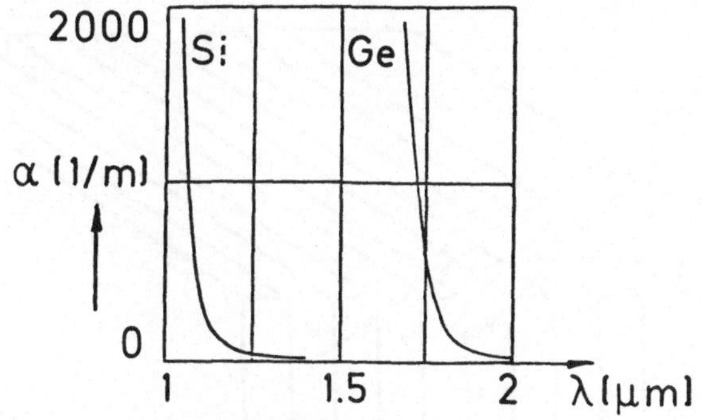

Abbildung 3.34: Absorptionskoeffizient α von Silizium und Germanium

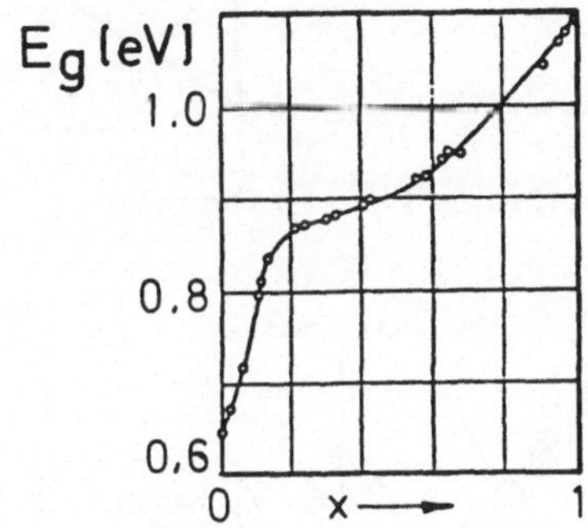

Abbildung 3.35: Bandabstand von Si_xGe_{1-x}

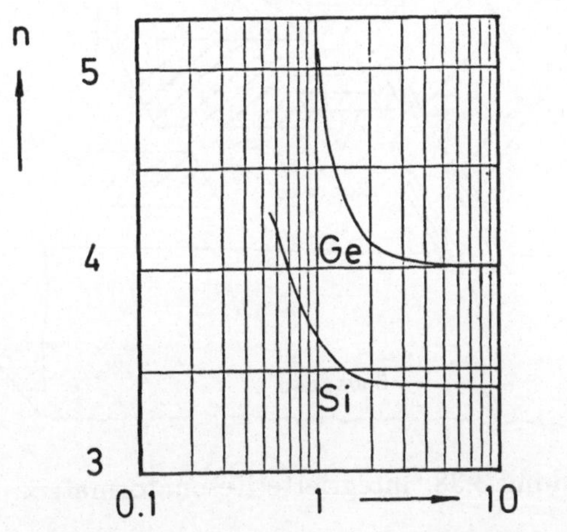

Abbildung 3.36: Brechungsindex von Silizium und Germanium

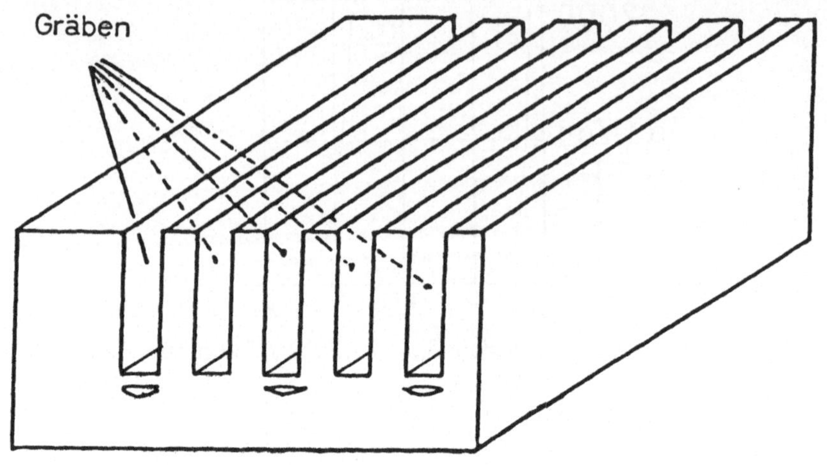

Abbildung 3.37: Grabenätzung

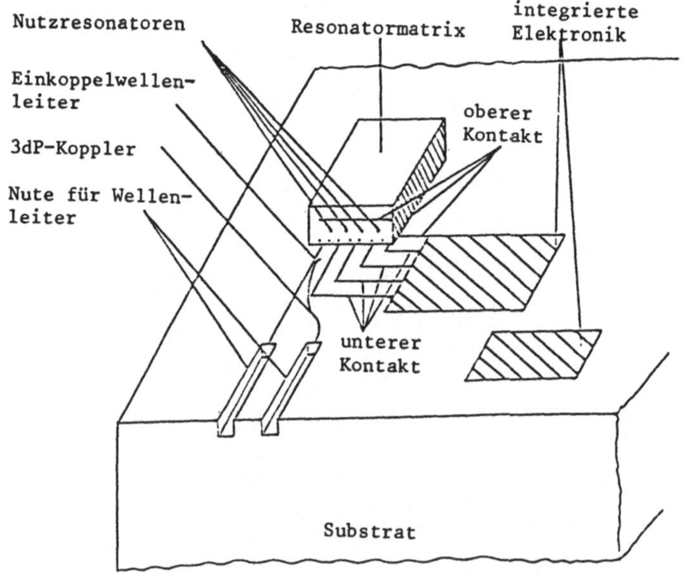

Abbildung 3.38: Integrierte Resonatormatrix

3.2.3 Wellenleiter mit kontinuierlichem Verlauf $\beta = \beta(z)$ und sich kreuzende Wellenleiter

Mit den bisher besprochenen Methoden können wir neben parallel verlaufenden Wellenleitern einerseits Wellenleiter berechnen, bei denen sich die β der verschiedenen Moden an bestimmten Stellen z unstetig ändern (Matrizenrechnung für Wellenleiterstöße) oder andererseits auch solche Wellenleiter mit periodischen Änderungen der Wellenleiterstruktur, die viele Perioden in der Größenordnung der Wellenlänge beinhalten (Theorie der gekoppelten idealen Moden). Viele Aufgabenstellungen der Integrierten Optik führen darüber hinaus auf Probleme, bei denen sich die Führungseigenschaften bzw. die Querschnitte von Wellenleitern in Ausbreitungsrichtung stetig ändern. Problemstellungen dieser Art, in denen sich die Ausbreitungsfaktoren β als relativ langsame und stetige Funktionen von z, die normalerweise auch nichtperiodisch sind, darstellen lassen, sind Gegenstand dieses Abschnitts. Eine solche Aufgabe besteht zum Beispiel in der Berechnung eines sog. Tapers, eines Übergangs zwischen zwei Wellenleitern unterschiedlicher Größe, vgl. Bild 3.39. Ein weiteres, anspruchvolleres Beispiel gibt Bild 3.40 mit einer Wellenleiterkreuzung wider.

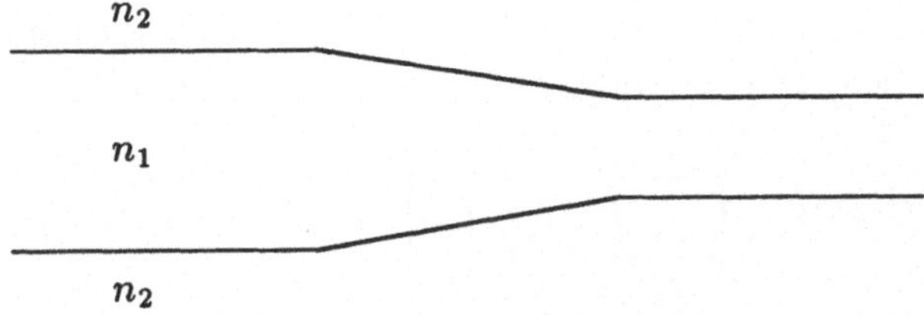

Abbildung 3.39: Übergang zweier Wellenleiter unterschiedlicher Größe

Für Berechnungen dieser Art findet man in der Literatur eine Vielzahl von Näherungsmethoden, wie z.B. die sog. „Beam Propagation Method" oder auch eine erweiterte Theorie für parallele gekoppelte Wellenleiter, die ortsabhängige Koppelfaktoren $K(z)$ benutzt. All diese Methoden vernachlässigen, daß in Anordnungen, in denen β eine Funktion von z($\hat{=}$Ausbreitungsrichtung) ist, immer reflektierte Felder angeregt werden.

An dieser Stelle wollen wir deshalb eine Methode für Wellenleiterkonfigurationen von Bild 3.39 bzw. 3.40 und ähnliche angeben, die es gestatten das reflektierte Feld mit zu berücksichtigen. Diese Methode erlaubt es damit auch, die Vernachlässigung der Reflexion bei anderen Methoden zu rechtfertigen oder zu widerlegen. (Falls das Ergebnis liefert, daß bei $z = 0$ keine Reflexion auftritt, ist dieser Beweis noch nicht erbracht, es kann bei $z \neq 0$ ein Teilgebiet der Wellenausbreitung geben, in dem die Reflexion sehr wichtig ist. Beispiel hierfür ist der verlustlose Resonator in Resonanz, der eine Transmission $T = 1$ und damit eine Reflexion $R = 0$ aufweist. Dieses Verhalten erhält man jedoch nur durch die im Resonator reflektierten Wellen. Die Methode, die wir anwenden werden, ist die Theorie der gekoppelten Moden unter der Verwendung von lokalen Moden.

Wir gehen wieder aus von den beiden Maxwell'schen Gleichungen:

$$\begin{aligned} \nabla \times \vec{E} &= -j\omega\mu_0\vec{H} \\ \nabla \times \vec{H} &= j\omega n^2\varepsilon_0\vec{E}. \end{aligned} \tag{3.132}$$

Spalten wir den Nablaoperator wieder auf in ∇_t und $\vec{e}_z\frac{\partial}{\partial z}$ und die Felder z.B. in $\vec{H}_t$ und $\vec{H}_z$, dann schiebt sich die zweite Gleichung z.B. als

$$\underset{(1)}{\nabla_t \times \vec{H}_t} + \underset{(2)}{\vec{e}_z \times \frac{\partial}{\partial z}\vec{H}_t} + \underset{(3)}{\nabla_t \times \vec{H}_z} + \underset{(4)}{\vec{e}_z \times \frac{\partial}{\partial z}\vec{H}_z} = j\omega n^2\varepsilon_0\vec{E}. \tag{3.133}$$

Durch Vergleich mit dem Kreuzprodukt:

$$\nabla \times \vec{H} = \begin{pmatrix} \frac{\partial}{\partial y}H_z - \frac{\partial}{\partial z}H_y \\ \frac{\partial}{\partial z}H_x - \frac{\partial}{\partial x}H_z \\ \frac{\partial}{\partial x}H_y - \frac{\partial}{\partial y}H_x \end{pmatrix}$$

findet man, daß der erste Term (1) nur eine Komponente in z-Richtung aufweist, (2) und (3) keine Komponente in z-Richtung haben und (4) gleich Null ist. E_z ist also:

$$\vec{E}_z = \frac{1}{j\omega n^2\epsilon_0}\nabla_t \times \vec{H}_t. \tag{3.134}$$

Ebenso folgt aus der ersten Gleichung von (3.132)

$$\vec{H}_z = -\frac{1}{i\omega\mu_0}\nabla_t \times \vec{E}_t. \tag{3.135}$$

$\vec{H}_z$ in Gl. (3.133) eingesetzt liefert die Gleichung für das transversale $\vec{E}_t$-Feld:

$$-\frac{1}{j\omega\mu_0}\nabla_t \times (\nabla_t \times \vec{E}_t) + \vec{e}_z \times \frac{\partial \vec{H}_t}{\partial z} = j\omega n^2 \epsilon_0 \vec{E}_t. \qquad (3.136)$$

Mit entsprechenden Maßnahmen und Gl. (3.134) folgt aus der ersten Gleichung von (3.132)

$$\frac{1}{j\omega\epsilon_0}\nabla_t \times (\frac{1}{n^2}\nabla_t \times \vec{H}_t) + \vec{e}_z \times \frac{\partial \vec{E}_t}{\partial z} = -j\omega\mu_0 \vec{H}_t. \qquad (3.137)$$

Wir gehen nun von den aus den Maxwell-Gleichungen abgeleiteten Ausdrücken Gl. (3.136) und Gl. (3.137) aus. Der Brechungsindex $n = n(x,y,z)$ hängt gemäß unserer Aufgabenstellung von z ab, d.h. die Lösung dieser Gleichungen ist nicht mehr allein darstellbar durch Felder der Form $Ee^{-j\beta z}$ mit $E \neq E(z)$. Wir können aber eine Lösung dieser Gleichungen durch folgendes Vorgehen finden: Wir formulieren die Gleichungen (3.136) und (3.137) für einen idealen Wellenleiter ohne z-Abhängigkeit ($n = n(x,y)$) so, daß die neuen Gleichungen (3.138) und (3.139) die transversalen Felder des Modes $\vec{E}_{tr\mu}$ und $\vec{H}_{tr\mu}$ des Ordnung μ beschreiben. Dazu setzt man in Gln. (3.136) und (3.137) $\vec{E}_{tr\mu}e^{-j\beta_\mu z}$ und $\vec{H}_{tr\mu}e^{-j\beta_\mu z}$ ein, führt die $\frac{\partial}{\partial z}$ Differentiation aus und kürzt bei beiden Gleichungen den Faktor $e^{-j\beta_\mu z}$.

$$-\frac{1}{j\omega\mu_0}\nabla_t \times (\nabla_t \times \vec{E}_{tr\mu}) - j\beta_\mu(\vec{e}_z \times \vec{H}_{tr\mu}) = j\omega\epsilon_0 n^2 \vec{E}_{tr\mu} \qquad (3.138)$$

$$\frac{1}{j\omega\epsilon_0}\nabla_t \times (\nabla_t \times \vec{H}_{tr\mu}) - j\beta_\mu(\vec{e}_z \times \vec{E}_{tr\mu}) = -j\omega\mu_0 \vec{H}_{tr\mu}. \qquad (3.139)$$

In diese Gleichungen setzen wir nun den Brechungsindexverlauf $n(x,y,z)$ unserer Aufgabenstellung ein. Da in Gln. (3.138) und (3.139) keine Ableitung nach z auftritt, spielt die Größe z nur die Rolle eines Parameters, der allerdings natürlich auch in den Lösungen $\vec{E}_{tr}(z)$ und $\vec{H}_{tr}(z)$ auftritt. Diese Lösungen der Gln. (3.138) und (3.139) berechnet man sich nun unter Verwendung der Randbedingungen (stetige Tangentialkomponenten) des jeweils vorliegenden Problems. Wir erhalten damit die sogenannten lokalen Moden, die wir aus den lokalen Querschnitten der

Wellenleiterstruktur für jedes z berechnen können und müssen. Diese lokalen Moden $E_{tr\mu}$ und $H_{tr\mu}$ erfüllen für sich zwar die Randbedingungen unseres Problems, nicht aber die Maxwell-Gleichungen in der Form Gl. (3.136) und Gl. (3.137). Die Lösungen dieser Gleichungen findet man nun aber mit dem Ansatz

$$\begin{aligned} \vec{E}_t &= \sum_\mu (a_\mu(z) + b_\mu(z))\vec{E}_{tr\mu} \\ \vec{H}_t &= \sum_\mu (a_\mu(z) - b_\mu(z))\vec{H}_{tr\mu}. \end{aligned} \tag{3.140}$$

Auch die lokalen Moden $\vec{E}_{tr\mu}$ und $\vec{H}_{tr\mu}$ sind orthogonal und damit gemäß den Gln. (3.52) normierbar. Die Koeffizienten a_μ und b_μ in Gl. (3.140) enthalten wieder den schnell und den langsam schwingenden Anteil der z-Abhängigkeit.

Setzt man den Ansatz Gl. (3.140) in Gl. (3.136) ein und fügt auf der linken Seite dieser Gleichung die Terme (2) u. (3) hinzu, ergibt sich folgende Gleichung:

$$\begin{aligned} &\underbrace{\sum_\mu -\frac{1}{j\omega\mu_0}\nabla_t \times (\nabla_t \times (a_\mu + b_\mu)\vec{E}_{tr\mu})}_{(1)} + \underbrace{\sum_\mu j\beta_\mu(a_\mu + b_\mu)(\vec{e}_z \times \vec{H}_{tr\mu})}_{(2)} - \\ &\underbrace{-\sum_\mu j\beta_\mu(a_\mu + b_\mu)(\vec{e}_z \times \vec{H}_{tr\mu})}_{(3)} + \underbrace{\vec{e}_z \times \frac{\partial \vec{H}_t}{\partial z}}_{(4)} = \\ &= \underbrace{\sum_\mu j\omega n^2\epsilon_0(a_\mu + b_\mu)\vec{E}_{tr\mu}}_{(5)} \end{aligned} \tag{3.141}$$

(rücklaufendes Magnetfeld: $H_{tr(-\mu)} = -H_{tr\mu}$ und $\beta_{-\mu} = -\beta_\mu \Rightarrow +b_\mu$ in (2) und (3))

Die Glieder (1), (3) und (5) stellen für jedes μ Gl. (3.138) dar, deshalb bleibt von Gl. (3.141) nur (2) und (4) über:

$$\sum_{\mu} j\beta_\mu(a_\mu + b_\mu)(\vec{e}_z \times \vec{H}_{tr\mu}) + \sum_{\mu} \vec{e}_z \times \frac{\partial}{\partial z}\{(a_\mu - b_\mu)\vec{H}_{tr\mu}\} = 0$$

bzw. :

$$\sum_{\mu}\{(\frac{\partial}{\partial z}(a_\mu - b_\mu) + j\beta_\mu(a_\mu + b_\mu))\vec{e}_z \times \vec{H}_{tr\mu} + (a_\mu - b_\mu)\vec{e}_z \times \frac{\partial \vec{H}_{tr\mu}}{\partial z}\} = 0 \tag{3.142}$$

Das Hinzufügen von

$$\sum_{\mu} j\beta_\mu(a_\mu - b_\mu)(\vec{e}_z \times \vec{E}_{tr\mu}) - \sum_{\mu} j\beta_\mu(a_\mu - b_\mu)(\vec{e}_z \times \vec{E}_{tr\mu}) = 0$$

auf der linken Seite von Gl. (3.137) ($E_{tr(-\mu)} = E_{tr\mu}$; $\beta_{-\mu} = -\beta_\mu \Rightarrow -b_\mu$) liefert schließlich:

$$\sum_{\mu}\{(\frac{\partial}{\partial z}(a_\mu + b_\mu) + j\beta_\mu(a_\mu - b_\mu))\vec{e}_z \times \vec{E}_{tr\mu} + (a_\mu + b_\mu)\vec{e} \times \frac{\partial \vec{F}_{tr\mu}}{\partial z}\} = 0 \tag{3.143}$$

Multipliziert man Gl. (3.142) mit $\vec{E}^*_{tr\nu}$, erhält man mit $(\vec{e}_z \times \vec{H}_{tr\mu})\vec{E}^*_{tr\mu} = -(\vec{E}^*_{tr\mu} \times \vec{H}_{tr\mu})\vec{e}_z$ und der Normierungsbedingung $\iint(E_{tr\mu} \times H^*_{tr\mu})dxdy = 1$ nach der Integration über die transversalen Richtungen:

$$\frac{\partial}{\partial z}(a_\nu - b_\nu + j\beta_\nu)(a_\nu + b_\nu) = \sum_{\mu}(a_\mu - b_\mu)\iint(\vec{e}_z \times \frac{\partial \vec{H}_{tr\mu}}{\partial z})\vec{E}^*_{tr\nu}dxdy. \tag{3.144}$$

Die Multiplikation von Gl. (3.143) mit $\vec{H}^*_{tr\nu}$ liefert mit $(\vec{e}_z \times \vec{E}_{tr\mu})\vec{H}^*_{tr\nu} = (\vec{E}_{tr\mu} \times \vec{H}^*_{tr\nu})\vec{e}_z$ die entsprechende Gleichung:

$$\frac{\partial}{\partial z}(a_\nu + b_\nu + j\beta_\nu)(a_\nu - b_\nu) = \sum_{\mu}(-1)(a_\mu + b_\mu)\iint(\vec{e}_z \times \frac{\partial \vec{E}_{tr\mu}}{\partial z})\vec{H}^*_{tr\nu}dxdy \tag{3.145}$$

Mit den Abkürzungen (Koeffizienten)

$$\begin{aligned} R_{\mu\nu} &= \iint(\vec{e}_z \times \frac{\partial \vec{H}_{tr\mu}}{\partial z})\vec{E}^*_{tr\nu}dxdy \\ S_{\mu\nu} &= \iint(-1)(\vec{e}_z \times \frac{\partial \vec{E}_{tr\mu}}{\partial z})\vec{H}^*_{tr\nu}dxdy \end{aligned} \tag{3.146}$$

erhält man für Gln. (3.144) und (3.145)

$$\frac{\partial}{\partial z}(a_\nu - b_\nu) + j\beta_\nu(a_\nu + b_\nu) = \sum_{\mu}(a_\mu - b_\mu)R_{\mu\nu} \tag{3.147}$$

$$\frac{\partial}{\partial z}(a_\nu + b_\nu) + j\beta_\nu(a_\nu - b_\nu) = \sum_\mu (a_\mu + b_\mu) S_{\mu\nu}. \qquad (3.148)$$

Bildet man die Summe dieser beiden Gleichungen, folgt:

$$\frac{\partial}{\partial z} a_\nu + j\beta_\nu a_\nu = \frac{1}{2}\sum_\mu \{a_\mu(R_{\mu\nu} + S_{\mu\nu}) + b_\mu(S_{\mu\nu} - R_{\mu\nu})\} \qquad (3.149)$$

und aus der Differenz:

$$\frac{\partial}{\partial z} b_\nu - j\beta_\nu b_\nu = \frac{1}{2}\sum_\mu \{a_\mu(S_{\mu\nu} - R_{\mu\nu}) + b_\mu(R_{\mu\nu} + S_{\mu\nu})\}. \qquad (3.150)$$

Führt man schließlich noch die langsam veränderlichen Modeamplituden $a^l_\mu(z)$ und $b^l_\mu(z)$ mittels $a_\nu = a^l_\nu e^{j\int \beta_\nu dz}$ und $b_\nu = b^l_\nu e^{+j\int \beta_\nu dz}$ ein, kommt man auf die endgültige Form der Gleichungen:

$$\begin{aligned}
\frac{\partial a^l_\nu}{\partial z} &= \frac{1}{2}\sum_\mu \{a^l_\mu (R_{\mu\nu} + S_{\mu\nu}) e^{-j\int(\beta_\mu - \beta_\nu)dz} + b^l_\mu (S_{\mu\nu} - R_{\mu\nu}) e^{+j\int(\beta_\mu + \beta_\nu)dz}\} \\
\frac{\partial b^l_\nu}{\partial z} &= \frac{1}{2}\sum_\mu \{a^l_\mu (S_{\mu\nu} - R_{\mu\nu}) e^{-j\int(\beta_\mu + \beta_\nu)dz} + b^l_\mu (R_{\mu\nu} + S_{\mu\nu}) e^{+j\int(\beta_\mu - \beta_\nu)dz}\}
\end{aligned} \qquad (3.151)$$

Speziell für TE-Filmwellenleitermoden, die nur die transversalen Komponenten E_y und H_x aufweisen erhält man für $R_{\mu\nu} + S_{\mu\nu}$ und $S_{\mu\nu} - R_{\mu\nu}$

$$\begin{aligned}
R_{\mu\nu} + S_{\mu\nu} &= \int \left(E_{y\mu}\frac{\partial H_{x\nu}}{\partial z} + \frac{\partial E_{y\nu}}{\partial z} H_{x\mu}\right) dx \\
S_{\mu\nu} - R_{\mu\nu} &= \int \left(-E_{y\mu}\frac{\partial H_{x\nu}}{\partial z} + \frac{\partial E_{y\nu}}{\partial z} H_{x\mu}\right) dx\,.
\end{aligned} \qquad (3.152)$$

Nach längerer Umrechung [40] erhält man in diesem Spezialfall:

$$\begin{aligned}
R_{\mu\nu} + S_{\mu\nu} &= \begin{cases} \frac{\omega\epsilon_0}{\beta_\mu - \beta_\nu}\int \frac{dn^2}{dz} E_{y\mu} E_{y\nu} dz & \nu \neq \mu \\ 0 & \nu = \mu \end{cases} \\
S_{\mu\nu} - R_{\mu\nu} &= \begin{cases} \frac{\omega\epsilon_0}{\beta_\mu + \beta_\nu}\int \frac{dn^2}{dz} E_{y\mu} E_{y\nu} dz & \nu \neq \mu \\ \frac{\partial \ln \beta_\nu}{\partial z} & \nu = \mu \end{cases}
\end{aligned} \qquad (3.153)$$

Die Gleichungen des Systems (3.151) müssen wieder numerisch gelöst werden. Die Vorgehensweise soll hierbei am Beispiel der X-Kreuzung von Bild 3.40 erläutert werden.

Als erster Punkt ist zu beachten, daß die Summen der Gleichungen (3.151) auch die Integrale über die Strahlungsmoden einschließen. Diese Integrale sind für die numerische Lösung wieder äußerst ungünstig. Sie müssen in Summen umgewandelt werden, d.h. die Strahlungsmoden müssen diskretisiert werden. Dazu nimmt man am besten in genügend großer Entfernung von den Wellenleitern unendlich gut leitende Platten an. In dem β-Bereich, in dem die rein dielektrische Struktur kontinuierliche Strahlungsmoden aufweist, hat die neue Struktur diskrete Hohlleiterwellen. Geführte, und insbesondere gut geführte Moden der dielektrischen Wellenleiter werden durch diese Maßnahme praktisch nicht beeinflußt.

Bei der Kreuzung nach Bild 3.40 betrachtet man z.B. einen geführten Mode des unteren linken Wellenleiters 1 als Anregung. Diesen Mode, der zunächst in z'-Richtung verläuft, stellt man als Überlagerung lokaler Moden der Gesamtstruktur dar, welche in z-Richtung laufen.

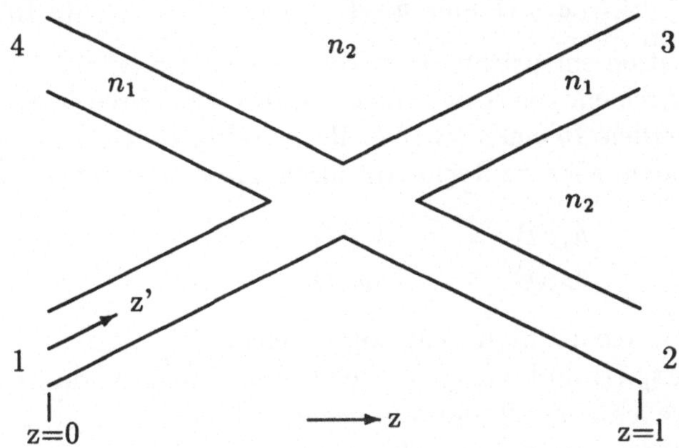

Abbildung 3.40: Wellenleiterkreuzung

Ein Feld, das in Wellenleiter 1 allein in z'-Richtung läuft, liefert bei der Entwicklung nach Moden, die in z-Richtung laufen, sowohl $a^l_\mu(0) \neq 0$ als auch $b^l_\mu(0) \neq 0$.

Um das exakte Feld in der Wellenleiterkreuzung durch Integration der Gleichungen (3.151) ausgehend von $z = 0$ berechnen zu können, müsste man an dieser Stelle auch das in der Kreuzung reflektierte Feld kennen und dann obige $a^l_\mu(0)$ als auch $b^l_\mu(0)$ addieren. Dieses reflektiertes Feld ist aber noch unbekannt. Bekannt ist vielmehr, daß bei $z = l$ kein Licht in die Wellenleiter 2 und 3 eingestrahlt wird, daß diese Wellenleiter also keine rücklaufenden Moden aufweisen.

Diese an Randwertprobleme erinnernde Aufgabenstellung könne wir durch Integration lösen.

Wir nehmen zunächst an, daß bei $z = 0$ das reflektierte Feld vernachlässigt werden kann und starten unsere Rechnung, die nun eine reine Vorwärtsintegration ist, mit den Anfangswerten

$$\begin{aligned} a_{\mu 0}(0) &= a^l_\mu(0) \\ b_{\mu 0}(0) &= b^l_\mu(0) \end{aligned} \tag{3.154}$$

(Die Bezeichnung l lassen wir auf der linken Seite weg). Als Ergebnis erhalten wir

$$a_{\mu 0}(l) \text{ und } b_{\mu 0}(l). \tag{3.155}$$

Diese Feldkonfiguration entspricht einem Fall, in dem die reflektierten Wellen bei $z = 0$ durch ein von rechts eingestrahltes Feld durch Interferenz ausgelöscht werden. In einem zweiten Rechengang können wir das Feld korrigieren, indem wir eine Rechnung durchführen, in der das Feld

$$\begin{aligned} b_{\mu 1}(l) &= -\Delta b_{\mu 0}(l) \\ a_{\mu 1}(l) &= -\Delta a_{\mu 0}(l) \end{aligned} \tag{3.156}$$

als Einstrahlung von rechts die Anfangswerte liefert.

Die Anteile $+\Delta b_{\mu 0}(l)$ und $+\Delta a_{\mu 0}(l)$ stellen den Feldanteil dar, der bei $z = l$ in den Wellenleitern 2 und 3 in negative Richtung läuft. Das Ergebnis dieser Integration ergibt $a_{\mu 1}(0)$ und $b_{\mu 1}(0)$.

Die Überlagerung der beiden Felder aus dem ersten und zweiten Rechengang liefert das Gesamtfeld.

$$\begin{aligned} \Delta a_\mu(0) + a^l_\mu(0) &= a_{\mu 0}(0) + a_{\mu 1}(0) \qquad & a^l_\mu(l) &= a_{\mu 0}(l) - \Delta a_{\mu 0}(l) \\ \Delta b_\mu(0) + b^l_\mu(0) &= b_{\mu 0}(0) + b_{\mu 1}(0) \qquad & b^l_\mu(l) &= b_{\mu 0}(l) - \Delta b_{\mu 0}(l) \end{aligned} \tag{3.157}$$

Die Felder $\Delta a_\mu(0)$ und $\Delta b_\mu(0)$ enthalten auch Anteile von Feldern, die auf der Eingangsseite in positive Richtung Energie transportieren, die also eine zusätzliche unerwünschte Einstrahlung bedeuten. Das kann im Bedarfsfall in einem weiteren Iterationsschritt korrigiert werden. Anfangswerte sind die Feldanteile von $\Delta a_\mu(0)$ und $\Delta b_\mu(0)$, die in den Wellenleitern 1 und 4 Energien in $+z$-Richtung transportieren:

$$\begin{aligned} a_{\mu 2}(0) &= -\Delta a_{\mu 1}(0) \\ b_{\mu 2}(0) &= -\Delta b_{\mu 1}(0)\,. \end{aligned} \tag{3.158}$$

Dieser letztgenannte Rechenschritt entspricht wieder Gl. (3.154). Wir können den Rechenzyklus von Gl. (3.154) bis Gl. (3.157) so oft wiederholen, bis die störenden Größen Δa_μ und Δb_μ bei $z = 0$ oder $z = l$ vernachlässigbar klein werden.

In der Praxis läßt sich das in voller Allgemeinheit doch recht komplizierte Verfahren meist vereinfachen. In zu berechnenden Strukturen, in denen (im Gegensatz zu der Wellenleiterkreuzung von Bild 3.40) die Ausbreitungsrichtung der Wellenleiter, die das Licht an das zu berechnende Gebiet heran- oder von ihm abführen, mit der Ausbreitungsrichtung der lokalen Moden übereinstimmen, geben die b_μ^l allein die in negative Richtung fliesende Energie an. Für Wellenleiterkreuzungen mit kleinem Winkel α ist dies in guter Näherung erfüllt. In diesen Fällen erübrigt sich das lästige Umrechnen des Gesammtfeldes in Moden der Wellenleiter 1,2,3 oder 4 von Bild 3.40, um zu überprüfen, ob die stöhrenden Feldanteile schon vernachlässigbar klein sind. Für die Wellenleiterkreuzung mit kleinem Winkel ist dies auch meist schon nach einem Integrationsschritt der Fall.

Darf man aber überhaupt annehmen, daß dieses Verfahren im allgemeinen nach mehreren Integrationsschritten konvergiert? Betrachten wir dazu einen einzelnen Mode unter Vernachlässigung der Modenkonversion.

Erinnern wir uns dazu an die Matrix, die eine reflektierende und transmittierende Schicht S (vgl. auch Bild 3.1) beschreibt

$$\begin{pmatrix} A_e^+ \\ A_e^- \end{pmatrix} = \begin{pmatrix} \frac{1}{d_1} & -\frac{r_2}{d_1} \\ \frac{r_1}{d_1} & d_2 - \frac{r_1 r_2}{d_1} \end{pmatrix} \cdot \begin{pmatrix} A_a^+ \\ A_a^- \end{pmatrix}. \tag{3.159}$$

Das Feld $b_\mu^l(0)$ ist meist sehr viel kleiner als $a_\mu^l(0)$, deshalb setzen wir für die Abschätzung $A_e^- = b_\mu^l(0) = 0$ und $A_e^+ = a_\mu^l(0)$. $A_{e0}^- = 0$ ergibt ein $A_{a0}^- = -\frac{r_1}{d_1} A_{e0}^+$. Dieses Feld ergibt mit $A_{a1}^+ = 0$ ein Feld $A_{e1}^+ = \frac{r_1 r_2}{d_1 d_2} A_{e0}^+$.

Für eine Konvergenz des Verfahrens muß $\Delta A_e^+ = A_{e1}^+ < A_{e0}^+$ gelten. Eine hinreichende Bedingung für die Konvergenz ist also, daß für jeden Mode $\frac{r_1 r_2}{d_1 d_2}$ erfüllt ist. Dies ist für Konfigurationen mit kleiner Reflexion der Fall.

Wenn das Feld bei $z = l$ bekannt ist, also die $a_\mu^l(l)$ und $b_\mu^l(l)$ mit genügender Genauigkeit feststehen, kann dieses Feld wieder in die Moden der Wellenleiter 2 und 3 (Bild 3.40) umgerechnet werden.

Eine weitere Ursache für Schwierigkeiten bei der numerischen Berechnung kann in dem Gleichungssystem (3.151), das integriert werden muß, liegen. Dieses System hat die Form:

$$\frac{d\vec{x}}{dz} = K(z)\vec{x}\,. \tag{3.160}$$

Ein System dieser Form ist nur dann numerisch stabil integrierbar, wenn die Matrix $K(z)$ an keiner Stelle z Eigenwerte mit positivem Realteil aufweist. (Numerisch instabil heißt hier: beliebig kleine und unvermeidbare numerische Felder werden schnell sehr groß). Treten solche Eigenwerte auf, können sie durch eine Verminderung der Anzahl der Entwicklungsmoden vermieden werden (ntz-Archiv Bd 11(1989) H2 S. 77-80). Generell kann jedoch gesagt werden, daß die Gefahr des Auftretens reeller Eigenwerte bei der Entwicklung nach lokalen Moden relativ klein ist.

Die Gefahr der Instabilität ist viel größer, falls man Gln. (3.81) und (3.82) der Entwicklung nach idealen Moden numerisch integriert .

Die in diesem Abschnitt beschriebene Rechnung wurde auf zwei Beispiele angewendet. Das erste Beispiel war ein sogenannter $Y - Y$ Koppler nach Bild 3.41, der gegenüber einer einfachen Kreuzung im Mittelstück keine Engstelle aufweist, sondern einen Wellenleiter konstanter Breite D.

Bild 3.42 gibt für verschiedene Wellenleiterbreiten d den Anteil der Energie an, der bei Einstrahlung des Grundmodes des Wellenleiter 1 in den Grundmode des rechten oberen Wellenleiters 3 gelangt. Verschiedene Winkel α bewirken verschieden lange effektive Koppellängen l, so daß die Energie einmal mehr in den oberen Wellenleiter 3 und einmal mehr in den unteren Wellenleiter 2 übergeführt wird. Insbesondere bei kleinen Winkeln α ergibt sich eine große Empfindlichkeit in Bezug auf Winkeländerungen. Bei schmaleren, d.h. schlechter führenden

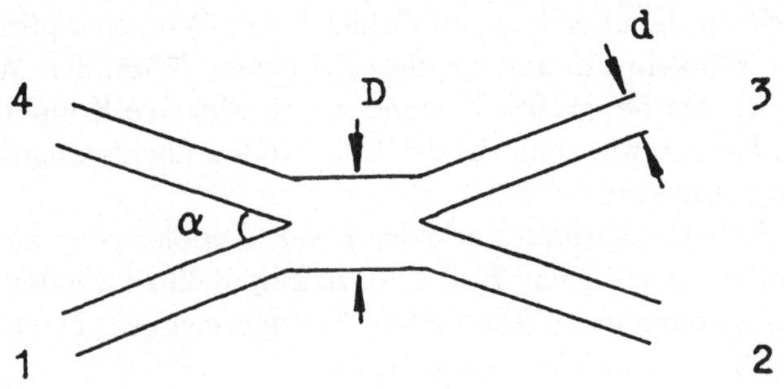

Abbildung 3.41: Y-Y Koppler

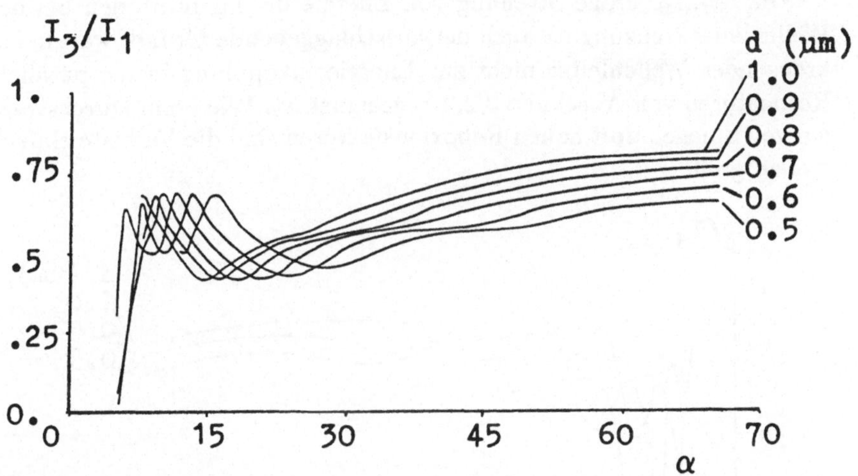

Abbildung 3.42: Intensität des Grundmodes, die in den Zweig 3 des Y-Y-Kopplers fließt

Wellenleitern dehnt sich dieses Gebiet hoher Winkelempfindlichkeit zu größeren Winkeln hin aus, als dies bei besser führenden Wellenleitern der Fall ist. Da bei großen Winkeln α die effektive Koppellänge l sehr kurz ist, können nur schlecht geführte Moden noch wesentlich auf ihre Änderung reagieren.

Ein ähnliches Verhalten wie der $Y-Y$ Koppler zeigt auch die echte Wellenleiterkreuzung von Bild 3.40. In Bild 3.43 ist wieder die Energie des Grundmodes des Wellenleiters 3 aufgezeichnet, bei Einstrahlung des Grundmodes in Wellenleiter 1.

In Bild 3.44 ist schließlich die Gesamtenergie der Grundmoden im Wellenleiter 2 und 3 aufgezeichnet. Die Differenz zum Wert 1 wird bei vernachlässigbarer Reflexion (einige Promille) in andere Moden gestreut. Die Winkelempfindlichkeit der Wellenleiterkreuzung ist noch etwas größer als beim $Y-Y$ Koppler.

Die relative große Streuung von Energie in andere Moden bei der Wellenleiterkreuzung ist auch der ausschlaggebende Grund, warum ein kreuzender Wellenleiter nicht zur Energieeinkopplung in die parallele Resonatoren von Abschnitt 3.2.2.1. geeignet ist. Wie beim Durchstrahlen von Spiegeln mit hohen Reflexionsfaktoren sind die Verluste einfach viel zu groß.

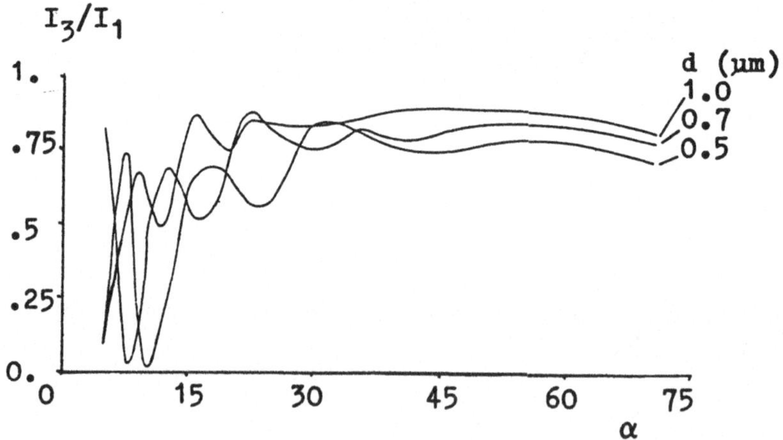

Abbildung 3.43: Intensität des Grundmodes, die in den Zweig 3 der Wellenleiterkreuzung fließt

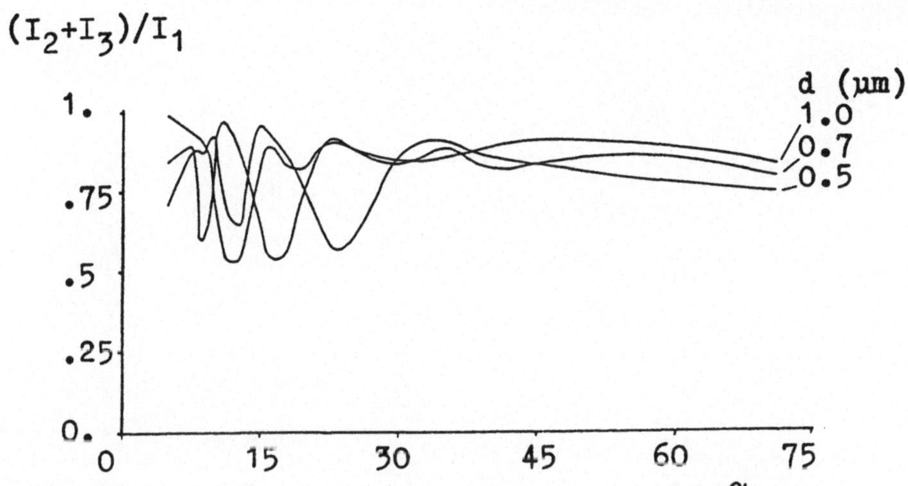

Abbildung 3.44: Intensität des Grundmodes, die in die Zweige 2 und 3 der Wellenleiterkreuzung fließt

Kapitel 4

Kristall-Optik

Kristalle spielen in der Integrierten Optik eine herausragende Rolle.

Kristall-Oberflächen bilden das Substrat, auf dem optische Dünnfilmschaltungen aufgebaut werden.

Kristall-Oberflächen werden ihrerseits durch geeignete Eindiffusion von optisch und elektrooptisch wirksamen Substanzen zum Sitz von aktiven und passiven Bauelementen wie Halbleiterlasern (GaAs-, GaAlAs-Kristalle) oder Modulatoren und einfachen Wellenleiterstrukturen.

Das Kristall-Substrat spielt auch eine entscheidende Rolle beim Aufbau weiterer Kristallschichten durch einen Epitaxie-Prozeß, einschließlich der Hetero-Epitaxie wie GaAlAs auf ein GaAs-Substrat oder Ge auf Si.

In Kristallen ist dabei im allgemeinen ein Lichtbrechungsmechanismus wirksam, der sich je nach Kristallklasse deutlich vom Brechungsmechanismus in homogenen, isotropen Medien wie Glas unterscheidet.

Es soll daher in diesem Kapitel der Lichtausbreitungsmechanismus quantitativ behandelt werden. Darauf aufbauend können dann auch die hauptsächlich in Kristallen wirksamen und technisch bedeutsamen elektro-optischen und nichtlinear-optischen Prozesse verstanden werden.

4.1 Grundgleichungen der Kristall-Optik

Die Optik der isotropen Körper hat zwei Grundlagen:

- Die Maxwellschen Gleichungen (Leitfähigkeit $\sigma = 0$)
- Die Materialgleichungen für den Zusammenhang zwischen elektrischer Feldstärke $\vec{E}$ und dem Verschiebungsvektor $\vec{D}$

Dabei spielt die Maxwellsche Beziehung

$$n^2 = \varepsilon \tag{4.1}$$

die entscheidende Rolle. Sie ist in optisch isotropen Stoffen eine Folge der im elektrischen Feld mitschwingenden Elektronen. Das elektrische Feld der Strahlung polarisiert das Medium im Takt seiner Schwingung, so daß die elektrische Verschiebung $\vec{D}$ einen Polarisationsanteil $\vec{P}$ erhält

$$\vec{D} = \varepsilon_0 \vec{E} + \vec{P}. \tag{4.2}$$

Bisher gingen wir davon aus, daß $\vec{P}$ möglicherweise von der Frequenz, nicht aber von der Orientierung des Mediums abhängig ist. Eine Frequenzabhängigkeit $\vec{P} = \vec{P}(\omega)$ stört bei der Betrachtung nur monochromatischer Vorgänge nicht, wenn nur

$$\vec{P}(\omega) = \kappa(\omega)\varepsilon_0 \vec{E} \tag{4.3}$$

gilt, wenn $\vec{P}$ und $\vec{E}$ also die gleiche Richtung haben. Dann gilt auch

$$\vec{D} = \varepsilon_0(1 + \kappa(\omega))\vec{E} \tag{4.4}$$

oder

$$\vec{D} = \varepsilon_0 \varepsilon_r(\omega)\vec{E} = \varepsilon_0 n^2(\omega)\vec{E} \tag{4.5}$$

mit der skalaren Polarisationskonstanten $\kappa(\omega)$

$$\kappa(\omega) = \varepsilon_r(\omega) - 1. \tag{4.6}$$

Neben rein isotropen Medien wie Quarzglas gilt Gl. (4.5) auch noch für Kristalle mit hoher Symmetrie wie NaCl, KCl, CaF_2.

Im allgemeinen jedoch hat man in Kristallen mit Unsymmetrien zu rechnen, die sich in einer Änderung der Materialgleichung Gl. (4.5) niederschlagen. Die neue Materialbeziehung für eine bestimmte Frequenz $\omega = \omega_0$ lautet nun

$$D_i = \sum_{j=1}^{3} \varepsilon'_{ij} E_j \equiv \varepsilon'_{ij} E_j \qquad (i = x, y, z). \tag{4.7}$$

Zunächst haben wir in Gl. (4.7) ε_0 und ε_r zu einer gemeinsamen Größe ε' der Dimension $AsV^{-1}m^{-1}$ zusammengefaßt. Dann haben wir geschrieben, daß die Vektorkomponenten der Verschiebung, z.B. für $i = x$

$$D_i = D_x = \varepsilon'_{xx} E_x + \varepsilon'_{xy} E_y + \varepsilon'_{xz} E_z \tag{4.8}$$

nicht nur wie bisher von den in gleiche Richtung weisenden Komponenten E_x des elektrischen Feldes abhängen, sondern von allen drei Feldkomponenten E_x, E_y und E_z. Solch ein dielektrisch anisotropes Medium verhält sich daher hinsichtlich seiner dielektrischen Erregbarkeit für verschiedene Richtungen der elektrischen Feldstärke verschieden. Es wird daher im allgemeinen der Vektor $\vec{D}$ mit dem Vektor $\vec{E}$ einen von Null verschiedenen Winkel bilden. Nach der obigen Schreibweise betrachten wir den Vektor $\vec{D}$ als das Produkt eines Tensors zweiter Stufe ε' mit dem Vektor $\vec{E}$, wobei die Komponenten von ε' Materialkonstanten sind. Man nennt ε' den Tensor der optischen Dielektrizitätskonstanten oder kurz den dielekktrischen Tensor. Bei der Komponentenschreibweise des Tensorprodukts von Gl. (4.7) haben wir die Einsteinsche Konvention benutzt, wonach über gleiche Indices bei Produkten zu summieren ist.

Unser Gleichungssystem setzt sich damit aus den Maxwellschen Gleichungen für den ladungs- und stromfreien Fall

$$rot\vec{E} = -\frac{\partial \vec{B}}{\partial t} \tag{4.9}$$

$$rot\vec{H} = \frac{\partial \vec{D}}{\partial t} \tag{4.10}$$

$$div\vec{D} = 0 \qquad (div\vec{E} \neq 0) \tag{4.11}$$

$$div\vec{B} = 0 \tag{4.12}$$

und aus den Materialgleichungen

$$\begin{aligned} D_i &= \varepsilon_{ij}' E_j = (\varepsilon_{ij}')_{rel} \varepsilon_0 E_j \\ B_i &= \mu_0 H_i \end{aligned} \tag{4.13}$$

zusammen. Die Gleichungen für die elektrische und magnetische Energiedichte bleiben auch im anisotropen Fall gültig.

$$W_e = \frac{1}{2} \vec{E} \cdot \vec{D} = \frac{1}{2} E_i \varepsilon_{ij}' E_j \tag{4.14}$$

$$W_m = \frac{1}{2} \vec{H} \cdot \vec{B} = \frac{1}{2} \mu_0 H_i H_i . \tag{4.15}$$

Ebenfalls gültig bleibt die Definition des Poynting-Vektors als Maß für die Energieflußdichte

$$\vec{S} = \vec{E} \times \vec{H} . \tag{4.16}$$

Zur Ableitung des Energieerhaltungssatzes für elektromagnetische Felder multiplizieren wir Gl. (4.9) skalar mit $\vec{H}$, Gl. (4.10) mit $\vec{E}$, substrahieren, und erhalten so

$$\vec{E} \cdot \frac{\partial \vec{D}}{\partial t} + \vec{H} \cdot \frac{\partial \vec{B}}{\partial t} = \vec{E} \cdot rot \vec{H} - \vec{H} \cdot rot \vec{E} \equiv -div \left(\vec{E} \times \vec{H} \right) \tag{4.17}$$

und damit auch

$$E_i \varepsilon_{ij}' \frac{\partial E_j}{\partial t} + \frac{1}{2} \mu_0 \frac{\partial}{\partial t} (H_i H_i) = -div \left(\vec{E} \times \vec{H} \right) . \tag{4.18}$$

Hier ist das zweite Glied der linken Seite gleich der zeitlichen Änderung der magnetischen Feldenergie, der Term der rechten Seite die Divergenz der Energiestromdichte. Die Energieerhaltung ist daher nur dann gewährleistet, wenn das erste Glied auf der linken Seite gleich der Änderung der elektrischen Feldenergiedichte ist.

$$\frac{\partial}{\partial t} W_e + \frac{\partial}{\partial t} W_m = -div \left(\vec{E} \times \vec{H} \right) . \tag{4.19}$$

Es muß also die folgende Beziehung erfüllt sein

$$\begin{aligned} \tfrac{\partial}{\partial t} W_e &= \tfrac{1}{2} \varepsilon_{ij}' \tfrac{\partial}{\partial t} (E_i E_j) \\ &= \tfrac{1}{2} \varepsilon_{ij}' \left(E_i \tfrac{\partial E_j}{\partial t} + E_j \tfrac{\partial E_i}{\partial t} \right) \stackrel{!}{=} E_i \varepsilon_{ij}' \tfrac{\partial E_j}{\partial t} . \end{aligned} \tag{4.20}$$

Um diese Bedingung erfüllen zu können, muß gelten

$$E_i \varepsilon'_{ij} \frac{\partial E_j}{\partial t} = E_j \varepsilon'_{ij} \frac{\partial E_i}{\partial t} \tag{4.21}$$

oder

$$\varepsilon'_{ij} E_i \frac{\partial E_j}{\partial t} - \varepsilon'_{ij} E_j \frac{\partial E_i}{\partial t} = 0 \, .$$

Vertauscht man auf der rechten Seite die Indices i und j, was für stumme Indices, d.h. Indices, über die summiert wird, erlaubt ist, so erhält man

$$\varepsilon'_{ij} E_i \frac{\partial E_j}{\partial t} - \varepsilon'_{ji} E_i \frac{\partial E_j}{\partial t} = 0 \tag{4.22}$$

oder

$$(\varepsilon'_{ij} - \varepsilon'_{ji}) E_i \frac{\partial E_j}{\partial t} = 0 \, . \tag{4.23}$$

Diese Beziehung ist bei beliebigen Feldern $E_i, \partial E_j / \partial t$ nur dann erfüllt, wenn gilt

$$\varepsilon'_{ij} = \varepsilon'_{ji}. \tag{4.24}$$

Der dielektrische Tensor ist also aus Energieerhaltungsgründen symmetrisch und die neun unabhängigen Tensorkomponenten reduzieren sich auf sechs. Nur dann gilt

$$\frac{\partial W}{\partial t} = \frac{\partial}{\partial t}(W_e + W_m) = -div \vec{S}. \tag{4.25}$$

Wegen der Symmetrie des dielektrischen Tensors ε' kann man die Energiedichte des elektrischen Feldes auf eine Normalform bringen, in der nur die Quadrate, nicht die Produkte der elektrischen Feldstärke vorkommen. Während die Gesamtheit des dielektrischen Tensors ε' eine materialbedingte feste Größe ist, hängen die einzelnen Komponenten ε'_{ij} von dem jeweilig gewählten Koordinatensystem $x^i = x, y, z$ ab. In einem anderen räumlichen Koordinatensystem $x'^i = x', y', z'$ werden auch die Komponenten des Tensors andere numerische Werte aufweisen.

Die Transformation der Darstellung eines Tensors in einem gegebenen Koordinatensystem in ein anderes soll etwas später behandelt werden.

Die hier wesentliche Eigenschaft eines symmetrischen Tensors ist nun die, daß sich für ihn ein ganz bestimmtes Koordinatensystem finden läßt, in welchem alle Nichtdiagonalkomponenten des Tensors Null sind

$$\varepsilon'_{ij} = \varepsilon'_{(i)}\delta_{ij} \quad \text{mit} \quad \delta_{ij} = \begin{cases} 0 & i \neq j \\ 1 & i = 1. \end{cases} \tag{4.26}$$

Dieses spezielle Koordinatensystem nennt man das Hauptachsensystem des symmetrischen Tensors. In diesem dielektrischen Hauptachsensystem reduziert sich die Materialgleichung (4.7) zu

$$D_i = \varepsilon'_{ij}E_j = \varepsilon'_{(i)}\delta_{ij}E_j = \varepsilon'_{(i)}E_i \quad . \tag{4.27}$$

und die Energiedichte des elektrischen Feldes Gl. (4.14) zu

$$W_e = \frac{1}{2}E_i\varepsilon'_{ij}E_j = \frac{1}{2}E_i\varepsilon'_{(i)}\delta_{ij}E_j = \frac{1}{2}\varepsilon'_{(i)}E_iE_i. \tag{4.28}$$

In Einzelkomponenten heißt das

$$D_x = \varepsilon'_{(x)}E_x \quad , \quad D_y = \varepsilon'_{(y)}E_y \quad , \quad D_z = \varepsilon'_{(z)}E_z \tag{4.29}$$

und

$$W_e = \frac{1}{2}\left(\varepsilon'_{(x)}E_x^2 + \varepsilon'_{(y)}E_y^2 + \varepsilon'_{(z)}E_z^2\right). \tag{4.30}$$

Die Größen $\varepsilon'_{(i)}$ bzw. $\varepsilon'_{(x)}, \varepsilon'_{(y)}, \varepsilon'_{(z)}$ heißen die Hauptdielektrizitätskonstanten . Aus diesen Formeln sieht man unmittelbar, daß die Vektoren $\vec{D}$ und $\vec{E}$ im allgemeinen verschiedene Richtungen haben, außer wenn $\vec{E}$ in Richtung einer der Hauptachsen zeigt oder wenn $\varepsilon'_{(x)} = \varepsilon'_{(y)} = \varepsilon'_{(z)}$ gilt.

ACHTUNG: $\varepsilon'_{(x)}, \varepsilon'_{(y)}, \varepsilon'_{(z)}$ sind Zahlen, keine Vektorkomponenten. Sie geben den numerischen Wert der Tensorkomponenten $\varepsilon'_{(xx)}, \varepsilon'_{(yy)}, \varepsilon'_{(zz)}$ an.

4.2 Ebene Wellen im anisotropen Medium

In diesem Kapitel wollen wir die Fortpflanzung von elektromagnetischen Feldern in ideal durchsichtigen anisotropen Kristallen untersuchen. Auf Grund der Beschränkung dieser Betrachtung auf ebene Wellenfortpflanzung haben alle vier Feldgrößen $\vec{E}, \vec{D}, \vec{H}, \vec{B}$ den gemeinsamen, die Wellenausbreitung beschreibenden Phasenfaktor

$$\left.\begin{aligned} \vec{E}(\vec{r},t) &= \vec{E}_0 \cdot exp\left[j(\omega t - \vec{k}\cdot\vec{r})\right] \\ \vec{D}(\vec{r},t) &= \vec{D}_0 \cdot exp\left[j(\omega t - \vec{k}\cdot\vec{r})\right] \\ \vec{H}(\vec{r},t) &= \vec{H}_0 \cdot exp\left[j(\omega t - \vec{k}\cdot\vec{r})\right] \\ \vec{B}(\vec{r},t) &= \vec{B}_0 \cdot exp\left[j(\omega t - \vec{k}\cdot\vec{r})\right] \end{aligned}\right\} \tag{4.31}$$

In den Maxwellgleichungen (4.9) - (4.10) kann daher mit Hilfe dieses Ansatzes explizit über den Ort und die Zeit differenziert werden, und man erhält

$$\vec{k}\times\vec{E} = \omega\mu_0\vec{H} \tag{4.32}$$

$$\vec{k}\times\vec{H} = -\omega\vec{D}. \tag{4.33}$$

Aus den beiden Gleichungen kann man $\vec{H}$ eliminieren

$$\begin{aligned} \vec{D} &= -\tfrac{1}{\omega^2\mu_0}\vec{k}\times(\vec{k}\times\vec{E}) \\ &= +\tfrac{1}{\omega^2\mu_0}\left[(\vec{k}\cdot\vec{k})\vec{E} - (\vec{k}\cdot\vec{E})\vec{k}\right] \\ &= +\tfrac{(\vec{k}\cdot\vec{k})}{\omega^2\mu_0}\left[(\vec{E} - \left(\tfrac{\vec{k}}{|\vec{k}|}\cdot\vec{E}\right)\tfrac{\vec{k}}{|\vec{k}|}\right]. \end{aligned} \tag{4.34}$$

Aus Gln. (4.32) - (4.33) folgt, daß $\vec{H}$ senkrecht steht auf den Vektoren $\vec{k}$, $\vec{E}$ und $\vec{D}$, welche daher in einer Ebene liegen müssen. Weiter folgt aus Gl. (4.34), daß $\vec{D}$ senkrecht auf $\vec{k}$ steht; von den beiden elektrischen Vektoren ist jetzt also nur noch $\vec{D}$ der „transversale", nicht aber mehr $\vec{E}$, denn $\vec{E}$ ist nicht mehr parallel zu $\vec{D}$.

In Abb. 4.1 ist die gegenseitige Lage sämtlicher Vektoren einschließlich des Poynting-Vektors $\vec{S}$ dargestellt, der definitionsgemäß senkrecht auf $\vec{E}$ und $\vec{H}$ steht. Wir haben demnach zwei Vektorentripel $\vec{D}$, $\vec{H}$, $\vec{k}$

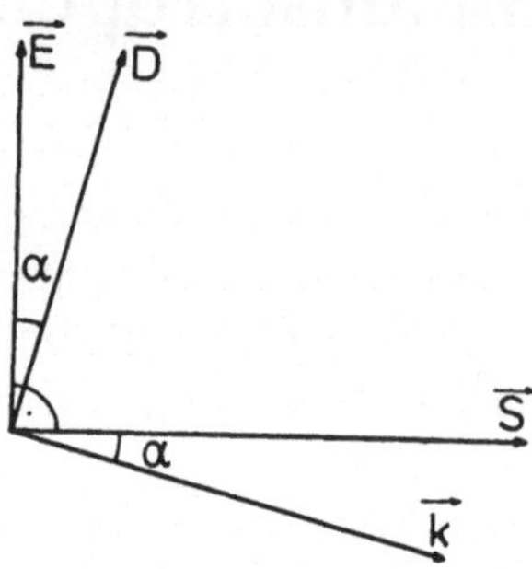

Abbildung 4.1: Richtung der Feldvektoren $\vec{E}, \vec{D}$, des Wellenvektors $\vec{k}$, des Poyntingvektors $\vec{S}$

und $\vec{E}, \vec{H}, \vec{S}$, welche zwei Rechtssysteme mit dem gemeinsamen Vektor $\vec{H}$ bilden, wobei sie um diesen gegeneinander um den Winkel α verdreht sind.

Die wichtigsten Aussagen von Abb. 4.1 sind also, daß $\vec{E}$ und $\vec{D}$ einen Winkel α bilden, wobei $\vec{D}$ transversal ist; und daß die Richtung des Energietransportes $\vec{S}$ vom Wellenzahlvektor $\vec{k}$ verschieden ist, und zwar um denselben Winkel α.

Für die elektrische und die magnetische Feldenergiedichte gilt weiterhin

$$W_e = \frac{1}{2}\vec{E} \cdot \vec{D} = \frac{1}{2}\vec{E} \cdot \left(-\frac{1}{\omega}\vec{k} \times \vec{H}\right) \tag{4.35}$$

$$W_m = \frac{1}{2}\vec{H} \cdot \vec{B} = \frac{1}{2}\vec{H} \cdot \left(+\frac{1}{\omega}\vec{k} \times \vec{E}\right) \tag{4.36}$$

woraus wegen der Identität $\vec{a} \cdot (\vec{b} \times \vec{c}) \equiv -\vec{c} \cdot (\vec{b} \times \vec{a})$ folgt

$$W_e = W_m \tag{4.37}$$

d.h. auch im anisotropen Medium sind elektrische und magnetische Feldenergiedichte gleich. Wegen

$$W = W_e + W_m = 2W_m = \frac{1}{\omega}\vec{H} \cdot (\vec{k} \times \vec{E}) = \frac{1}{\omega}\vec{k} \cdot (\vec{E} \times \vec{H}) \tag{4.38}$$

gilt für die Gesamtenergiedichte

$$W = \frac{\vec{k}}{\omega} \cdot \left(\vec{E} \times \vec{H}\right) = \frac{\vec{k}}{\omega} \cdot \vec{S} = \frac{n}{c} \frac{\vec{k}}{|\vec{k}|} \cdot \vec{S}. \tag{4.39}$$

Wir müssen im Kristall genau unterscheiden zwischen der Geschwindigkeit der Wellenfront und der Geschwindigkeit des Energietransports. Erstere, die Phasengeschwindigkeit, ist gegeben durch

$$v_p = \frac{c}{n} = \frac{\omega}{|\vec{k}|} \tag{4.40}$$

und weist in Richtung des Wellenzahlvektors $\vec{k}$. Letztere, die sog. Strahlengeschwindigkeit der Energieausbreitung, hat die Richtung des Poynting-Vektors $\vec{S}$; sie ist proportional zur Energie, die pro Zeiteinheit eine Einheitsfläche senkrecht zur Strahlrichtung $\vec{S}$ durchsetzt, dividiert durch die Energiedichte.

Es ist also

$$v_s = \frac{|\vec{S}|}{W} \left[\frac{\text{Energie / Fläche} \cdot \text{Zeit}}{\text{Energie / Volumen}}\right] = \frac{|\vec{S}|}{W} \left[\frac{\text{Länge}}{\text{Zeit}}\right]. \tag{4.41}$$

Setzen wir hier für W den Ausdruck von Gl. (4.39) ein, so erhalten wir

$$v_s = \frac{|\vec{S}|}{\frac{n}{c}\left|\frac{\vec{k}}{|\vec{k}|}\right| |\vec{S}| \cos\alpha} = \frac{c}{n} \frac{1}{\cos\alpha} = v_p \frac{1}{\cos\alpha}. \tag{4.42}$$

Die Phasengeschwindigkeit ist also gleich der Projektion der Strahlengeschwindigkeit auf die Wellennormale, wie in Abb. 4.2 skizziert. Definiert man einen Strahlbrechungsindex n_s mit Hilfe von

$$n_s = \frac{c}{v_s} \tag{4.43}$$

so hat man mit Gl. (4.40) und Gl. (4.42)

$$n_s = n \cos\alpha. \tag{4.44}$$

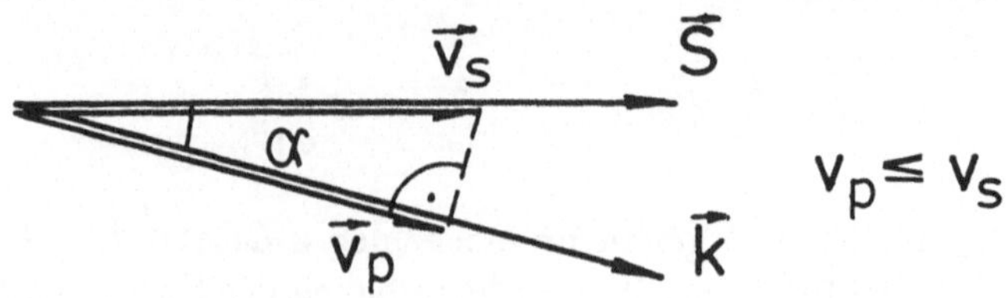

Abbildung 4.2: Phasen- und Strahlgeschwindigkeit

Es soll im folgenden gezeigt werden, daß durch Angabe des Vektors $\vec{E}$ und des über die Materialgleichung (4.7) resultierenden Verschiebungsvektors $\vec{D}$ alle für die Strahlausbreitung relevanten Größen wie n, n_s, α eindeutig festgelegt sind.

Setzen wir die Beziehung zwischen dem Brechungsindex n und dem Wellenzahlvektor $\vec{k}$

$$\frac{\vec{k}^2}{\omega^2} \equiv \frac{n^2}{c^2} \tag{4.45}$$

in Gl. (4.34) ein und multiplizieren mit $\vec{D}$, so erhalten wir

$$n^2 = \mu_0 c^2 \frac{\vec{D} \cdot \vec{D}}{\vec{E} \cdot \vec{D} - \left(\frac{\vec{k}}{|\vec{k}|} \cdot \vec{E}\right)\left(\frac{\vec{k} \cdot \vec{D}}{|\vec{k}|}\right)}. \tag{4.46}$$

Da $\vec{k}$ senkrecht steht auf $\vec{D}$, ist der Term $\vec{k} \cdot \vec{D}$ Null und es ergibt sich die Beziehung

$$n^2 = \mu_0 c^2 \cdot \frac{\vec{D} \cdot \vec{D}}{\vec{E} \cdot \vec{D}}. \tag{4.47}$$

Für den Strahlbrechungsindex erhalten wir mit Gl. (4.44)

$$\begin{aligned} n_s^2 &= \mu_0 c^2 \cdot \frac{\vec{D} \cdot \vec{D}}{\vec{E} \cdot \vec{D}} \cdot \cos^2 \alpha \\ &= \mu_0 c^2 \cdot \frac{|\vec{D}| \cdot |\vec{D}|}{|\vec{E}| \cdot |\vec{D}| \cos \alpha} \cdot \cos^2 \alpha \\ &= \mu_0 c^2 \frac{|\vec{D}|}{|\vec{E}|} \cos \alpha \frac{|\vec{E}|}{|\vec{E}|} \end{aligned} \tag{4.48}$$

und damit schließlich

$$n_s^2 = \mu_0 c^2 \cdot \frac{\vec{E} \cdot \vec{D}}{\vec{E} \cdot \vec{E}}. \tag{4.49}$$

Der Winkel α ist gegeben durch

$$\alpha = \arccos \sqrt{\frac{(\vec{E} \cdot \vec{D})^2}{(\vec{E} \cdot \vec{E})(\vec{D} \cdot \vec{D})}} \, . \tag{4.50}$$

4.3 Bestimmung der Lichtausbreitungsgeschwindigkeiten

Die im vorigen Kapitel abgeleiteten Beziehungen folgen alleine aus den Maxwellschen Gleichungen ohne Benutzung der Materialgleichungen. Zur expliziten Bestimmung der Lichtausbreitungsgeschwindigkeiten im Kristall setzen wir daher nun die Materialgleichung (4.27) in der Hauptachsendarstellung in Gl. (4.34) ein

$$\varepsilon'_{(i)} E_i = \frac{(\vec{k} \cdot \vec{k})}{\mu_0 \omega^2} \left(E_i - \left(\frac{\vec{k}}{|\vec{k}|} \cdot \vec{E} \right) \frac{k_i}{|\vec{k}|} \right). \tag{4.51}$$

Das sind drei homogene lineare Gleichungen für E_i $(i = x, y, z)$, deren Determinante verschwinden muß. Diese Bedingung liefert eine algebraische Gleichung für das Quadrat des Brechungsindex, und zwar nicht vom dritten, sondern vom zweiten Grad, weil ihr konstantes Glied verschwindet. Das beruht darauf, daß der Vektor $\vec{D}$ transversal, also $\vec{k} \cdot \vec{D} = 0$ ist. Man kann das etwas mühsame Aufstellen und Auflösen der Determinante umgehen, indem man Gl. (4.51) umschreibt

$$E_i = \frac{\dfrac{\vec{k}^2}{\omega^2} \left(\dfrac{\vec{k} \cdot \vec{E}}{|\vec{k}|} \right) \dfrac{k_i}{|\vec{k}|}}{\left(\dfrac{\vec{k}^2}{\omega^2} - \mu_0 \varepsilon'_{(i)} \right)} \tag{4.52}$$

oder

$$E_i = \frac{n^2 \kappa_i (\vec{E} \cdot \vec{\kappa})}{n^2 - \varepsilon_{(i)}} \tag{4.53}$$

mit

$$\kappa_i = \frac{k_i}{|\vec{k}|} \quad , \quad \sum_i \kappa_i^2 = 1 \quad , \quad \frac{\vec{k}^2}{\omega^2 \mu_0} = \frac{n^2}{c^2 \mu_0} = \frac{n^2}{\mu_0} \varepsilon_0 \mu_0 = n^2 \varepsilon_0$$

$$\varepsilon_{(i)} = \frac{\varepsilon'_{(i)}}{\varepsilon_0} .$$

Wir bilden $\sum_i \kappa_i E_i \equiv \vec{\kappa} \cdot \vec{E}$ und erhalten

$$\vec{\kappa} \cdot \vec{E} = n^2 (\vec{E} \cdot \vec{\kappa}) \left[\frac{\kappa_x^2}{n^2 - \varepsilon_{(x)}} + \frac{\kappa_y^2}{n^2 - \varepsilon_{(y)}} + \frac{\kappa_z^2}{n^2 - \varepsilon_{(z)}} \right] \tag{4.54}$$

oder

$$1 = n^2 \left[\frac{\kappa_x^2}{n^2 - \varepsilon_{(x)}} + \frac{\kappa_y^2}{n^2 - \varepsilon_{(y)}} + \frac{\kappa_z^2}{n^2 - \varepsilon_{(z)}} \right] , \tag{4.55}$$

addieren die Zeile

$$-1 = -\kappa_x^2 - \kappa_y^2 - \kappa_z^2 \tag{4.56}$$

und erhalten so

$$0 = \frac{\kappa_x^2 \varepsilon_{(x)}}{n^2 - \varepsilon_{(x)}} + \frac{\kappa_y^2 \varepsilon_{(y)}}{n^2 - \varepsilon_{(y)}} + \frac{\kappa_z^2 \varepsilon_{(z)}}{n^2 - \varepsilon_{(z)}} . \tag{4.57}$$

Wir erinnern uns, daß n der Brechungsindex ist, den eine in $\vec{k}$-Richtung fortschreitende Welle erfährt. Definieren wir nun die sog. Hauptlichtgeschwindigkeiten durch

$$v_{(x)} = \frac{c}{\sqrt{\varepsilon_{(x)}}} \quad , \quad v_{(y)} = \frac{c}{\sqrt{\varepsilon_{(y)}}} \quad , \quad v_{(z)} = \frac{c}{\sqrt{\varepsilon_{(z)}}} , \tag{4.58}$$

wobei zu beachten ist, daß diese Hauptlichtgeschwindigkeiten $v_{(x)}$, $v_{(y)}$, $v_{(z)}$ nicht die Komponenten eines Vektors darstellen, so ergibt sich damit für Gl. (4.57)

$$\frac{\kappa_x^2}{v_p^2 - v_{(x)}^2} + \frac{\kappa_y^2}{v_p^2 - v_{(y)}^2} + \frac{\kappa_z^2}{v_p^2 - v_{(z)}^2} = 0 . \tag{4.59}$$

Die Gl. (4.59) ist eine quadratische Gleichung in v_p^2, der unbekannten Phasengeschwindigkeit, was man durch Multiplikation mit

$$(v_p^2 - v_{(x)}^2)(v_p^2 - v_{(y)}^2)(v_p^2 - v_{(z)}^2)$$

sehen kann. Somit gehören zu jeder vorgegebenen Ausbreitungsrichtung $\vec{k}$ bzw. dessen Einheitsvektor $\vec{\kappa}$ zwei verschiedene Phasengeschwindigkeiten v_{p1}^2 und v_{p2}^2 ($\pm v_p$ zählt als eine Geschwindigkeit, nur jeweils in entgegengesetzter Richtung). Setzt man die Lösungen v_{p1} bzw. v_{p2} in das homogene Gleichungssystem (4.51) ein und berechnet dafür die elektrischen Felder, so bekommt man zwei den beiden Phasengeschwindigkeiten zugeordnete Lösungen $\vec{E}_1$ und $\vec{E}_2$, welche senkrecht aufeinander stehen, d.h. senkrecht zueinander polarisiert sind.

Die einfachste Konsequenz dieses Umstandes ist die Doppelbrechung optisch anisotroper Kristalle, wie sie in Abb. 4.3 schematisch gezeigt ist.

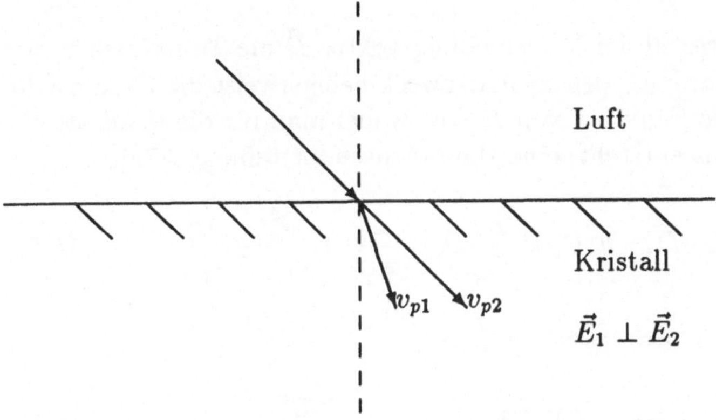

Abbildung 4.3: Qualitative Darstellung des Effekts zweier verschiedener Phasengeschwindigkeiten v_{p1} und v_{p2} in zwei senkrecht zueinander stehender Schwingungsrichtungen des $\vec{E}$-Feldes

4.4 Beschreibung der Lichtausbreitung im Kristall mit Hilfe des Index-Ellipsoids

Zur Bestimmung der Phasengeschwindigkeit im Kristall als Funktion der Schwingungsrichtung des Lichts relativ zu den Hauptachsenrichtungen eignet sich besonders gut eine geometrische Betrachtungsweise mit Hilfe des sogenannten Index-Ellipsoids.

Ausgangspunkt ist die Gesamtenergiedichte W des elektromagnetischen Feldes

$$W = W_e + W_m = 2W_e. \tag{4.60}$$

Da in einem Kristall der Verschiebungsvektor $\vec{D}$ die Transversale zum Wellenzahlvektor $\vec{k}$ ist, drückt man zweckmäßigerweise die Gesamtfeldenergiedichte als Funktion von $\vec{D}$ aus, wobei man für die quadratische Form, die daraus entsteht, eine Hauptachsendarstellung wählt

$$2W_e = \vec{E} \cdot \vec{D} = E_i D_i = \frac{D_i}{\varepsilon'_{(i)}} D_i = \frac{D_x^2}{\varepsilon'_{(x)}} + \frac{D_y^2}{\varepsilon'_{(y)}} + \frac{D_z^2}{\varepsilon'_{(z)}}. \tag{4.61}$$

Mit den Abkürzungen

$$\frac{1}{\varepsilon_0} \frac{D_x^2}{2W_e} = x^2 \quad , \quad \frac{1}{\varepsilon_0} \frac{D_y^2}{2W_e} = y^2 \quad , \quad \frac{1}{\varepsilon_0} \frac{D_z^2}{2W_e} = z^2 \tag{4.62}$$

erhält man

$$\frac{x^2}{\varepsilon_{(x)}} + \frac{y^2}{\varepsilon_{(y)}} + \frac{z^2}{\varepsilon_{(z)}} = 1 \tag{4.63}$$

wobei gilt

$$\varepsilon_{(i)} = \frac{\varepsilon'_{(i)}}{\varepsilon_0}. \tag{4.64}$$

Die relativen Dielektrizitätskonstanten $\varepsilon_{(i)}$ sind mit den Brechzahlen $n_{(i)}$ über die Beziehung verknüpft

$$\varepsilon_{(x)} = n_{(x)}^2 \quad , \quad \varepsilon_{(y)} = n_{(y)}^2 \quad , \quad \varepsilon_{(z)} = n_{(z)}^2 \, , \tag{4.65}$$

wobei $n_{(x)}, n_{(y)}$ und $n_{(z)}$ die Brechungsindices für die Hauptachsenrichtungen darstellen. Wir erhalten damit

$$\frac{x^2}{n_{(x)}^2} + \frac{y^2}{n_{(y)}^2} + \frac{z^2}{n_{(z)}^2} = 1 . \tag{4.66}$$

Dies ist die Gleichung eines Ellipsoids, welche hier Indikatrix (Indexellipsoid) heißt. Das Ellipsoid besitzt also Hauptachsen der Länge $n_{(x)}$, $n_{(y)}$ und $n_{(z)}$, wie in Abb. 4.4 dargestellt. Jede Schnittebene mit

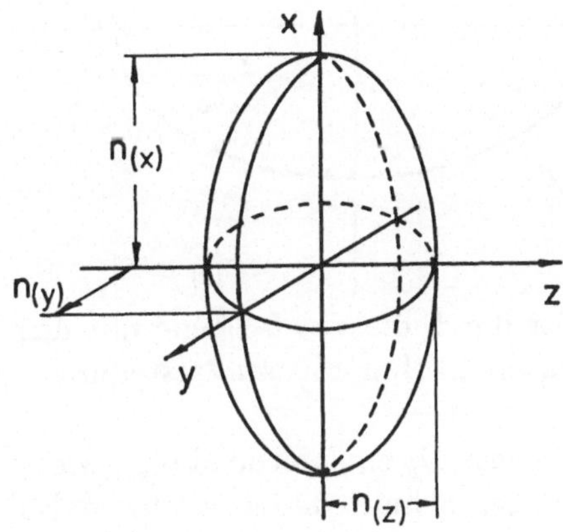

Abbildung 4.4: Index-Ellipsoid mit $n_{(x)}, n_{(y)}, n_{(z)}$ als Hauptachsen

dem Ellipsoid, die durch den Nullpunkt geht, liefert eine mögliche Ebene für den Verschiebungsvektor $\vec{D}$. Die Schnittkurve des Ellipsoids mit solch einer Ebene ist eine Ellipse bzw. in zwei bestimmten Richtungen ein Kreis. Als speziellen Schnitt betrachten wir zunächst den Fall $z = 0$. Dann liegt der Verschiebungsvektor $\vec{D}$ in der $x-y$-Ebene, die durch den Nullpunkt geht. Hier wieder betrachten wir zwei senkrecht zueinander polarisierte $\vec{D}$-Felder, nämlich $\vec{D}_x$ der Länge

$$\left|\vec{D}_x\right| = n_{(x)}\sqrt{2W_e\varepsilon_0} \tag{4.67}$$

und $\vec{D}_y$ der Länge

$$\left|\vec{D}_y\right| = n_{(y)}\sqrt{2W_e\varepsilon_0} \tag{4.68}$$

Der Wellenzahlvektor $\vec{k}$ der Wellenausbreitung zeigt dann in $\pm z$-Richtung je nach der Lage des Vektors $\vec{H}$ des magnetischen Feldes mit $\vec{H} = H_x\vec{e}_x + H_y\vec{e}_y$. Die Vektorkomponente D_x findet einen Brechungs-

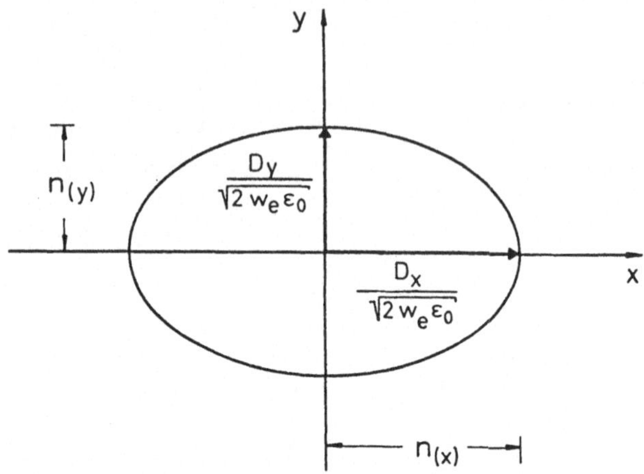

Abbildung 4.5: Schnitt durch die $z = 0$-Ebene mit den Komponenten des normierten $\vec{D}$-Vektors in Hauptachsendarstellung

index $n_{(x)}$, die Komponente D_y entsprechend $n_{(y)}$, wie in Abb. 4.5 skizziert. Für einen beliebigen Schnitt durch das Index-Ellipsoid gilt entsprechendes.

Es gibt jedoch auch beim allgemeinen Ellipsoid mit drei unterschiedlichen Hauptachsenlängen immer zwei Schnittrichtungen, welche eine kreisförmige Schnittfläche liefern. Durch beide dieser speziellen Schnittebenen geht die Hauptachse mittlerer Länge des Ellipsoids, denn dreht man eine Ebene um die mittlere Hauptachse aus der Schnittebene, die die kleinste und die mittlere Hauptachse enthält, um 90° in die Ebene, die die größte und die mittlere Hauptachse enthält, so überstreicht man einen Zustand, in dem der Schnitt zum Kreis wird. Bei Licht, welches sich senkrecht zu einer dieser Kreisflächen ausbreitet, entfällt der Unterschied zwischen den beiden Brechzahlen für zwei aufeinander senkrecht stehende Polarisationen: Der Kristall ist „isotrop" in diese Richtungen, wie in Abb. 4.6 gezeigt. Diese Achse scheinbarer Isotropie heißt optische Achse. Für jede Richtung des die Wellenausbreitungsrichtung charakterisierenden Wellenzahlvektors $\vec{k}$ gibt es also

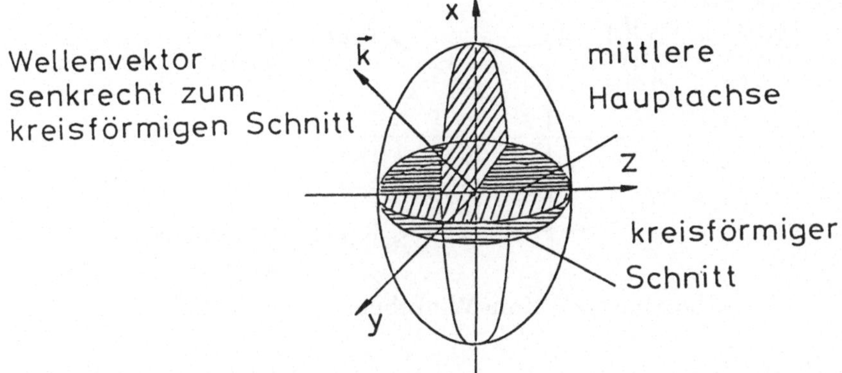

Abbildung 4.6: Richtung $\vec{k}$ der optischen Achse, in der beide Phasengeschwindigkeiten v_{p1} und v_{p2} zusammenfallen (2. Kreisschnitt nicht eingezeichnet)

zwei Phasengeschwindigkeiten $v_{p1} = c/n_1$ und $v_{p2} = c/n_2$, welche den beiden durch die Hauptachsenrichtungen der Schnittellipsen charakterisierten Hauptpolarisationsrichtungen von $\vec{D}$ zugeordnet sind. Nur für zwei ganz bestimmte Richtungen $\vec{k}_{opt1}$ und $\vec{k}_{opt2}$ fallen die zwei verschiedenen Phasengeschwindigkeiten zusammen

$$v_{p1}(\vec{k}_{opt1,2}) = v_{p2}(\vec{k}_{opt1,2}). \tag{4.69}$$

Der Winkel δ_p für diese Isotropie der $\vec{D}$-Polarisation ist nach Abb. 4.7 definiert als Winkel in der durch die größte und kleinste Hauptachse des Index-Ellipsoids definierten Ebene, gemessen von der größten Achse her. Aus der Bedingung des Zusammenfallens der beiden Lösungen für die beiden Phasengeschwindigkeiten v_{p1} und v_{p2} nach Gl. (4.59) bekommt man eine einfache Beziehung für den Winkel δ_p, den die optischen Achsen $\vec{k}_{opt1}$ und $\vec{k}_{opt2}$ mit der größten Hauptachse bilden

$$\tan\delta_p = \pm\sqrt{\frac{n_{(y)}^2 - n_{(z)}^2}{n_{(z)}^2 - n_{(x)}^2}}\,, \tag{4.70}$$

wobei die optischen Achsen symmetrisch zur x-Achse als der längsten Halbachse liegen. Man nennt daher solch einen Kristall optisch

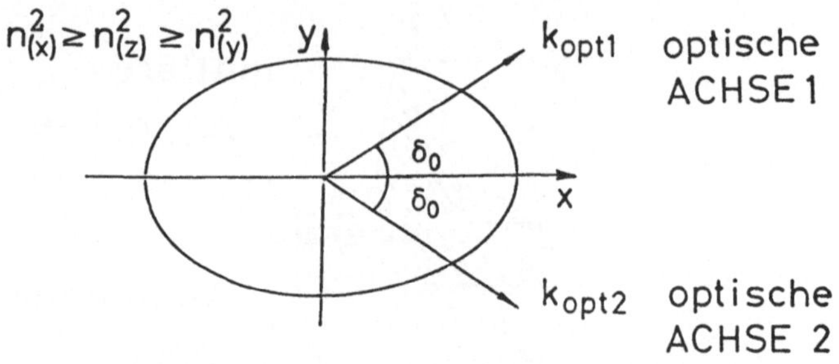

Abbildung 4.7: Zum Winkel der optischen Achsen

zweiachsig. Bei einem Kristall, bei dem zwei der Hauptbrechzahlen gleich sind, wird der Winkel δ_p zu 0 oder zu $\pi/2$. In diesem Fall fallen die optischen Achsen aufeinander; der Kristall ist nun optisch einachsig. Die optische Achse liegt dann in Richtung derjenigen Hauptachse, deren Hauptbrechzahl nicht gleich einer der beiden anderen Hauptbrechzahlen ist; sie steht also senkrecht auf der durch die beiden betragsmäßig gleichen Hauptachsen gebildeten Ebene. Sind im Kristall alle drei Hauptbrechzahlen gleich, dann haben wir den isotropen Fall vorliegen. Es gibt keine Vorzugsrichtung mehr. Für jede Ausbreitungsrichtung $\vec{k}$ des Lichtes finden zwei aufeinander senkrecht stehende Polarisationsvektoren $\vec{D}$ gleiche Brechzahl vor.

$$\begin{pmatrix} \varepsilon_{11} & \varepsilon_{12} & \varepsilon_{13} \\ \varepsilon_{12} & \varepsilon_{22} & \varepsilon_{23} \\ \varepsilon_{13} & \varepsilon_{23} & \varepsilon_{33} \end{pmatrix} \rightarrow$$

$$\begin{pmatrix} \varepsilon_{(1)} & 0 & 0 \\ 0 & \varepsilon_{(2)} & 0 \\ 0 & 0 & \varepsilon_{(3)} \end{pmatrix}$$ allg. Ellipsoid optisch zweiachsig

$$\begin{pmatrix} \varepsilon_{(1)} & 0 & 0 \\ 0 & \varepsilon_{(1)} & 0 \\ 0 & 0 & \varepsilon_{(3)} \end{pmatrix}$$ Rotations-Ellipsoid optisch einachsig

$$\begin{pmatrix} \varepsilon_{(1)} & 0 & 0 \\ 0 & \varepsilon_{(1)} & 0 \\ 0 & 0 & \varepsilon_{(1)} \end{pmatrix}$$ Kugel isotrop

Abbildung 4.8: Übersicht über die optischen Kristalleigenschaften

4.5 Elektro-Optik

Wir hatten gesehen, wie der Tensor der Dielektrizitätskonstanten Einfluß auf die Lichtausbreitung im Kristall hat; es gibt optisch zweiachsige, optisch einachsige und optisch isotrope Kristalle , je nach der jeweiligen Symmetrie des Kristalls. Wir wollen nun betrachten, durch welchen Einfluß der Tensor der Dielektrizitätskonstanten verändert werden kann:

a) Man kann die Änderung der Ladungsverteilung innerhalb der Einheitszelle des Kristalls und damit die Änderung der Polarisation unter dem Einfluß des Feldes einer Lichtwelle und anderer, zusätzlicher Kraftwirkungen quantenmechanisch studieren. Dieser Weg ist quantitativ meist nicht durchführbar aufgrund der dabei auftretenden komplizierten mathematischen Strukturen.

b) Man kann phänomenologisch den Einfluß von Parameteränderungen auf das Index-Ellipsoid formulieren und durch Symmetrieüberlegungen und Messungen Änderungen des ε_{ij}-Tensors bestimmen.

Wir werden im weiteren den zweiten Weg wählen. Die funktionalen Zusammenhänge lassen sich auf folgende Weise darstellen, wobei wir für unser gewohntes ε_{ij} als 0-te Näherung jetzt schreiben

$$\varepsilon_{ij} \longrightarrow \varepsilon_{ij}(0) \tag{4.71}$$

Hierzu addieren wir die durch Parameteränderung erzeugte Veränderung von $\varepsilon_{ij}(0)$, nämlich $\Delta\varepsilon_{ij}$. Dann haben wir also für das neue ε_{ij}

$$\varepsilon_{ij} = \varepsilon_{ij}(0) + \Delta\varepsilon_{ij}. \tag{4.72}$$

Die Größe $\Delta\varepsilon_{ij}$ kann von verschiedenen Parametern abhängen:

A) Linearer Zusammenhang

A1. Skalare Größe (z.B. Temperatur T)

$$\Delta\varepsilon_{ij} = \varepsilon_{ij}^{(T)}(T - T_0) \quad (\text{bei } T = T_0 \text{ ist } \varepsilon_{ij} = \varepsilon_{ij}(0)) \tag{4.73}$$

A2. Vektor-Größe (z.B. Feldstärke $\vec{E} \rightarrow E_k$)

$$\Delta\varepsilon_{ij} = \varepsilon_{ijk}^{(E)} E_k \tag{4.74}$$

A3. Tensor-Größe (z.B. mechanische Spannung σ_{kl})

$$\Delta\varepsilon_{ij} = \varepsilon_{ijkl}^{(\sigma)} \sigma_{kl} \tag{4.75}$$

B) Quadratischer Zusammenhang

B1. Vektor-Größe

$$\Delta\varepsilon_{ij} = \varepsilon_{ijkl} E_k E_l \tag{4.76}$$

B2. Tensor-Größe

$$\Delta\varepsilon_{ij} = \varepsilon_{ijklmn} \sigma_{kl} \sigma_{mn} \tag{4.77}$$

Die qudratischen Effekte können fast immer vernachlässigt werden. Die linearen Effekte sind in vielen Substanzen von großer Bedeutung. Die obigen Beispiele zu A) haben darüber hinaus große Bedeutung in der Optik und besonders in der integrierten Optik z.B.:

- Einstellen von Phasen mit Hilfe der Temperatur (A1)
- Elektro-optische Modulatoren (A2)
- Akusto-optische Modulatoren (A3)

4.5.1 Der lineare elektro-optische Effekt

Man nennt diesen Effekt auch Pockels-Effekt. Es gelten die Gln. (4.72) und (4.74)

$$\varepsilon_{ij} = \varepsilon_{ij}(0) + \varepsilon_{ijk}^{(E)} E_k. \tag{4.78}$$

Wir haben also den Einfluß des elektrischen Feldes auf das Index-Ellipsoid zu untersuchen. Hierzu ist es zweckmäßig, das Index-Ellipsoid neu darzustellen. Nach den Gln. (4.63) und (4.66) gilt

$$\left.\begin{aligned} \frac{x^2}{\varepsilon_{(x)}} + \frac{y^2}{\varepsilon_{(y)}} + \frac{z^2}{\varepsilon_{(z)}} &= 1 \\ \frac{x^2}{n_{(x)}^2} + \frac{y^2}{n_{(y)}^2} + \frac{z^2}{n_{(z)}^2} &= 1 \end{aligned}\right\} \tag{4.79}$$

Dabei sind $n_{(x)}^2 = \varepsilon_{(x)}$, $n_{(y)}^2 = \varepsilon_{(y)}$, $n_{(z)}^2 = \varepsilon_{(z)}$ die Längen der Hauptachsen in x, y, z-Richtung, wobei das Koordinatensystem so gelegt ist, daß es in Richtung der Hauptachsen des ε_{ij}-Tensors zeigt, wodurch der Tensor Diagonalform aufweist mit den Komponenten

$$\begin{pmatrix} \varepsilon_{(x)} & 0 & 0 \\ 0 & \varepsilon_{(x)} & 0 \\ 0 & 0 & \varepsilon_{(x)} \end{pmatrix}.$$

Um die Änderungen des ε_{ij}-Tensors durch ein angelegtes äußeres Feld zu beschreiben, hat sich in der Literatur die Schreibweise durchgesetzt, in welcher an Stelle der ε_{ij} entsprechend

$$D_i = \varepsilon'_{ij} E_j = \varepsilon_{ij} \varepsilon_0 E_j \tag{4.80}$$

nun der inverse Tensor a_{ij} entsprechend

$$E_i = a'_{ij} D_j = a_{ij} \frac{1}{\varepsilon_0} D_j \tag{4.81}$$

eingeführt wird. Setzt man Gl. (4.81) in (4.80) ein, so erhält man

$$\left.\begin{aligned} D_i &= \varepsilon_{ik} \varepsilon_0 E_k \\ &= \varepsilon_{ik} \varepsilon_0 (a_{kj} \tfrac{1}{\varepsilon_0} D_j) \\ &= \varepsilon_{ik} a_{kj} D_j \end{aligned}\right\} \tag{4.82}$$

und mit

$$D_i \equiv \delta_{ij} D_j \tag{4.83}$$

wird aus Gl. (4.82)

$$(\varepsilon_{ik} a_{kj} - \delta_{ij}) D_j = 0 \,. \tag{4.84}$$

Da diese Beziehung für jeden beliebigen Vektor D_j gültig sein muß, muß gelten

$$\varepsilon_{ik} a_{kj} = \delta_{ij}. \tag{4.85}$$

Der Tensor a_{ij} ist also der inverse oder Umkehr-Tensor des ε_{ij}-Tensors.

Der inverse Tensor a_{ij} besitzt die selben Hauptachsenrichtungen wie der ursprüngliche ε_{ij}-Tensor. Liegt speziell der ε_{ij}-Tensor im Koordinatensystem der Hauptachsenrichtung in Diagonalform vor

$$\varepsilon_{ij} = \varepsilon_{(i)} \delta_{ij} \equiv \begin{pmatrix} \varepsilon_{(x)} & 0 & 0 \\ 0 & \varepsilon_{(x)} & 0 \\ 0 & 0 & \varepsilon_{(x)} \end{pmatrix} \tag{4.86}$$

so hat der inverse Tensor a_{ij} ebenfalls Diagonalform mit den Komponenten

$$a_{ij} = a_{(i)} \delta_{ij} = \frac{1}{\varepsilon_{(i)}} \cdot \delta_{ij} \equiv \begin{pmatrix} a_{11} & 0 & 0 \\ 0 & a_{22} & 0 \\ 0 & 0 & a_{33} \end{pmatrix} = \begin{pmatrix} \frac{1}{\varepsilon_{(x)}} & 0 & 0 \\ 0 & \frac{1}{\varepsilon_{(y)}} & 0 \\ 0 & 0 & \frac{1}{\varepsilon_{(z)}} \end{pmatrix} \tag{4.87}$$

Das in Hauptachsenform gebrachte Index-Ellipsoid Gl. (4.78) schreibt sich mit Hilfe des a_{ij}-Tensors daher nun

$$a_{11}(0) x^2 + a_{22}(0) y^2 + a_{33}(0) z^2 = 1 \,. \tag{4.88}$$

Die Änderungen der ε_{ij} nach Gl. (4.77) lassen sich daher auf gleichwertige Weise als Änderungen der a_{ij} darstellen

$$a_{ij} = a_{ij}(0) + r_{ijk} E_k \tag{4.89}$$

wobei speziell im Koordinatensystem der Hauptachsen des ε_{ij}-Tensors gilt

$$a_{ij} = \frac{1}{\varepsilon_{(i)}(0)} \delta_{ij} + r_{ijk} E_k. \tag{4.90}$$

Liegt nun ein äußeres elektrisches Feld E_k am Kristall an, dann bekommt der a_{ij}-Tensor neben seinen in der ursprünglichen Hauptachsenform nur drei diagonalen Komponenten weiter zusätzliche Komponenten. Die gesamte Feldenergie

$$2W_e = \vec{E} \circ \vec{D} = \frac{1}{\varepsilon_0} a_{ij} D_j D_i \tag{4.91}$$

läßt sich mit den Abkürzungen analog zum Index-Ellipsoid

$$x = \sqrt{\frac{1}{\varepsilon_0}\frac{D_x^2}{2W_e}} \quad , \quad y = \sqrt{\frac{1}{\varepsilon_0}\frac{D_y^2}{2W_e}} \quad , \quad z = \sqrt{\frac{1}{\varepsilon_0}\frac{D_z^2}{2W_e}} \tag{4.92}$$

umschreiben zur allgemeinen Form

$$a_{11}x^2 + a_{22}y^2 + a_{33}z^2 + 2a_{12}xy + 2a_{23}yz + 2a_{13}xz = 1 \; . \tag{4.93}$$

Diese neue, das Index-Ellipsoid beschreibende Gleichung besitzt nicht nur quadratische Glieder wie Gl. (4.88). Durch den Einfluß von E_k hat sich das vorher auf Hauptachsenform befindliche Index-Ellipsoid verzerrt und liegt nicht mehr in Hauptachsenform vor. Um Aussagen über die Brechzahlen dieses neuen Index-Ellipsoids machen zu können, muß es erst in die neuen, durch das elektrische Feld erzeugten Hauptachsenrichtungen transformiert werden. In diesem neuen Hauptachsensystem ist dann der a_{ij}-Tensor wieder diagonal, und man kann die neuen Index-Ellipsoide mit den neuen Diagonalgliedern gemäß den Beziehungen

$$\left.\begin{aligned} n_{E(x)}^2 &= \varepsilon_{E(x)} = \frac{1}{a_{E(x)}} \\ n_{E(y)}^2 &= \varepsilon_{E(y)} = \frac{1}{a_{E(y)}} \\ n_{E(z)}^2 &= \varepsilon_{E(z)} = \frac{1}{a_{E(z)}} \end{aligned}\right\} \tag{4.94}$$

identifizieren. Am Beispiel des ADP-Kristalls soll diese Vorgehensweise etwas später explizit durchgeführt werden.

Vorher sollen noch einige Bemerkungen zu dem für den elektrooptischen Effekt verantwortlichen r_{ijk}-Tensor gemacht werden. Dieser Tensor hat maximal 18 unabhängige Koeffizienten, und zwar sechs aus den i, j (wie ε_{ij}, a_{ij}) und drei aus den k (wie E_k, $k = x, y, z$), also $6 \cdot 3 = 18$ insgesamt. Es hat sich in der Literatur eine Verstümmelung der Tensorindices von r_{ijk} eingebürgert, die man kennen muß:

$$r_{ijk} = \begin{pmatrix} r_{11k} & r_{12k} & r_{13k} \\ & r_{22k} & r_{23k} \\ & & r_{33k} \end{pmatrix} \equiv \begin{pmatrix} r_{1k} & r_{6k} & r_{5k} \\ & r_{2k} & r_{4k} \\ & & r_{3k} \end{pmatrix}. \tag{4.95}$$

$$k = 1, 2, 3 \text{ (wie } E_k)$$

Es gilt also die Merkregel:

$$\begin{pmatrix} 1 & & 6 & \leftarrow & 5 \\ & \searrow & & & \uparrow \\ & & 2 & & 4 \\ & & & \searrow & \uparrow \\ & & & & 3 \end{pmatrix}.$$

Der Tensor r_{ijk} ist bezüglich der i, j-Indices symmetrisch, ebenso wie die a_{ij} bzw. ε_{ij}.

4.5.2 Der ADP-Kristall als Beispiel eines elektrooptischen Elements

Die gezielte Veränderung der optischen Eigenschaften eines Kristalls durch Anlegen eines äußeren elektrischen Feldes wollen wir am Beispiel des ADP- Kristalls (Ammonium-Dihydrogen-Phosphat $NH_4N_2PO_4$) quantitativ behandeln. Der ε_{ij}-Tensor dieses tetragonalen Kristalls lautet in Hauptachsenform

$$\varepsilon_{ij}(0) = \begin{pmatrix} \varepsilon_{(1)} & 0 & 0 \\ 0 & \varepsilon_{(1)} & 0 \\ 0 & 0 & \varepsilon_{(3)} \end{pmatrix} \tag{4.96}$$

und der dazu inverse a_{ij}-Tensor

$$a_{ij}(0) = \begin{pmatrix} a_{11} & 0 & 0 \\ 0 & a_{11} & 0 \\ 0 & 0 & a_{33} \end{pmatrix} \quad \text{mit } a_{11} = \frac{1}{\varepsilon_{(1)}},\ a_{33} = \frac{1}{\varepsilon_{(3)}}. \tag{4.97}$$

Ohne angelegtes äußeres $\vec{E}$-Feld ist daher das Index-Ellipsoid des ADP zu einem Rotationsellipsoid um die z-Achse entartet

$$\frac{x^2}{n_{(x)}^2}+\frac{y^2}{n_{(x)}^2}+\frac{z^2}{n_{(z)}^2}=1 \quad \text{mit } n_{(x)}^2=\varepsilon_{(1)},\ n_{(z)}^2=\varepsilon_{(3)} \tag{4.98}$$

Der den elektro-optischen Effekt beschreibende r_{ijk}-Tensor dritter Stufe hat im System der Hauptachsenrichtungen des ε_{ij}- bzw. des a_{ij}-Tensors die Komponenten

$$r_{ij1}=\begin{pmatrix} 0 & 0 & 0 \\ 0 & 0 & r_{231} \\ 0 & r_{321} & 0 \end{pmatrix} \quad \text{mit } r_{321}=r_{231} \tag{4.99}$$

$$r_{ij2}=\begin{pmatrix} 0 & 0 & r_{132} \\ 0 & 0 & 0 \\ r_{312} & 0 & 0 \end{pmatrix} \quad \text{mit } r_{312}=r_{132} \tag{4.100}$$

$$r_{ij3}=\begin{pmatrix} 0 & r_{123} & 0 \\ r_{213} & 0 & 0 \\ 0 & 0 & 0 \end{pmatrix} \quad \text{mit } r_{213}=r_{123} \tag{4.101}$$

Der ungestörte a_{ij}-Tensor ($a_{ij}(0)$) bekommt nun durch ein äußeres elektrisches Feld mit den Komponenten E_k ($k=x,y,z$) neue Komponenten

$$a_{ij}=a_{ij}(0)+r_{ijk}\cdot E_k \tag{4.102}$$

Mit den Komponenten $a_{ij}(0)$ entsprechend Gl. (4.97) und den r_{ijk} entsprechend Gln. (4.99) - (4.101) sind die neuen Komponenten

$$\begin{aligned} a_{ij} &= \begin{pmatrix} a_{11} & 0 & 0 \\ 0 & a_{11} & 0 \\ 0 & 0 & a_{33} \end{pmatrix}+\begin{pmatrix} 0 & 0 & 0 \\ 0 & 0 & r_{231}E_1 \\ 0 & r_{321}E_1 & 0 \end{pmatrix}+ \\ &+\begin{pmatrix} 0 & 0 & r_{132}E_2 \\ 0 & 0 & 0 \\ r_{312}E_2 & 0 & 0 \end{pmatrix}+\begin{pmatrix} 0 & r_{123}E_3 & 0 \\ r_{213}E_3 & 0 & 0 \\ 0 & 0 & 0 \end{pmatrix} \qquad (4.103) \\ &= \begin{pmatrix} a_{11} & r_{123}E_3 & r_{132}E_2 \\ r_{213}E_3 & a_{11} & r_{231}E1 \\ r_{312}E_2 & r_{321}E_1 & a_{33} \end{pmatrix}. \end{aligned}$$

Wir betrachten nun den Spezialfall, daß das angelegte äußere elektrische Feld nur in z-Richtung weist:

$$\vec{E} = E_z \vec{e}_z \equiv E_3 \vec{e}_z. \tag{4.104}$$

Dann wird der durch das $\vec{E}$-Feld beeinflußte a_{ij}-Tensor zu

$$a_{ij} = \begin{pmatrix} a_{11} & r_{123}E_3 & 0 \\ r_{123}E_3 & a_{11} & 0 \\ 0 & 0 & a_{33} \end{pmatrix} \tag{4.105}$$

wobei die Symmetrie der i, j-Komponenten von r_{ijk}

$$r_{ijk} = r_{jik} \tag{4.106}$$

berücksichtigt wurde.

Während die Kegelschnittgleichung des ungestörten Index-Ellipsoids bei $E_z = E_3 = 0$

$$a_{11}x^2 + a_{11}y^2 + a_{33}z^2 = 1 \tag{4.107}$$

mit den Hauptbrechzahlen

$$n^2_{(x)} = n^2_{(y)} = \frac{1}{a_{11}} \text{ und } n^2_{(z)} = \frac{1}{a_{33}} \tag{4.108}$$

lautet, bekommt sie bei $E_3 \neq 0$ entsprechend Gl. (4.93) gemischte Glieder

$$a_{11}x^2 + a_{11}y^2 + a_{33}z^2 + 2a_{12}xy = 1 \tag{4.109}$$

mit

$$a_{12} = r_{123}E_3 = r_{213}E_3 = a_{21}. \tag{4.110}$$

Um die Hauptbrechzahlen dieses gestörten Index-Ellipsoids zu erhalten, welche nun neben a_{11}, a_{33} auch noch von a_{12} und damit von E_3 abhängen, muß man auf das Hauptachsensystem des gestörten Ellipsoids transformieren, wobei die neuen Diagonalkoeffizienten wieder gleich den reziproken Quadraten der neuen Hauptbrechzahlen sind.

Gesucht ist also das neue Koordinatensystem $(\vec{n}_x, \vec{n}_y, \vec{n}_z)$, in welchem das Ellipsoid wieder auf Hauptachsenform gebracht ist mit den neuen Diagonalelementen

$$a_{ij} = \begin{pmatrix} a^{(E)}_{11} & 0 & 0 \\ 0 & a^{(E)}_{22} & 0 \\ 0 & 0 & a^{(E)}_{33} \end{pmatrix} \tag{4.111}$$

wonach die Gleichung des neuen Index-Ellipsoids nur noch quadratische Glieder enthält

$$a_{11}^E x^2 + a_{22}^E y^2 + a_{33}^E z^2 = 1 \; . \tag{4.112}$$

Dies geschieht durch Lösung der Eigenwertgleichung, die in diesem Zusammenhang auch Säkulargleichung genannt wird

$$\begin{pmatrix} a_{11}-\lambda & a_{12} & 0 \\ a_{12} & a_{11}-\lambda & 0 \\ 0 & 0 & a_{33}-\lambda \end{pmatrix} \begin{pmatrix} x_1 \\ x_2 \\ x_3 \end{pmatrix} = \begin{pmatrix} 0 \\ 0 \\ 0 \end{pmatrix} , \tag{4.113}$$

wobei die Komponenten $(x_1,\ x_2,\ x_3)$ die des jeweiligen Eigenvektors $\vec{n}_i$ sind. Eine nichttriviale Lösung dieses linearen, homogenen Gleichungssystems liegt dann vor, wenn die Determinante der Matrix verschwindet. Dies ergibt eine Bestimmungsgleichung für die Eigenwerte λ (siehe Anhang):

$$\begin{vmatrix} a_{11}-\lambda & a_{12} & 0 \\ a_{12} & a_{11}-\lambda & 0 \\ 0 & 0 & a_{33}-\lambda \end{vmatrix} \stackrel{!}{=} 0 \quad \rightsquigarrow \lambda_{(1)}, \lambda_{(2)}, \lambda_{(3)} \tag{4.114}$$

Auflösen der Determinante liefert die Gleichung 3. Grades

$$(a_{11}-\lambda)^2(a_{33}-\lambda) - a_{12}^2(a_{33}-\lambda) = 0 \tag{4.115}$$

welche man in Produktform schreiben kann

$$\left[(a_{11}-\lambda)^2 - a_{12}^2\right](a_{33}-\lambda) = 0 \; . \tag{4.116}$$

Damit erhalten wir drei Lösungen für λ

$$\left.\begin{array}{rcl} \lambda_{(1)} & = & a_{11}+a_{12} \\ \lambda_{(2)} & = & a_{11}-a_{12} \\ \lambda_{(3)} & = & a_{33} \end{array}\right\} \tag{4.117}$$

Die Berechnung der neuen Hauptachsenrichtungen

$$\vec{n}_i = (x_i, y_i, z_i) \tag{4.118}$$

geschieht durch einsetzen der $\lambda_{(i)}$ in das Gleichungssystem (4.113):

$\boxed{\lambda_{(1)} = a_{11} + a_{12}}$

$$\begin{aligned} (a_{11} - a_{11} - a_{12})x_1 + a_{12}x_2 = 0 &\quad\rightarrow\quad x_1 = x_2 \\ a_{12}x_1 + (a_{11} - a_{11} - a_{12})x_2 = 0 &\quad\rightarrow\quad x_1 = x_2 \\ (a_{33} - a_{11} - a_{12})x_3 = 0 &\quad\rightarrow\quad x_3 = 0 \end{aligned}$$

$$\rightarrow \boxed{\vec{n}_{(x)} = \begin{pmatrix} \frac{1}{\sqrt{2}} \\ \frac{1}{\sqrt{2}} \\ 0 \end{pmatrix} \quad \text{mit } |\vec{n}_x| = 1} \tag{4.119}$$

$\boxed{\lambda_{(2)} = a_{11} - a_{12}}$

$$\begin{aligned} (a_{11} - a_{11} + a_{12})x_1 + a_{12}x_2 = 0 &\quad\rightarrow\quad x_1 = -x_2 \\ a_{12}x_1 + (a_{11} - a_{11} + a_{12})x_2 = 0 &\quad\rightarrow\quad x_1 = -x_2 \\ (a_{33} - a_{11} + a_{12})x_3 = 0 &\quad\rightarrow\quad x_3 = 0 \end{aligned}$$

$$\rightarrow \boxed{\vec{n}_{(y)} = \begin{pmatrix} -\frac{1}{\sqrt{2}} \\ +\frac{1}{\sqrt{2}} \\ 0 \end{pmatrix} \quad \text{mit } |\vec{n}_y| = 1} \tag{4.120}$$

$\boxed{\lambda_{(3)} = a_{33}}$

$$\begin{aligned} \left.\begin{aligned} (a_{11} - a_{33})x_1 + a_{12}x_2 = 0 \\ -a_{12}x_1 + (a_{11} - a_{33})x_2 = 0 \end{aligned}\right\} &\quad\rightarrow\quad x_1 = x_2 = 0 \\ (a_{33} - a_{33})x_3 = 0 &\quad\rightarrow\quad x_3 = \text{beliebig} \end{aligned}$$

$$\rightarrow \boxed{\vec{n}_{(z)} = \begin{pmatrix} 0 \\ 0 \\ 1 \end{pmatrix} \quad \text{mit } |\vec{n}_z| = 1} \tag{4.121}$$

Im neuen Koordinatensystem $(\vec{n}_x, \vec{n}_y, \vec{n}_z)$ lautet nun der a_{ij}-Tensor

$$a_{ij} = \begin{pmatrix} \lambda_{(1)} & 0 & 0 \\ 0 & \lambda_{(2)} & 0 \\ 0 & 0 & \lambda_{(3)} \end{pmatrix} \tag{4.122}$$

und die Gleichung des gestörten Index-Ellipsoids

$$\lambda_{(1)}x^2 + \lambda_{(2)}y^2 + \lambda_{(3)}z^2 = 1 \,. \tag{4.123}$$

Dem entspricht definitionsgemäß die Zuordnung

$$\frac{x^2}{n_{E(x)}^2} + \frac{y^2}{n_{E(y)}^2} + \frac{z^2}{n_{E(z)}^2} = 1 \,. \tag{4.124}$$

So bekommen wir schließlich die Hauptbrechzahlen

$$\left.\begin{aligned}
n_{E(x)} &= \sqrt{\frac{1}{\lambda_{(1)}}} &&= \sqrt{\frac{1}{a_{11} + r_{123}E_3}} \\
&= \sqrt{\frac{1}{1/n_x^2 + r_{123}E_3}} &&\approx n_{(x)}\left(1 - \tfrac{1}{2}n_{(x)}^2 r_{123}E_3\right) \\
n_{E(y)} &= \sqrt{\frac{1}{\lambda_{(2)}}} &&= \sqrt{\frac{1}{a_{11} - r_{123}E_3}} \\
&= \sqrt{\frac{1}{1/n_x^2 - r_{123}E_3}} &&\approx n_{(x)}\left(1 + \tfrac{1}{2}n_{(x)}^2 r_{123}E_3\right) \\
n_{E(z)} &= \sqrt{\frac{1}{\lambda_{(3)}}} &&= \sqrt{\frac{1}{a_{33}}} \\
&= n_{(z)}
\end{aligned}\right\} \tag{4.125}$$

Der Schnitt $z = 0$ durch das neue Index-Ellipsoid für Licht mit Ausbreitungsrichtung in z-Richtung liefert jetzt eine Ellipse mit den Halbachsen $n_{E(x)}$ und $n_{E(y)}$, die durch Abschalten des Feldes E_z wieder zu einem Kreis entartet. Anwendung findet dieser Effekt in optischen Bauteilen zur elektrisch gesteuerten Drehung der Polarisationsebene von Licht. In Abb. 4.9 ist solch eine Anordnung schematisch dargestellt.

Zwei senkrecht zueinander polarisierte Lichtwellen der Amplituden $E_x = E_y$ haben beim Auftreffen auf dem Kristall die gleiche Phase. Ohne Anlegen einer Spannung $U = E_z d$ finden beide Polarisationsrichtungen den gleichen Brechungsindex $n_{(y)} = n_{(x)}$ vor, weshalb sie nach Durchlaufen des Kristalls keine Phasendifferenz gegeneinander aufweisen. Die resultierende Polarisationsrichtung bleibt erhalten. Schaltet man die Spannung ein, so erhalten die beiden Polarisationsrichtungen bei der Wellenlänge λ eine Phasendifferenz $\Delta\Phi$ von

$$\Delta\Phi = \left(\Delta n \cdot \frac{2\pi}{\lambda}\right) d = n_{(x)}^3 r_{123} E_z d \cdot \frac{2\pi}{\lambda}. \tag{4.126}$$

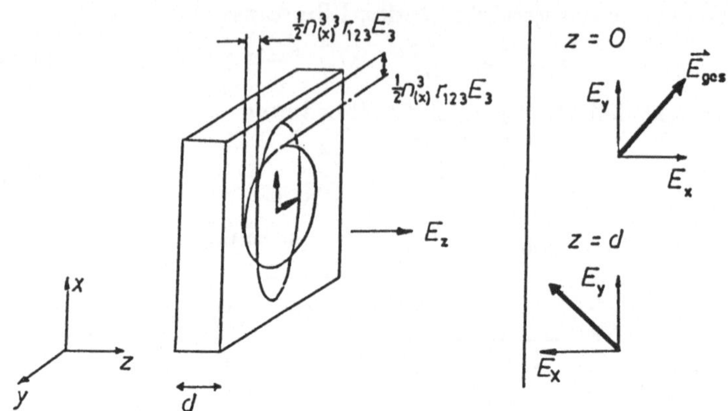

Abbildung 4.9: Drehung der Polarisationsebene durch Phasenverschiebung zwischen zwei ursprünglich gleichphasigen Wellen

Wählt man $U = E_z d$ so, daß $\Delta\Phi = \pi$, d.h.

$$U = E_z d = \frac{\lambda}{2n_{(x)}^3 r_{123}}, \tag{4.127}$$

dann ist die Polarisationsebene des herauskommenden Lichts um 90° gedreht, was mit Hilfe eines nachgeschalteten Polarisationsfilters für Modulationszwecke genutzt werden kann.

4.5.3 Abhängigkeit der elektro-optischen Koeffizienten von der mechanischen Spannung

Neben dem reinen elektro-optischen Effekt zeigen auch viele Kristallarten den Piezo-Effekt. Das heißt, bei Anlegen einer mechanischen Spannung σ_{uv} werden im Kristall elektrische Felder E_k erzeugt und umgekehrt. Der Piezo- Effekt ist ebenfalls ein linearer Effekt. Da die erzeugten Felder ihrerseits natürlich Einfluß auf ein $\Delta\varepsilon_{ij}$ haben, ergibt sich eine Abhängigkeit des Index- Ellipsoids auch von den mechanischen Spannungen. Wieder wird der Einfluß der jetzt mechanischen Spannung auf den a_{ij}-Tensor phänomenologisch durch eine Tensorgleichung beschrieben, welche nun lautet

$$a_{ij} = a_{ij}(0) + r_{ijk} E_k + q_{ijuv} \sigma_{uv}. \tag{4.128}$$

Hier wird der Einfluß des mechanischen Spannungstensors σ_{uv} durch den Tensor 4. Stufe q_{ijuv} beschrieben. Beim Fehlen mechanischer Spannungen ($\sigma_{uv} = 0$) gibt r_{ijk} dann die schon bekannte elektro-optische Konstante wieder. Dieser Fall tritt praktisch auf, wenn der Kristall nicht eingeklemmt montiert ist und wenn er unterhalb seiner mechanischen Resonanzfrequenz betrieben wird.

Nun sind Spannung und Dehnung durch das tensorielle Hooksche Gesetz gegeben, welches unter Berücksichtigung einer piezoelektrisch bedingten Zusatzdehnung lautet

$$\delta_{mn} = s_{mnuv}\sigma_{uv} + d_{mnk}E_k. \tag{4.129}$$

Mit Hilfe dieser Beziehung kann man dic mechanische Spannung σ_{uv} ausdrücken als Funktion des Dehnungstensors δ_{mn} und des elektrischen Feldes E_k

$$\sigma_{uv} = s^{-1}_{uvmn}(\delta_{mn} - d_{mnk}E_k) \tag{4.130}$$

wobei s^{-1}_{uvmn} der Umkehrtensor von s_{mnuv} ist. Setzt man σ_{uv} in Gl. (4.128) ein, so erhält man

$$\begin{aligned} a_{ij} &= a_{ij}(0) + r_{ijk}E_k + q_{ijuv}s^{-1}_{uvmn}(\delta_{mn} - d_{mnk}E_k) \\ &= a_{ij}(0) + (r_{ijk} - q_{ijuv}s^{-1}_{uvmn}d_{mnk})E_k + q_{ijuv}s^{-1}_{uvmn}\delta_{mn}. \end{aligned} \tag{4.131}$$

Man kann kurz dafür schreiben

$$a_{ij} = a_{ij}(0) + r'_{ijk}E_k + p_{ijmn}\delta_{mn} , \tag{4.132}$$

welches nun die Änderung des a_{ij}-Tensors als Funktion des Dehnungstensors δ_{mn} beschreibt. Beim Fehlen einer Dehnung ($\sigma_{mn} = 0$) gibt r'_{ijk} die elektro-optische Konstante für den dehnungsfreien Fall wieder, d.h. wenn der Kristall fest eingeklemmt ist. Diese Fall tritt praktisch auf, wenn das Bauteil oberhalb seiner (einer) mechanischen Resonanzfrequenz betrieben wird.

Der Koeffizientenvergleich liefert

$$\begin{aligned} p_{ijmn} &= q_{ijuv} s^{-1}_{uvmn} \\ r'_{ijk} &= r_{ijk} - q_{ijuv} s^{-1}_{uvmn} d_{mnk} = r_{ijk} - p_{ijmn} d_{mnk} \end{aligned}$$

bzw.

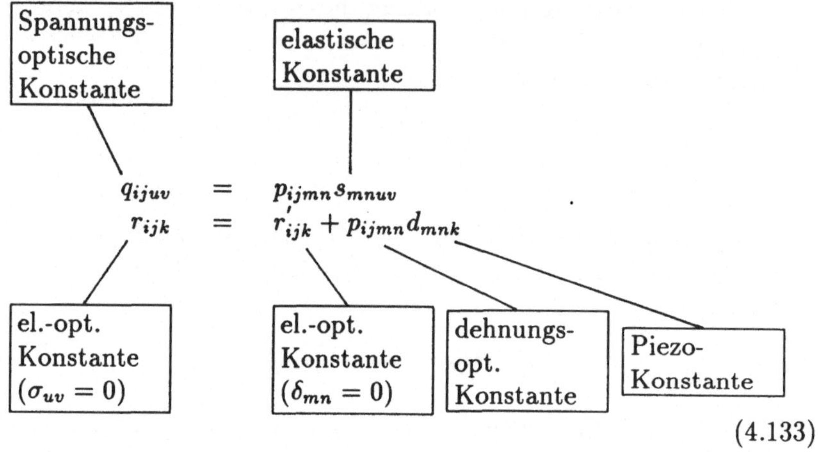

(4.133)

4.6 Anhang zur Hauptachsentransformation

Wirkt ein Tensor A auf einen Vektor $\vec{n}$ (Produkt eines Tensors mit einem Vektor), so entsteht ein neuer Vektor $\vec{m}$, der im allgemeinen eine andere Länge und eine andere Richtung im Raum als $\vec{n}$ hat.

$$A \cdot \vec{n} = \vec{m}. \tag{4.134}$$

Als Eigenvektor bezüglich des Tensors A wird der Vektor $\vec{n}$ dann bezeichnet, wenn der neue, aus dem Produkt von $A \cdot \vec{n}$ entstandene Vektor $\vec{m}$ die gleiche Richtung wie $\vec{n}$ hat und lediglich gestreckt ist.

$$A \cdot \vec{n} = \lambda \vec{n}. \tag{4.135}$$

Zu einem symmetrischen Tensor gibt es immer drei senkrecht aufeinander stehende Eigenvektoren. Ein symmetrischer (dreidimensionaler)

Tensor hat also drei Richtungen, die sog. Hauptachsenrichtungen, in denen ein Vektor nur gestreckt, nicht aber gedreht wird. Wählen wir das die Komponenten des Tensors und der Vektoren definierende Koordinatensystem so, daß die Achsen in Richtung der Eigenvektoren liegen ($\vec{e}_i{}' = \vec{n}_i/|\vec{n}_i|$), dann ist

$$A \cdot \vec{e}_x{}' = \lambda_{(x)}\vec{e}_x{}', \quad A \cdot \vec{e}_x{}' = \lambda_{(x)}\vec{e}_x{}', \quad A \cdot \vec{e}_x{}' = \lambda_{(x)}\vec{e}_x{}' \tag{4.136}$$

und ein beliebiger Vektor $\vec{v}$

$$\left.\begin{aligned} A \cdot \vec{v} &= A \cdot (v_x\vec{e}_x{}' + v_y\vec{e}_y{}' + v_z\vec{e}_z{}') \\ &= \lambda_{(x)}v_x\vec{e}_x{}' + \lambda_{(y)}v_y\vec{e}_y{}' + \lambda_{(z)}v_z\vec{e}_z{}' \end{aligned}\right\} \tag{4.137}$$

$$\rightarrow A = \begin{pmatrix} \lambda_{(1)} & 0 & 0 \\ 0 & \lambda_{(2)} & 0 \\ 0 & 0 & \lambda_{(3)} \end{pmatrix}. \tag{4.138}$$

In diesem Koordinatensystem ist der Tensor A diagonal; er liegt in Hauptachsenform. Wie wird das Koordinatensystem gefunden, in welchem der Tensor diagonal (in Hauptachsendarstellung) ist, wenn man von einem beliebigen Koordinatensystem ($\vec{e}_x$, $\vec{e}_y$, $\vec{e}_z$) ausgeht?
Ausgangspunkt: Suche nach den drei Eigenvektoren $\vec{n}_1$, $\vec{n}_2$, $\vec{n}_3$; es muß gelten

$$A \cdot \vec{n} = \lambda\vec{n} = \lambda I \cdot \vec{n} \tag{4.139}$$

mit

$$A = \begin{pmatrix} a_{11} & a_{12} & a_{13} \\ a_{21} & a_{22} & a_{23} \\ a_{31} & a_{32} & a_{33} \end{pmatrix}$$

$$I = \begin{pmatrix} 1 & 0 & 0 \\ 0 & 1 & 0 \\ 0 & 0 & 1 \end{pmatrix}.$$

Daraus folgt

$$(A - \lambda I) \cdot \vec{n} = 0. \tag{4.140}$$

In Komponentenschreibweise im Koordinatensystem ($\vec{e}_x$, $\vec{e}_y$, $\vec{e}_z$) lautet Gl. (4.140) für $\vec{n} = (x,\ y,\ z)$

$$\left.\begin{array}{cccccccc} (a_{11}-\lambda) & x & + & a_{12} & y & + & a_{13} & z & = & 0 \\ a_{21} & x & + & (a_{22}-\lambda) & y & + & a_{23} & z & = & 0 \\ a_{31} & x & + & a_{32} & y & + & (a_{33}-\lambda) & z & = & 0 \end{array}\right\} \tag{4.141}$$

Dies ist ein homogenes Gleichungssystem, welches nur dann eine nichttriviale Lösung hat, wenn die Determinante Null wird:

$$\begin{vmatrix} a_{11}-\lambda & a_{12} & a_{13} \\ a_{21} & a_{22}-\lambda & a_{23} \\ a_{31} & a_{32} & a_{13}-\lambda \end{vmatrix} \stackrel{!}{=} 0 \leadsto \lambda_{(1)},\ \lambda_{(2)},\ \lambda_{(3)} \tag{4.142}$$

Das ist eine Gleichung 3. Grades für die Eigenwerte λ mit drei Lösungen $\lambda_{(1)}$, $\lambda_{(2)}$ und $\lambda_{(3)}$. Jeder der drei Eigenwerte $\lambda_{(i)}$ liefert, eingesetzt in Gl. (4.141), einen zugeordneten Eigenvektor $\vec{n}_i$. Die drei Eigenvektoren, welche orthonormal sind, spannen ein neues Koordinatensystem auf. In diesem neuen System, den sog. Hauptachsenrichtungen des Tensors A, weist dieser Diagonalform auf mit den Komponenten

$$A' = \begin{pmatrix} \lambda_{(1)} & 0 & 0 \\ 0 & \lambda_{(2)} & 0 \\ 0 & 0 & \lambda_{(3)} \end{pmatrix} \quad \text{im System } (\vec{n}_1,\ \vec{n}_2,\ \vec{n}_3) \tag{4.143}$$

Beweis: Im allgemeinen Koordinatensystem $(\vec{e}_x,\ \vec{e}_y,\ \vec{e}_z)$ bekommt man die Komponente a_{ij} des Tensors A durch Multiplikation mit den Einheitsvektoren $\vec{e}_i$, $\vec{e}_j$

$$a_{ij} = \vec{e}_i \circ (A \circ \vec{e}_j), \tag{4.144}$$

zum Beispiel:

$$a_{12} = \begin{pmatrix} 1 \\ 0 \\ 0 \end{pmatrix} \cdot \left[\begin{pmatrix} a_{11} & a_{12} & a_{13} \\ a_{21} & a_{22} & a_{23} \\ a_{31} & a_{32} & a_{33} \end{pmatrix} \cdot \begin{pmatrix} 0 \\ 1 \\ 0 \end{pmatrix} \right] = \begin{pmatrix} 1 \\ 0 \\ 0 \end{pmatrix} \cdot \begin{pmatrix} a_{12} \\ a_{22} \\ a_{32} \end{pmatrix} = a_{12} \tag{4.145}$$

Analog bekommt man im Koordinatensystem $(\vec{n}_1,\ \vec{n}_2,\ \vec{n}_3)$ die Komponente a'_{ij} des Tensors A

$$a'_{ij} = \vec{n}_i \cdot (A \cdot \vec{n}_j) = \vec{n}_i \cdot \lambda_{(j)} \vec{n}_j = \lambda_{(j)} \vec{n}_i \cdot \vec{n}_j = \lambda_{(j)} \delta_{ij}. \tag{4.146}$$

Also gilt:

$$\begin{matrix} a'_{ij} = 0 & \text{für } i \neq j \\ a'_{ij} = \lambda_{(j)} & \text{für } i = j \end{matrix} \leadsto A = \begin{pmatrix} \lambda_{(1)} & 0 & 0 \\ 0 & \lambda_{(2)} & 0 \\ 0 & 0 & \lambda_{(3)} \end{pmatrix} \tag{4.147}$$

q.e.d.

Die Berechnung der $\vec{n}_i$ aus Gl. (4.141) für bestimmte $\lambda_{(i)}$ geschieht auf einfache Weise: Da die Determinante von Gl. (4.141) Null ist, müssen zwei der drei Gleichungen (bis auf einen Faktor) gleich sein. Man kann daher eine dieser Zeilen streichen, z.B. die erste, und erhält so das Gleichungspaar

$$\left.\begin{array}{lllllllll} a_{21} & x_i & + & (a_{22}-\lambda_{(i)}) & y_i & + & a_{23} & z_i & = & 0 \\ a_{31} & x_i & + & a_{32} & y_i & + & (a_{33}-\lambda_{(i)}) & z_i & = & 0 \end{array}\right\} \quad (4.148)$$

Es lassen sich die Komponenten $(x_i,\ y_i,\ z_i)$ des Vektors $\vec{n}_i$ darstellen als Funktion einer dieser Komponenten, z.B. von x_i, wodurch die Richtung im Raum eindeutig festgelegt ist. Es liegt nun ein inhomogenes lineares Gleichungssystem vor

$$\left.\begin{array}{lllllll} (a_{22}-\lambda_{(i)}) & y_i & + & a_{23} & z_i & = & -a_{21}x_i \\ a_{32} & y_i & + & (a_{33}-\lambda_{(i)}) & z_i & = & -a_{31}x_i \end{array}\right\}, \quad (4.149)$$

welches die Koordinatentripel $(x_i,\ y_i,\ z_i)$ für die drei Hauptachsenrichtungen $\vec{n}_i (i = 1,\ 2,\ 3)$, dargestellt im ursprünglichen Koordinatensystem $(\vec{e}_x,\ \vec{e}_y,\ \vec{e}_z)$, liefert.

Damit ist die Richtung des neuen Hauptachsensystems im Raum des alten, allgemeinen Koordinatensystems eindeutig bestimmt. Wählt man nun ein neues Koordinatensystem, welches in diese Hauptachsenrichtungen weist, dann weist der Tensor A Diagonalform auf.

Kapitel 5

Nichtlineare Integrierte Optik und aktive optische Bauelemente

Die Lichtausbreitung wird auf der Grundlage der Maxwellgleichungen beschrieben. Wir beschränken uns auf die Untersuchung nichtleitfähiger Materialien, in denen keine freien Ladungsträger existieren. In diesem Fall nehmen die Maxwellgleichungen mit $\rho = 0$ und $\vec{j} = 0$ die Form an:

$$\begin{aligned} \nabla \times \vec{E} &= -\frac{\partial \vec{B}}{\partial t} \qquad \nabla \cdot \vec{D} = 0 \\ \nabla \times \vec{H} &= +\frac{\partial \vec{D}}{\partial t} \qquad \nabla \cdot \vec{B} = 0 . \end{aligned} \tag{5.1}$$

Der Materialeinfluß wird in den Beziehungen zwischen den Feldern und den Verschiebungsflußdichten berücksichtigt:

$$\begin{aligned} \vec{D} &= \varepsilon_0 \vec{E} + \vec{P} \\ \vec{B} &= \mu_0 \vec{H} . \end{aligned} \tag{5.2}$$

Im Lichtfrequenzbereich gilt $\mu_r = 1$ [30; §60]. Die Polarisation $\vec{P}$ ist die Dichte der Dipolmomente, die im Material vom elektrischen Feld als Folge der Materialpolarisierbarkeit induziert werden. Diese Polarisation verändert das Ausbreitungsverhalten des elektromagnetischen Feldes im Material gegenüber der Feldausbreitung im Vakuum, da die

Polarisation als Quellterm in der Gleichung für das elektrische Feld erscheint:

$$\nabla \times \nabla \times \vec{E} + \frac{1}{c^2} \cdot \frac{\partial^2 \vec{E}}{\partial t^2} = -\frac{1}{c^2} \cdot \frac{\partial^2}{\partial t^2} \left(\frac{\vec{P}}{\varepsilon_0} \right) . \tag{5.3}$$

Da die Polarisation in der klassischen Optik näherungsweise durch die lineare Beziehung (5.4)

$$\begin{aligned} \vec{P}(t) &= \int_{-\infty}^{\infty} \kappa(\tau)\vec{E}(t-\tau)d\tau \\ {}'\vec{P}(f) &= {}'\kappa(f)\,{}'\vec{E}(f) \end{aligned} \tag{5.4}$$

mit dem elektrischen Feld verbunden ist, kann Gl. (5.3) nach Anwendung der Fouriertransformation in folgender Form geschrieben werden:

$$-\nabla \times \nabla \times {}'\vec{E} + \frac{\omega^2}{c^2} \left(1 + \frac{{}'\kappa}{\varepsilon_0} \right) {}'\vec{E} = 0 . \tag{5.5}$$

Die in den Fourierbereich transformierten Funktionen kennzeichnen wir mit dem vorangestellten Hochstrich $'$:

$$FT\{E(t)\} = {}'E(f) = \int_{-\infty}^{\infty} dt\, E(t) e^{-j2\pi f t}$$

$$FT^{-1}\{{}'E(f)\} = E(t) = \int_{-\infty}^{\infty} df\, {}'E(f) e^{j2\pi f t} .$$

In der homogenen Gleichung (5.5) tritt der Quellcharakter der Polarisation nicht mehr so deutlich hervor wie im Störterm der inhomogenen Gl. (5.3), da die Wirkung der Polarisation jetzt im letzten Differentialgleichungskoeffizienten berücksichtigt wird.

Unter Verwendung von Gl. (5.5) können die Grundlagen der geometrischen Optik abgeleitet werden. Das Brechungsgesetz für Licht an Materialgrenzen ergibt sich aus den Stetigkeitsbedingungen der Tangentialfelder an Materialtrennflächen. Die Dispersionseigenschaften kommen in der Frequenzabhängigkeit der Suszeptibilität $'\kappa$ zum Ausdruck. Auch die Lichtausbreitung in Wellenleitern und passiven integriert-optischen Komponenten wie z.B. in Wellenleiterkopplern und Wellenleiterresonatoren kann mit Gl. (5.5) berechnet werden.

Als passive Bauelemente sollen Strukturen verstanden werden, in denen sich das Licht unabhängig von äußeren Einflüssen wie elektrischen oder akustischen Feldern und unabhängig von der eigenen Intensität ausbreitet, in denen also permanente, nicht mehr veränderbare Wellenleiterstrukturen existieren. Die das Feld beschreibenden Maxwell- und Materialgleichungen (5.1), (5.2) und (5.4) bilden einen linearen Gleichungssatz. Dementsprechend können Methoden der linearen Funktionalanalysis genutzt werden, um die in den Kapiteln 1 bis 4.5 vorgestellten Feldberechnungsformalismen herzuleiten.

Sollen aber auch aktive integriert-optische Bauteile bereitgestellt werden, Bauteile, in denen räumliche und zeitliche Lichtausbreitung gezielt gesteuert werden kann, müssen äußere Einflüsse die Polarisierbarkeit und damit das vom eingestrahlten Lichtfeld erzeugte Polarisationsfeld verändern können. Als steuernde Größen kommen elektrische Felder niedriger Frequenz, mechanische Deformationsfelder, ja sogar elektrische Felder von Lichtwellen in Betracht. Beispiele für aktive integriert-optische Bauteile sind akustooptische und elektrooptische Modulatoren, Frequenzumsetzer, parametrische Verstärker und Oszillatoren [56], [62].

Es ist also zu untersuchen, wie der Feld-Polarisations-Zusammenhang von Fremdfeldern und gegebenenfalls sogar von der Intensität des eingestrahlten Lichts beeinflußt werden kann.

Schon seit Ende des 19. Jahrhunderts waren Möglichkeiten bekannt, das räumliche Lichtausbreitungsverhalten durch Anlegen niederfrequenter Felder zu ändern:
Die lineare Abhängigkeit der Brechzahl vom elektrischen Feld, der **lineare elektrooptische Effekt**, wird nach Pockels benannt (1893).
Die quadratische Abhängigkeit der Brechzahl von elektrischen Feldern bezeichnet man als **Kerr-Effekt** (1875).
Ebenso wichtig ist die 1922 von Brillouin vorhergesagte Beeinflussung der Brechzahlverhältnisse durch Verzerrungs- und Spannungswellen, der **photoelastische** oder **akustooptische Effekt**.
Zur Veränderung des zeitlichen Lichtausbreitungsverhaltens sind seit 1922 die spontane **Brillouin-** und seit 1928 die spontane **Raman-**

streuung bekannt. Als steuernde Fremdgrößen sind hier die akustischen und optischen Phononenanregungszustände des Kristalls zu betrachten.
Bei der Beschreibung dieser Vorgänge begnügte man sich mit der Darstellung des Phänomens, wie das am Beispiel des elektrooptischen Effektes in Kapitel 4.6 gezeigt wurde [21], [46].

Seit der Einführung des Lasers in den sechziger Jahren hat man noch eine Reihe neuer Effekte gefunden, die auf eine Modifizierung der Polarisierbarkeit durch elektrische Felder mit optischen Frequenzen hindeuten. Als Beispiele hierfür seien optische **Frequenzmischungen** [12], nichtlineare **Brechzahländerungen** [34] und **stimulierte Streuprozesse** [70] angeführt.

Im Gegensatz zu den früher üblichen, voneinander unabhängigen Einzeldarstellungen der beobachteten physikalischen Erscheinungen wird heute nach den gemeinsamen Ursachen dieser polarisierbarkeitsbeeinflussenden Effekte gesucht. Dabei stellt man zunächst fest, daß sich jeweils eine Anzahl bestimmter Prozesse zu einer Gruppe zusammenfassen läßt.

Mit Ausnahme des akustooptischen Effektes und der spontanen Streuprozesse gehören die bisher angesprochenen Beispiele für die Steuerung der Lichtausbreitung zu einer solchen Gruppe. Man erkennt z.B. als Folge gemeinsamer Ursachen der Elemente dieser Gruppe Zusammenhänge zwischen den elektrooptischen Tensoren und den die Erzeugung der 2. Harmonischen bestimmenden nichtlinearen Suszeptibilitäten 2. Ordnung oder zwischen der nichlinearen Brechzahl und den Ramantensoren. Auf der Suche nach dem gemeinsamen physikalischen Ursprung der Gruppenelemente kann festgestellt werden, daß z.B. schon die Feldstärkeabhängigkeit der Brechzahl beim Pockels- und beim Kerr-Effekt auf einen nichtlinearen Zusammenhang von Feld und Polarisation hinweist:

$$'P(f) = {'\kappa}('E(0), f) \cdot {'E(f)}\,.$$

Die bei den Lichtmischprozessen beobachteten starken Veränderungen der Frequenzspektren des Lichtes legen den noch allgemeineren Ansatz $'P(f) = {'\kappa}('E(f), f) \cdot {'E(f)}$ nahe, da nur mit Nichtlinearitäten im feldbeschreibenden Gleichungssatz diese starken Spektrenänderungen erklärbar sind. Als einzige Gleichung von Satz (5.1), (5.2) und (5.4) bietet sich zur Erweiterung Gl. (5.4) an.

Alle Untersuchungen dieses nichtlinearen Polarisations-Feld-Zusammenhanges und dessen Auswirkungen auf die Feldausbreitung haben seit den sechziger Jahren zur Herausbildung des Arbeitsgebietes **nichtlineare Optik** geführt.
Im Rahmen dieses Arbeitsgebietes wird auch eine große Gruppe wichtiger physikalischer Prozesse zur Lichtausbreitungssteuerung in aktiven optischen Bauelementen behandelt.

Aber auch aus anderer Sicht erscheint es sinnvoll, im Rahmen eines Buches über Integrierte Optik ein Kapitel über nichtlineare Optik einzufügen. Wellenleiter und integriert-optische Elemente bieten in zunehmendem Maße ein optimales Arbeitsmittel, um neue nichtlineare optische Effekte zu erforschen und technisch nutzbar zu machen.
Die Möglichkeiten, im Wellenleiter über lange Wechselwirkungslängen sehr hohe Feldstärken ohne übermäßig großen Leistungsbedarf bereitzustellen, sowie die Freiheit, mittels der Wellenleitergeometrie die Phasengeschwindigkeiten der Wellenfelder anzupassen, schaffen eine gute Voraussetzung, die Wirkung der nichtlinear optischen Materialeigenschaften deutlich hervortreten zu lassen.

5.1 Nichtlinearer Feld-Polarisations-Zusammenhang in optisch transparenten isolierenden Kristallen

Die dielektrischen Eigenschaften von Kristallen werden von den Prozessen bestimmt, die bei Einwirkung eines elektrischen Feldes Dipole induzieren [23; Kap.28-30], [55; Kap.10].
Um diese Dipolerzeugung im elektrischen Feld zu erfassen, ist ein mikroskopisches Materialmodell zu entwickeln, das natürlich quantenmechanisch beschrieben werden muß. Da Kenntnisse aus der Quantenmechanik im Rahmen dieses Buches nicht vorausgesetzt werden sollen, benutzen wir klassische Modellvorstellungen zur Herleitung von Beziehungen zwischen den Feldgrößen, die den Materialzustand charakterisieren.
Die entsprechenden quantenmechanisch abgeleiteten Beziehungen zwi-

schen den Feldgrößen haben in den meisten der hier betrachteten Fälle einen den klassischen Formeln identischen funktionalen Zusammenhang, so daß mit den klassisch hergeleiteten Beziehungen auch quantitativ gerechnet werden kann, wenn eine geeignete Interpretation der Parameter des klassischen Materialmodells zugrunde gelegt wird.
So lassen sich z.B. Resonanzfrequenzen des klassischen Modells mit Energieeigenwertdifferenzen des quantenmechanischen Modells gleichsetzen oder Dämpfungskonstanten mit Übergangswahrscheinlichkeiten zwischen Energieniveaus identifizieren.

Die wichtigste Ursache für die Erzeugung von Dipolmomenten beim Anlegen eines elektrischen Feldes ist die Verschiebung des Ladungsschwerpunktes der Elektronenhülle gegenüber den positiven Atomkernen der Kristallbausteine.
Unter der Voraussetzung unbeweglicher Atomkerne wird als Proportionalitätsfaktor zwischen der rein von der Verzerrung der Elektronenhülle verursachten Polarisation und den diese Polarisation hervorrufenden elektrischen Feldern die **elektronische Suszeptibilität** definiert.
Eine zweite wichtige Quelle für Dipole in Kristallen sind Bewegungen verschieden geladener Atomgruppen innerhalb der Kristallgitterbasis. Elektrische Felder von Lichtwellen induzieren deshalb in Kristallen neben der Polarisation, die von der elektronischen Suszeptibilität beschrieben wird, eine zusätzliche Polarisation, die als Produkt einer **phononischen Suszeptibilität** mit elektrischen Feldern dargestellt wird.
Gitterdynamikberechnungen, die auf Arbeiten von M. Born und Th. von Karman 1912/13 zurückgehen [9], zeigen, daß es im Kristall bei gegebener Orientierung nur Schwingungszustände mit diskreten Frequenzen gibt. Analog zur Elektronenanregung können auch die Kristallgitterschwingungen nur quantenweise angeregt werden. Das Quasiteilchen nennt man **Phonon**.
Besitzen die gegeneinander schwingenden Gitterbausteine Ladungen, die bei einer Auslenkung ein Dipolmoment erzeugen, wirken neben den die Gleichgewichtslage der Gitterbasis fixierenden Rückstellkräften infolge der von den Dipolen erzeugten elektrischen Felder noch zusätzliche Kräfte auf die schwingenden Massen. Das Gesamtsystem muß dann unter gleichzeitiger Beachtung der Maxwellgleichungen und der mechanischen Bewegungsgleichungen berechnet werden. Das neuartige Schwin-

gungsverhalten wurde erst 1951 von Huang erklärt [24]. Kristalle, in denen die Gitterschwingungen von Dipolmomentschwingungen begleitet werden, heißen **polare Kristalle**. Das Quasiteilchen der polaren Kristallschwingung bezeichnet man jetzt als **Phononpolariton**. Mit diesem Namen wird deutlich, daß die Kristalleigenschwingung eines polaren Kristalls im Gegensatz zur Phononenschwingung im unpolaren Kristall mit einer elektrischen Polarisation verbunden ist.

Dem mit den Begriffen Phonon und Polariton nicht vertrauten Leser wird empfohlen, sich die kleine Mühe zu machen, in einem Lehrbuch über Festkörperphysik die entsprechenden Kapitel durchzuarbeiten (z.B. [23], [28], [68] und [69]). Auch die oben angegebene Originalliteratur ist lesenswert.

Neben den Elektronenanregungen und den Phononpolaritonanregungen werden im folgenden keine weiteren dipolerzeugenden Kristallanregungen berücksichtigt. Insbesondere die Vernachlässigung der Plasmonpolaritonen und der Exzitonpolaritonen begründen die Beschränkung der Betrachtungen auf Isolatorkristalle. So kann im Rahmen dieses Buches nicht auf die optischen Effekte in den auch für die optische Nachrichtentechnik immer wichtiger werdenden Halbleiterkristallen eingegangen werden.

Bevor wir die zwei Anregungsmodelle näher untersuchen, sollen noch die Frequenzbereiche in Erinnerung gebracht werden, in denen die einzelnen Anregungen das dielektrische Verhalten bestimmen.
Die Elektronenanregungen mit ihren den quantenmechanischen Elektronenniveauabständen äquivalenten Resonanzfrequenzen im ultravioletten Spektralbereich sind verantwortlich für den Verlauf der linearen Suszeptibilität $'\kappa(f)$ und der damit verbundenen Brechzahl für sichtbares Licht [8; Kap.2.3], [16; Kap.3].
Von den optischen Phononpolaritonanregungen mit Resonanzfrequenzen im infraroten Spektralbereich wird die lineare Dispersion für IR-Strahlung bis zur HF-Strahlung bestimmt [16; Kap.13].
Im NF-Bereich verursachen Dipolausrichtungen im elektrischen Feld die Frequenzabhängigkeit der Dielektrizitätskonstanten [23; Kap.29.2], [55; Kap.10.8].
Gemeinsam ist diesen Anregungen, daß sie unterhalb ihrer Resonanz- bzw. Relaxationsfrequenzen einen nahezu frequenzunabhängigen linearen Suszeptibilitätsanteil liefern. Oberhalb der Resonanz- bzw. Relaxa-

tionsfrequenzen sind die Anregungen zu träge, um noch ein Dipolmoment als Antwort auf das eingestrahlte Feld einstellen zu können.

Um die lineare Suszeptibilität für optische Frequenzen zu berechnen, ist es also ausreichend, ein Modell für die Elektronenpolarisierbarkeit zu untersuchen.
Der lineare Suszeptibilitätsverlauf im IR-Bereich ist unter Berücksichtigung eines näherungsweise konstanten Elektronenbeitrags mit einem Gitterdynamikmodell für die Phononpolaritonen zu beschreiben. Die nichtpolaren Phononen beeinflussen die Dielektrizitätskonstante nicht und werden deshalb auch als IR-inaktiv bezeichnet.
Wie bei der Behandlung des elektrooptischen Effekts und der nichtlinearen Brechzahl deutlich wird, ist es in der Theorie der nichtlinearen Suszeptibilitäten nicht mehr möglich, nur noch ein einziges Anregungsmodell für bestimmte Spektralbereiche zu benutzen. Es werden nichtlineare Suszeptibilitäten mit rein optischen Frequenzargumenten durchaus auch von Anregungen mit niedrigeren Resonanzfrequenzen beeinflußt. Außerdem werden für die nichtlinearen Suszeptibilitäten neben Polaritonen auch Phononen wichtig.

Wir wollen deshalb neben dem Modell für die Elektronenpolarisierbarkeit auch das Modell für die Gitterdynamik nichtlinear erweitern, um einen nichtlinear verallgemeinerten Ausdruck anstelle Formel (5.4) für die dielektrische Polarisation in Abhängigkeit vom eingestrahlten Feld zu erhalten.

5.1.1 Elektronenbeiträge zur Suszeptibilität ${}'\kappa^E$

Wenn die Polarisation am Ort $\vec{r}$ nur von der Feldstärke am selben Ort abhängt, spricht man von verschwindender räumlicher Dispersion. In vielen Anwendungsfällen darf man die räumliche Dispersion vernachlässigen. Dann ist es ausreichend, die Elektronenbewegung im elektrischen Feld in einer Gitterbasis zu untersuchen. Nehmen wir an, nur ein äußeres Elektron der Elektronenhülle trage zum Dipolmoment bei, das vom elektrischen Feld induziert wird. Im feldfreien Zustand soll der Ladungsschwerpunkt des Molekülkernes und der inneren Elektronenhülle ortsgleich mit dem Ladungsschwerpunkt der Ladungswolke des Leuchtelektrons sein, so daß die Elementarzelle kein eingeprägtes Dipolmoment hat.

Die nichtlineare Erweiterung des Modells der Theorie der linearen Polarisation von Drude und Lorentz [51; Kap.1.111, 2.2] führt zu folgenden Überlegungen. Wird der Ladungsschwerpunkt des Elektrons durch ein angelegtes elektrisches Feld um die Verrückung x aus der Gleichgewichtslage $x = 0$ ausgelenkt (die schweren Molekülkerne bleiben ortsfest), wirkt auf das Elektron die als Taylorreihe entwickelte Rückstellkraft

$$F = kx + k'x^2 + k''x^3 + \cdots$$

mit einer negativen linearen Federkonstanten k .

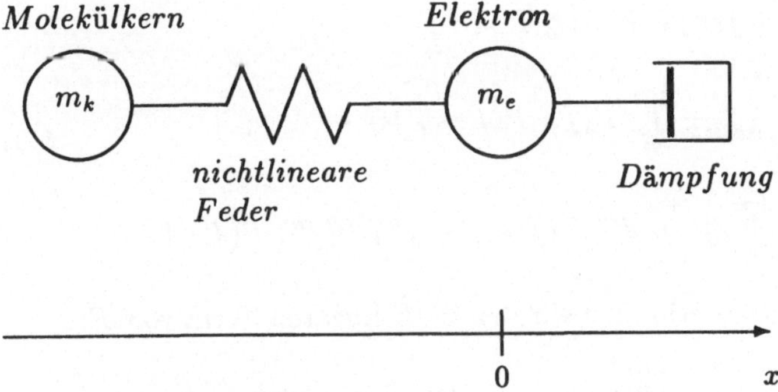

Abbildung 5.1: Anharmonischer gedämpfter Oszillator

Das dynamische System sei mit einer Dämpfungskonstanten $\Gamma' > 0$ gedämpft

$$D = -\Gamma'\dot{x}\,.$$

Die Bewegungsgleichung für das Elektron mit der Ladung $q = -e$ in einem elektrischen Feld $\tilde{E}$ lautet:

$$-\,m_E\ddot{x} + F + D + q\tilde{E} = 0\,. \tag{5.6}$$

Das zeitabhängige Dipolmoment $p = qx$ wird nach Multiplikation mit der Dipoldichte n zur Polarisation. Mit Hilfe des linearen Zusammenhangs zwischen der Polarisation P und der Auslenkung x

$$P = np = nqx \tag{5.7}$$

kann Formel (5.6) in eine Gleichung für die Polarisation umgeschrieben werden:

$$\ddot{P} + \Gamma \dot{P} + \omega_0^2 P = \frac{ne^2}{m_E}\tilde{E} - \frac{k'}{nem_E}P^2 + \frac{k''}{n^2e^2m_E}P^3 + \cdots \tag{5.8}$$

In Gl. (5.8) wurden die Abkürzungen

$$\frac{\Gamma'}{m_E} = \Gamma \text{ und } -\frac{k}{m_E} = \omega_0^2$$

eingeführt. Die Fouriertransformierte von Gl. (5.8) ist durch sukzessive Approximation nach $'P$ aufzulösen.

$$\begin{aligned} &-(2\pi f)^2\, 'P + j2\pi f\Gamma\, 'P + \omega_0^2\, 'P = \\ &\frac{ne^2}{m_E}\, '\tilde{E} - \frac{k'}{nem_E}\int_{-\infty}^{+\infty} 'P(f')\, 'P(f-f')df' + \\ &+\frac{k''}{n^2e^2m_E}\int_{-\infty}^{+\infty} df' \int_{-\infty}^{+\infty} df''\, 'P(f-f'-f'')\, 'P(f'')\, 'P(f') + \cdots \end{aligned} \tag{5.9}$$

Im ersten Schritt bestimmen wir den in $'\tilde{E}$ linearen Term von $'P$:

$$'P^{(1)}(f) = \frac{\frac{ne^2}{m_E}}{-(2\pi f)^2 + j2\pi f\Gamma + \omega_0^2}\, '\tilde{E}(f) = \, '\tilde{\kappa}^{(1)E}(f)\, '\tilde{E}(f)\,. \tag{5.10}$$

$'\tilde{\kappa}^{(1)E}$ ist die **lineare elektronische Suszeptibilität 1. Ordnung.** Wird Gl. (5.10) in das Integral in Gl. (5.9) eingesetzt, können wir den in $'\tilde{E}$ quadratischen Term von $'P$ schreiben:

$$\begin{aligned} 'P^{(2)}(f) \;=\; & \frac{-\frac{k'}{nem_E}\frac{ne^2}{ne^2}}{-(2\pi f)^2 + j2\pi f\Gamma + \omega_0^2} \cdot \int_{-\infty}^{+\infty} \frac{\frac{ne^2}{m_E}}{-(2\pi f')^2 + j2\pi f'\Gamma + \omega_0^2} \cdot \\ & \cdot \frac{\frac{ne^2}{m_E}}{-(2\pi(f-f'))^2 + j2\pi(f-f') + \omega_0^2}\, '\tilde{E}(f')\, '\tilde{E}(f-f')df'\,. \end{aligned} \tag{5.11}$$

Nach Umbenennung der Frequenzargumente

$$f' = f_1, \;\; f - f' = f_2$$

kann der Ausdruck (5.11) in der übersichtlichen gebräuchlichen Form (5.12) geschrieben werden, wobei zu beachten ist, daß zwischen den neuen Frequenzargumenten die Beziehung $f = f_1 + f_2$ gilt.

$$'P^{(2)}(f) = \int_{-\infty}^{+\infty} {}'\tilde{\kappa}^{(2)E}(f; f_1, f_2)\, '\tilde{E}(f_1)\, '\tilde{E}(f_2) df_1 \tag{5.12}$$

Der frequenzabhängige Integralkern $'\tilde{\kappa}^{(2)E}$ wird als **nichtlineare elektronische Suszeptibilität 2. Ordnung** bezeichnet und ist als Produkt der linearen Suszeptibilitäten 1. Ordnung darstellbar:

$$'\tilde{\kappa}^{(2)E}(f; f_1, f_2) = -\frac{k'}{n^2 e^3}\, '\tilde{\kappa}^{(1)E}(f_1 + f_2)\, '\tilde{\kappa}^{(1)E}(f_1)\, '\tilde{\kappa}^{(1)E}(f_2)\,. \tag{5.13}$$

Für den in $'\tilde{E}$ kubischen Polarisationsanteil finden wir nach Einsetzen von Gl. (5.10) und Gl. (5.12) in Gl. (5.9):

$$'P^{(3)}(f) = \int_{-\infty}^{+\infty} \int_{-\infty}^{+\infty} df_1 df_2\, '\tilde{\kappa}^{(3)E}(f; f_1, f_2, f_3)\, '\tilde{E}(f_1)\, '\tilde{E}(f_2)\, '\tilde{E}(f_3)\,. \tag{5.14}$$

Für die Frequenzargumente gilt die Gleichung $f = f_1 + f_2 + f_3$. Die **nichtlineare Suszeptibilität 3. Ordnung** $'\tilde{\kappa}^{(3)E}$ wird durch die Modellparameter ausgedrückt:

$$\begin{aligned} &'\tilde{\kappa}^{(3)E}(f; f_1, f_2, f_3) = \\ &\left(\frac{k'}{n^2 e^3}\right)^2 {}'\tilde{\kappa}^{(1)E}(f_2 + f_3)\, '\tilde{\kappa}^{(1)E}(f_1)\, '\tilde{\kappa}^{(1)E}(f_2)\, '\tilde{\kappa}^{(1)E}(f_3) \cdot \\ &\cdot '\tilde{\kappa}^{(1)E}(f_1 + f_2 + f_3) + \\ &+ \frac{k''}{n^3 e^4}\, '\tilde{\kappa}^{(1)E}(f_1)\, '\tilde{\kappa}^{(1)E}(f_2)\, '\tilde{\kappa}^{(1)E}(f_3)\, '\tilde{\kappa}^{(1)E}(f_1 + f_2 + f_3)\,. \end{aligned} \tag{5.15}$$

Eine Weiterführung des sukzessiven Approximationsverfahrens zeigt, daß die Terme höherer nichtlinearer Ordnung als entsprechende Erweiterungen von Gln. (5.10), (5.12) und (5.14) geschrieben werden können und demzufolge der Zusammenhang zwischen dem elektrischen Feld und der Polarisation durch eine Volterrareihe (eine verallgemeinerte Taylorreihe) gegeben ist:

$$
\begin{aligned}
'P(f) &= \sum_{n=1}^{\infty} {'P^{(n)}}(f) = \\
&= \sum_{n=1}^{\infty} \int_{-\infty}^{+\infty} df_1 \cdots \int_{-\infty}^{+\infty} df_{n-1}\, {'\tilde{\kappa}^{(n)}}(f; f_1, \cdots, f_n)\, {'\tilde{E}}(f_1) \cdots {'\tilde{E}}(f_n) \\
f &= f_1 + f_2 + \cdots + f_n \,.
\end{aligned}
\tag{5.16}
$$

Gl. (5.16) hat nach Rücktransformation in den Zeitbereich die Form:

$$
\begin{aligned}
P(t) &= \sum_{n=1}^{\infty} P^{(n)}(t) \\
&= \sum_{n=1}^{\infty} \int_{-\infty}^{+\infty} d\tau_1 \int_{-\infty}^{+\infty} d\tau_2 \cdots \\
&\quad \int_{-\infty}^{+\infty} d\tau_n \tilde{\kappa}^{(n)}(\tau_1, \cdots, \tau_n) \tilde{E}(t-\tau_1) \cdots \tilde{E}(t-\tau_n) \,.
\end{aligned}
\tag{5.17}
$$

Die bisher benutzten Feldstärken $\tilde{E}$ bezeichnen die lokalen Felder, so daß die Suszeptibilitäten $\tilde{\kappa}$ noch nicht mit den makroskopischen Suszeptibilitäten κ übereinstimmen. Die eigentlich interessierenden makroskopischen Suszeptibilitäten bestimmen den Zusammenhang der Polarisation mit dem makroskopischen elektrischen Feld, das erst aus der Mittelung der mikroskopischen lokalen Felder entsteht [53; Kap.1.2.3], [25]. Eine nachträgliche Umrechnung der mikroskopischen in die makroskopischen Suszeptibilitäten ist bei Kenntnis des Zusammenhangs zwischen lokalem und makroskopischem Feld möglich. Die lineare Suszeptibilität kubischer Kristalle und isotroper Materialien wird mit der Clausius-Mossotti-Formel

$$\kappa^{(1)} = \frac{3\tilde{\kappa}^{(1)}}{3 - \tilde{\kappa}^{(1)}/\varepsilon_0}$$

umgerechnet [8; Kap.2.3.2], [25; Kap.4.5]. Unter Zuhilfenahme des dabei vorausgesetzten Zusammenhangs

$$'\tilde{E} = {'E} + \frac{1}{3}\frac{'P}{\varepsilon_0}$$

[8; Kap.2.4] können mit der linearen Näherung Gl. (5.10) für $'P$ auch die Umrechnungsformeln der nichtlinearen Suszeptibilitäten angegeben werden. Der funktionale Zusammenhang zwischen $'P$ und $'E$ wird somit auch durch Gl. (5.16) und (5.17) gegeben, in denen dann einfach $\tilde{\kappa}^{(n)}$ durch $\kappa^{(n)}$ und $\tilde{E}$ durch E zu ersetzten sind. Die elektronischen Suszeptibilitäten haben die für die Modellierung des phononischen Suszeptibilitätsanteils wichtige Eigenschaft, für Frequenzargumente, die einzeln oder als Summen klein gegenüber der im UV liegenden Eigenresonanz ω_0 sind, einen nahezu frequenzunabhängigen Wert anzunehmen. Die Fourierrücktransformation von diesen frequenzunabhängigen Größen führt zum Deltadistributionscharakter der Suszeptibilitäten im Zeitbereich, so daß die Faltungen in der Volterrareihe (5.17) sich zu Produkten vereinfachen. Als Beispiel betrachten wir $'\kappa^{(2)E}$ nach Gl. (5.13). Genügen die Frequenzargumente den Bedingungen

$$2\pi f_1 \ll \omega_0$$

$$2\pi f_2 \ll \omega_0$$

$$2\pi(f_1 + f_2) \ll \omega_0 ,$$

nimmt die Suszeptibilität $'\kappa^{(2)E}$ folgenden Wert an:

$$'\kappa^{(2)E}(f; f_1, f_2) \approx -\frac{'k'}{n^2 e^3}\left(\frac{\frac{ne^2}{me}}{\omega_0^2}\right)^3 = \text{const.}$$

$$\kappa^{(2)E}(\tau_1, \tau_2) = \text{const.} \cdot \delta(\tau_1)\delta(\tau_2) .$$

Damit wird die zeitabhängige Polarisation $P^{(2)}(t)$ nach Gl. (5.17) berechnet:

$$\begin{aligned} P^{(2)}(t) &= \int_{-\infty}^{+\infty} d\tau_1 \int_{-\infty}^{+\infty} d\tau_2 \,\text{const.} \cdot \delta(\tau_1)\delta(\tau_2)E(t-\tau_1)E(t-\tau_2) \\ &= \text{const.} \cdot E(t)E(t) . \end{aligned}$$

5.1.2 Polaritonbeiträge zur Suszeptibilität $'\kappa^P$

Im Gegensatz zum Vorgehen im letzten Abschnitt, in dem ein dem quantenmechanischen Modell analoges klassisches Atommodell dargestellt wurde, soll nun zur Untersuchung des Einflusses der Phononpolaritonanregung auf die optischen Kristalleigenschaften eine phänomenologische Materialbeschreibung durchgeführt werden. Dazu koppeln wir an das mikroskopische Materialmodell ein makroskopisches E-Feld. Die als Reihenkoeffizienten auftretenden Materialparameter müssen dann nicht wegen des Unterschieds von lokalen und makroskopischen Feldstärken korrigiert werden, sondern sind dem Experiment direkt zugänglich.

Einfachheitshalber gehen wir von einem 1-dimensionalen Kristallmodell aus, bei dem die Gitterbasis aus zwei unterschiedlich geladenen Ionen A und B besteht.

Wir beschränken uns auf die Betrachtung langwelliger Phononpolaritonen. Langwellige Phononpolaritonen haben eine im Vergleich zur Gitterkonstanten a sehr große Wellenlänge λ, so daß ihr Wellenvektor $k = \frac{2\pi}{\lambda} \ll \frac{\pi}{a}$ in der Mitte der 1. Brillouinzone liegt. Eine langwellige Phononpolaritonschwingung kann man sich also vorstellen als eine Schwingung des nahezu starren Untergitters der A-Ionen gegen das ebenfalls fast starre Untergitter der B-Ionen. Da alle Gitterbasen dann den gleichen Schwingungszustand haben, ist es ausreichend, die Dynamik einer Gitterzelle zu betrachten.

Da sich in der Elektronenhülle bei Einstrahlung von Licht das entsprechende Dipolmoment in einer Zeit einstellt, die im Vergleich zur Periodendauer der Gitterschwingung vernachlässigbar ist, kann für die Elektronenbewegung die Gitterverzerrung als statischer Parameter angesehen werden. Diese Näherung entkoppelt die Phononpolaritonanregung von der Elektronenanregung und wird als adiabatische Näherung bezeichnet [7; §14]. Wir benutzen den Hamiltonformalismus zur Herleitung der Bewegungsgleichungen der Gitterschwingung [29]. Die Hamiltondichtefunktion wird definiert als Quotient aus Energieinhalt und Volumen v_e einer Gitterzelle [35; Kap.VI.5].

$$h = \frac{1}{v_e}\left(\frac{M^*}{2}\dot{u}^2 + W_{pot}(u) + W_{el}\right) \tag{5.18}$$

Beim Übergang von den Ortskoordinaten $\vec{r}_A$ und $\vec{r}_B$ der Ionen A und B zur relativen Verrückungskoordinate u wird die reduzierte Masse M^* eingeführt. W_{pot} ist die potentielle Energie der Gitterzelle bei fehlendem makroskopischem E-Feld.

W_{el} bezeichnet die Energie des vom makroskopischen elektrischen Feld in der Elektronenhülle induzierten Dipols und des als Folge der Gitterschwingung auftretenden Dipols im makroskopischen elektrischen Feld.

Gl. (5.18) wird mit der üblichen Koordinatenskalierung $q = \sqrt{\frac{M^*}{v_e}}u$ umgeschrieben:

$$h = \left(\frac{\dot{q}^2}{2} + \frac{W_{pot}(q)}{v_e} + \frac{W_{el}}{v_e} \right) . \tag{5.19}$$

Für die elektrische Energie des im E-Feld induzierten Dipols der Elektronenhülle ergibt sich

$$W_{el1} = -\int_0^E v_e P(E') dE' = v_e \left(-\frac{1}{2}\, {}'\kappa^{(1)E} E^2 - \frac{1}{3}\, {}'\kappa^{(2)E} E^3 - \cdots \right) . \tag{5.20}$$

Voraussetzung für die Gültigkeit von Gl. (5.20) ist die im letzten Abschnitt angegebene Distributionseigenschaft der elektronischen Suszeptibilitäten. Der zweite Teil von W_{el} ist die Energie des mit der Gitterschwingung verbundenen Dipols $v_e p$ im elektrischen Feld E

$$W_{el2} = -v_e p E .$$

Abhängig von der momentanen Phononpolaritonauslenkung $q(t)$ ändert sich mit der Steifigkeit der Elektronenhülle gegenüber dem Lichtfeld die Polarisierbarkeit.

Diese Abhängigkeit wird berücksichtigt, indem die in Gl. (5.19) auftretenden Materialkenngrößen nach q entwickelt werden.

$$\begin{aligned} h \;=\; & \frac{1}{2}\dot{q}^2 + \frac{1}{v_e}\left(\frac{1}{2}\Phi^{(2)} q^2 + \frac{1}{3!}\Phi^{(3)} q^3 + \cdots \right) - \\ & - \frac{\partial p}{\partial q} q E - \frac{1}{2!}\frac{\partial^2 p}{\partial q^2} q^2 E - \frac{1}{3!}\frac{\partial^3 p}{\partial q^3} q^3 E - \cdots \\ & - \frac{1}{2}\, {}'\kappa^{(1)E} E^2 - \frac{1}{2}\frac{\partial\, {}'\kappa^{(1)E}}{\partial q} q E^2 - \frac{1}{2}\frac{1}{2!}\frac{\partial^2\, {}'\kappa^{(1)E}}{\partial q^2} q^2 E^2 - \cdots \\ & - \frac{1}{3}\, {}'\kappa^{(2)E} E^3 - \frac{1}{3}\frac{\partial\, {}'\kappa^{(2)E}}{\partial q} q E^3 - \cdots \end{aligned} \tag{5.21}$$

$$-\frac{1}{4}\,{}'\kappa^{(3)E}E^4 - \cdots$$
$$\vdots$$

$\Phi^{(i)}$ sind die Entwicklungsparameter der potentiellen Energie der Gitterbasis. Da bei $q = 0$ der Kristall einen Gleichgewichtszustand einnimmt, verschwindet der lineare Term $\Phi^{(1)}q$. Das durch die Gitterverzerrung induzierte Dipolmoment hat im elektrischen Feld die nach der Phononenauslenkung q entwickelte Energie

$$W_{el2} = v_e\left(-\frac{\partial p}{\partial q}qE - \frac{1}{2!}\frac{\partial^2 p}{dq^2}q^2E - \frac{1}{3!}\frac{\partial^3 p}{\partial q^3}q^3E - \cdots\right).$$

Dabei wird vorausgesetzt, daß die Gitterzelle kein spontanes Dipolmoment im feldfreien Zustand hat. Die Polarisation ist aus der Hamiltondichte folgendermaßen zu berechnen:

$$\begin{aligned} P = -\frac{\partial h}{\partial E} &= \frac{\partial p}{\partial q}q + \frac{1}{2!}\frac{\partial^2 p}{\partial q^2}q^2 + \frac{1}{3!}\frac{\partial^3 p}{\partial q^3}q^3 + \cdots \\ &+ {}'\kappa^{(1)E}E + \frac{\partial\,{}'\kappa^{(1)E}}{\partial q}qE + \frac{1}{2!}\frac{\partial^2\,{}'\kappa^{(1)E}}{\partial q^2}q^2E + \cdots \\ &+ {}'\kappa^{(2)E}E^2 + \frac{\partial\,{}'\kappa^{(2)E}}{\partial q}qE^2 + \cdots \\ &+ {}'\kappa^{(3)E}E^3 + \cdots \\ &\vdots \end{aligned} \qquad (5.22)$$

Besondere Beachtung verdienen der erste und der fünfte Term von Gl. (5.22).
$v_e\frac{\partial p}{\partial q}q$ ist das durch die Verschiebung der Ionengitter A und B gegeneinander in der Gitterbasis induzierte Dipolmoment, das die Phononpolaritonschwingung von einer unpolaren Phononenschwingung unterscheidet und über das die elektrischen Felder der Phononpolaritonschwingung mit der mechanischen Schwingung verkoppelt werden. $\frac{\partial p}{\partial q}$ wird als

effektive Ladung bezeichnet. Der Term $\frac{\partial\, '\kappa^{(1)E}}{\partial q} qE$ erklärt die Ramanstreuung. Ein angeregtes Phononpolariton $q = \frac{q_0}{2} e^{j2\pi f_P t} + c.c.$ erzeugt bei Mischung mit dem Lichtfeld $E = \frac{E_0}{2} e^{j2\pi f_L t} + c.c.$ eine Polarisation mit der Stokes- und der Antistokesfrequenz $\omega_S = \omega_L - \omega_P$ bzw. $\omega_{AS} = \omega_L + \omega_P$. Diese Polarisation treibt, wie wir später sehen werden, die um ω_P frequenzverschobenen Stokes- und Antistokesstreuwellen. Bei thermischer Anregung der Phononpolaritonen spricht man von spontaner Ramanstreuung. Das Phononpolariton kann aber auch durch Mischung von zwei Lichtwellen angeregt werden. Dann spricht man von stimulierter Ramanstreuung. Den Faktor $\frac{\partial\, '\kappa^{(1)E}}{\partial q}$ bezeichnet man als Ramansuszeptibilität.

Im folgenden bleiben spontan angeregte Phononpolaritonen außer Betracht. Gegenstand der Untersuchung sollen die Materialreaktionen auf eingestrahltes Licht sein. Dazu benötigen wir den Zusammenhang zwischen den Phononpolaritonanregungen und den Lichtfeldern.
Aus den Bewegungsgleichungen für die kanonischen Variablen $p = \dot{q}$ und q

$$\dot{p} = -\frac{\partial h}{\partial q} \quad \text{und} \quad \dot{q} = \frac{\partial h}{\partial p} \tag{5.23}$$

läßt sich die Differentialgleichung für die Auslenkungskoordinate q ableiten:

$$\begin{aligned} \ddot{q} = \dot{p} = -\frac{\partial h}{\partial q} \quad = \quad & -\frac{\Phi^{(2)}}{v_e} q - \frac{1}{2!}\frac{\Phi^{(3)}}{v_e} q^2 - \cdots \\ & + \frac{\partial p}{\partial q} E + \frac{\partial^2 p}{\partial q^2} qE + \frac{1}{2!}\frac{\partial^3 p}{\partial q^3} q^2 E + \cdots \\ & + \frac{1}{2}\frac{\partial\, '\kappa^{(1)E}}{\partial q} E^2 + \frac{1}{2}\frac{\partial^2\, '\kappa^{(1)E}}{\partial q^2} qE^2 + \cdots \\ & + \frac{1}{3}\frac{\partial\, '\kappa^{(2)E}}{\partial q} E^3 + \cdots \end{aligned} \tag{5.24}$$

Gl. (5.24) wird nach Anwendung der Fouriertransformation durch sukzessive Approximation nach $'q$ aufgelöst.

$$
\begin{aligned}
-(2\pi f)^2\,'q + \frac{\Phi^{(2)}}{v_e}\,'q = \\
& -\frac{1}{2!}\frac{\Phi^{(3)}}{v_e}\int 'q(f-f')\,'q(f')df' - \cdots \\
& +\frac{\partial p}{\partial q}\,'E + \frac{\partial^2 p}{\partial q^2}\int 'q(f-f')\,'E(f')df' + \\
& +\frac{1}{2!}\frac{\partial^3 p}{\partial q^3}\iint 'q(f-f'-f'')\,'q(f'')\,'E(f')df'df'' + \cdots \\
& +\frac{1}{2}\frac{\partial\,'\kappa^{(1)E}}{\partial q}\int 'E(f-f')\,'E(f')df' + \\
& +\frac{1}{2!}\frac{\partial^2\,'\kappa^{(1)E}}{\partial q^2}\iint 'q(f-f'-f'')\,'E(f')\,'E(f'')df'df'' + \cdots \\
& +\frac{1}{3}\frac{\partial\,'\kappa^{(2)E}}{\partial q}\iint 'E(f-f'-f'')\,'E(f')\,'E(f'')df'df'' + \cdots
\end{aligned}
\tag{5.25}
$$

Der in $'E$ lineare Term von $'q$ hat die Form

$$
'q^{(1)} = \frac{\frac{\partial p}{\partial q}\,'E}{-(2\pi f)^2 + \omega_\sigma^2}, \tag{5.26}
$$

wobei $\omega_\sigma^2 = \frac{\Phi^{(2)}}{v_e}$ als Resonanzfrequenz eingeführt wurde. Für den in $'E$ quadratischen Term finden wir

$$
\begin{aligned}
'q^{(2)}(f) &= \frac{1}{-(2\pi f)^2 + \omega_\sigma^2}\cdot \\
&\cdot\left[-\frac{1}{2!}\frac{\Phi^{(3)}}{v_e}\int \frac{\frac{\partial p}{\partial q}\,'E(f-f')}{-(2\pi(f-f'))^2+\omega_\sigma^2}\cdot\frac{\frac{\partial p}{\partial q}\,'E(f')}{-(2\pi f')^2+\omega_\sigma^2}df' + \right. \\
&\quad +\frac{\partial^2 p}{\partial q^2}\int \frac{\frac{\partial p}{\partial q}\,'E(f-f')}{-(2\pi(f-f'))^2+\omega_\sigma^2}\,'E(f')df' +
\end{aligned}
\tag{5.27}
$$

$$+\frac{1}{2}\frac{\partial\,'\kappa^{(1)E}}{\partial q}\int {'E}(f-f')\,{'E}(f')df'\Bigg] ;$$

für den kubischen Term ergibt sich

$$\begin{aligned}
{'q^{(3)}}(f) &= \frac{1}{-(2\pi f)^2+\omega_\sigma^2}\Bigg[-\frac{1}{2!}\frac{\Phi^{(3)}}{v_e}\int {'q^{(2)}}(f-f')\,{'q^{(1)}}(f')df'+ \\
&+\frac{\partial^2 p}{\partial q^2}\int {'q^{(2)}}(f-f')\,{'E}(f')df' + \\
&+\frac{1}{2!}\frac{\partial^3 p}{\partial q^3}\iint {'q^{(1)}}(f-f'-f'')\,{'q^{(1)}}(f'')\,{'E}(f')df'df'' + \\
&+\frac{1}{2}\frac{\partial^2\,'\kappa^{(1)}E}{\partial q^2}\iint {'q^{(1)}}(f-f'-f'')\,{'E}(f')\,{'E}(f'')df'df'' + \\
&+\frac{1}{3}\frac{\partial\kappa^{(2)E}}{\partial q}\iint {'E}(f-f'-f'')\,{'E}(f')\,{'E}(f'')df'df''\Bigg] .
\end{aligned} \tag{5.28}$$

Durch Einsetzen der Gln. (5.26), (5.27) und (5.28) in Gl. (5.22) erhält man die gesuchten Formeln für den Zusammenhang zwischen Feld und Polarisation. Für den linearen Polarisationsanteil ergibt sich:

$$\begin{aligned}
{'P^{(1)}}(f) &= \frac{\partial p}{\partial q}\,{'q^{(1)}} + {'\kappa^{(1)E}}\,{'E} = \\
&= \left(\frac{\frac{\partial p}{\partial q}}{-(2\pi f)^2+\omega_\sigma^2} + {'\kappa^{(1)E}}\right){'E}(f) .
\end{aligned} \tag{5.29}$$

Den in $'E$ quadratischen Polarisationsanteil zeigt folgende Gleichung:

$$\begin{aligned}
{'P^{(2)}}(f) &= \frac{\partial p}{\partial q}\,{'q^{(2)}} + \frac{1}{2!}\frac{\partial^2 p}{\partial q^2}\int {'q^{(1)}}(f-f')\,{'q^{(1)}}(f')df' + \\
&+\frac{\partial\,'\kappa^{(1)E}}{\partial q}\int {'q^{(1)}}(f-f')\,{'E}(f')df' +
\end{aligned}$$

$$+ {}'\kappa^{(2)E} \int {}'E(f-f')\,{}'E(f')df' =$$

$$\begin{aligned}
= \; & \frac{1}{2!}\frac{\partial^2 p}{\partial q^2} \int \frac{\frac{\partial p}{\partial q}\,{}'E(f-f')}{-(2\pi(f-f'))^2+\omega_\sigma^2} \cdot \frac{\frac{\partial p}{\partial q}\,{}'E(f')}{-(2\pi f')^2+\omega_\sigma^2} df' + \\
& + \frac{\partial\,{}'\kappa^{(1)E}}{\partial q} \int \frac{\frac{\partial p}{\partial q}\,{}'E(f-f')}{-(2\pi(f-f'))^2+\omega_\sigma^2}\,{}'E(f')df' + \qquad (5.30) \\
& + {}'\kappa^{(2)E} \int {}'E(f-f')\,{}'E(f')df' + \frac{\partial p}{\partial q}\frac{1}{-(2\pi f)^2+\omega_\sigma^2} \cdot \\
& \cdot \Bigg[-\frac{1}{2!}\frac{\phi^{(3)}}{v_e} \int \frac{\frac{\partial p}{\partial q}\,{}'E(f-f')}{-(2\pi(f-f'))^2+\omega_\sigma^2} \cdot \frac{\frac{\partial p}{\partial q}\,{}'E(f')}{-(2\pi f')^2+\omega_\sigma^2} df' + \\
& + \frac{\partial^2 p}{\partial q^2} \int \frac{\frac{\partial p}{\partial q}\,{}'E(f-f')}{-(2\pi(f-f'))^2+\omega_\sigma^2}\,{}'E(f')df' + \\
& + \frac{1}{2}\frac{\partial\,{}'\kappa^{(1)E}}{\partial q} \int {}'E(f-f')\,{}'E(f')df' \Bigg].
\end{aligned}$$

Die nichtlineare Polarisation 3. Ordnung hat die Form

$$\begin{aligned}
{}'P^{(3)}(f) \; = \; & \frac{\partial p}{\partial q}\,{}'q^{(3)} + \frac{1}{2!}\frac{\partial^2 p}{\partial q^2} \int {}'q^{(2)}(f-f')\,{}'q^{(1)}(f')df' + \\
& + \frac{1}{3!}\frac{\partial^3 p}{\partial q^3} \iint {}'q^{(1)}(f-f'-f'')\,{}'q^{(1)}(f')\,{}'q^{(1)}(f'')df'df'' + \\
& + \frac{\partial\,{}'\kappa^{(1)E}}{\partial q} \int {}'q^{(2)}(f-f')\,{}'E(f')df' + \\
& + \frac{1}{2!}\frac{\partial^2\,{}'\kappa^{(1)E}}{\partial q^2} \iint {}'q^{(1)}(f-f'-f'')\,{}'q^{(1)}(f')\,{}'E(f'')df'df'' +
\end{aligned}$$

$$+\frac{\partial\,'\kappa^{(2)E}}{\partial q}\iint {'q^{(1)}}(f-f'-f'')\,'E(f')\,'E(f'')df'df''+$$

$$+\,'\kappa^{(3)E}\iint {'E}(f-f'-f'')\,'E(f')\,'E(f'')df'df''. \tag{5.31}$$

Die Integralkerne der Gln. (5.29), (5.30) und (5.31) können zu Suszeptibilitäten zusammengefaßt werden. Den Ausdruck für die lineare Suszeptibilität entnehmen wir Gl. (5.29)

$$'\kappa^{(1)}(f) = {'\kappa^{(1)P}}(f) + {'\kappa^{(1)E}} = \frac{\frac{\partial p}{\partial q}}{-(2\pi f)^2+\omega_\sigma^2} + {'\kappa^{(1)E}}. \tag{5.32}$$

Neben der frequenzunabhängigen elektronischen Suszeptibilität erkennt man den Phononenanteil $'\kappa^{(1)P}(f)$, der im Bereich der Phononenfrequenz ω_σ stark mit der Frequenz variiert. Die Suszeptibilität 2. Ordnung folgt aus Gl. (5.30):

$$'P^{(2)}(f) = \int df_1\, {'\kappa^{(2)}}(f;f_1,f_2)\,'E(f_1)\,'E(f_2) \qquad f = f_1+f_2$$

mit

$$\begin{aligned}
'\kappa^{(2)}(f;f_1,f_2) \;=\;& {'\kappa^{(2)E}} + {'\kappa^{(2)P}} = {'\kappa^{(2)E}} + \\
&+\frac{1}{2!}\frac{\partial^2 p}{\partial q^2}\frac{\partial p}{\partial q}\frac{\partial p}{\partial q}\frac{1}{(-(2\pi f_1)^2+\omega_\sigma^2)(-(2\pi f_2)^2+\omega_\sigma^2)}+ \\
&+\frac{\partial\,'\kappa^{(1)E}}{\partial q}\frac{\partial p}{\partial q}\frac{1}{-(2\pi f_2)^2+\omega_\sigma^2}+ \\
&+\frac{\partial p}{\partial q}\frac{1}{-(2\pi(f_1+f_2))^2+\omega_\sigma^2}\cdot \\
&\cdot\left[-\frac{1}{2!}\frac{\Phi^{(3)}}{v_e}\frac{\partial p}{\partial q}\frac{\partial p}{\partial q}\frac{1}{(-(2\pi f_1)^2+\omega_\sigma^2)(-(2\pi f_2)^2+\omega_\sigma^2)}+\right. \\
&\left.+\frac{\partial^2 p}{\partial q^2}\frac{\partial p}{\partial q}\frac{1}{-(2\pi f_2)^2+\omega_\sigma^2}+\frac{1}{2}\frac{\partial\,'\kappa^{(1)E}}{\partial q}\right].
\end{aligned} \tag{5.33}$$

Auf die Wiedergabe der kompletten Ausdrücke für $'P^{(3)}$ und $'\kappa^{(3)}$ wird im Hinblick auf ihre Länge und Unübersichtlichkeit unter Hinweis auf [47; S.36ff] verzichtet. Eine Untersuchung von Gln. (5.31), (5.26), (5.27) und (5.28) zeigt, daß $'P^{(3)}$ in der Form

$$\begin{aligned} 'P^{(3)}(f) &= \iint df_1 df_2\, '\kappa^{(3)}(f; f_1, f_2, f_3)\, 'E(f_1)\, 'E(f_2)\, 'E(f_3) \\ f &= f_1 + f_2 + f_3 \\ '\kappa^{(3)} &= '\kappa^{(3)E} + '\kappa^{(3)P} \end{aligned} \tag{5.34}$$

geschrieben werden kann. Den Anteil von $'\kappa^{(3)P}(f; f, f, -f)$, der als nichtlineare Brechzahl wirkt, werden wir in einem entsprechenden Abschnitt gesondert behandeln.

Zusammenfassend läßt sich feststellen, daß unter Verwendung des Gitterdynamikmodells für die Beziehung zwischen elektrischem Feld und Polarisation der gleiche funktionale Zusammenhang einer Volterrareihe hergeleitet werden kann wie mit dem Modell für die Elektronenanregung. Wir haben damit einen für unsere Zwecke hinreichend allgemeinen Feld-Polarisations-Zusammenhang in Gln. (5.16) und (5.17) gefunden, in dem die Materialeigenschaften durch die Suszeptibilitäten repräsentiert werden. Die Suszeptibilitäten ihrerseits werden unter Zuhilfenahme von Modellen für die einzelnen Elementaranregungen durch die Parameter ω_σ, $\frac{\partial^m p}{\partial q^m}$ und $\frac{\partial^m\, '\kappa^{(n)E}}{\partial q^m}$ dargestellt, die experimentell bestimmbar sind:

ω_σ als Phononpolaritonfrequenz kann man aus der Frequenzverschiebung der Stokes- und Antistokeslinien in Ramanspektren ablesen. Die effektive Ladung $\frac{\partial p}{\partial q}$ ist bei Kenntnis des in IR-Absorptionsspektren gemessenen Dispersionsverlaufes der linearen Suszeptibilität $'\kappa^{(1)}(f)$ durch Anpassung an Gl. (5.32) zu bestimmen. Die Ramansuszeptibilität $\frac{\partial\, '\kappa^{(1)E}}{\partial q}$ läßt sich aus der Intensität von Ramanlinien berechnen.

Zur Weiterführung der Gedanken bis zur praktischen Verwertbarkeit sind keine prinzipiell neuen physikalischen Erkenntnisse notwendig. Allerdings muß die Theorie tensoriell erweitert werden, auch ist bei komplizierteren Gitterstrukturen die Existenz mehrerer Phononpolaritonfrequenzen zu berücksichtigen.

5.2 Klassifizierung der nichtlinearen Effekte

Die Lichtausbreitung im nichtlinearen Kristall läßt sich durch folgende Gleichungen beschreiben:

$$\begin{aligned}
\nabla\times{}'\vec{E} &= -j\omega\,'\vec{B} \qquad \nabla\cdot{}'\vec{D}=0\\
\nabla\times{}'\vec{H} &= +j\omega\,'\vec{D} \qquad \nabla\cdot{}'\vec{B}=0\\
'\vec{D} &= \epsilon_0\,'\vec{E}+{}'\vec{P}\\
'\vec{B} &= \mu_0\,'\vec{H}
\end{aligned} \tag{5.35}$$

$$\begin{aligned}
'\vec{P}(f) &= \sum_{n=1}^{\infty}\int_{-\infty}^{+\infty} df_1\cdots\int_{-\infty}^{+\infty} df_{n-1}\,'\kappa^{(n)}(f;f_1,\cdots,f_n)\,'\vec{E}(f_1)\cdots{}'\vec{E}(f_n)\\
f &= \sum_{i=1}^{n} f_i
\end{aligned} \tag{5.36}$$

Bei der Erweiterung des Kristallmodells auf 3 Raumdimensionen wird deutlich, daß die Suszeptibilitäten n-ter Ordnung von Tensoren (n+1)-ter Stufe dargestellt werden [51; Kap.1.22], [47; Kap.2.2]. Erweitert man zusätzlich das Gitterdynamikmodell auf mehratomige Gitterbasen, gibt es eine größere Anzahl von Schwingungszuständen mit unterschiedlichen Resonanzfrequenzen. Die Phononensuszeptibilitäten setzen sich dann aus den Summen der einzelnen, von einer Phononenart herrührenden Suszeptibilitäten $'\kappa^{(n)P}(\omega_\sigma)$ zusammen [47; Kap.2.2].

Eine allgemeine Lösung des Integrodifferentialgleichungssystems (5.35) und (5.36) werden wir nicht finden. Außerdem würde uns eine solche Lösung für spezielle Rand- und Anfangsbedingungen kaum eine Klassifizierung aller in dieser Lösung enthaltenen nichtlinearen Effekte ermöglichen.

Wir wollen uns deshalb einer Vereinfachung zuwenden. Sehr oft interessieren Anwendungsfälle, bei denen mit monochromatischem Licht gearbeitet wird. Beschränken wir uns auf diese Fälle, so lassen sich die Integralausdrücke in (5.36) vereinfachen. Die Integration über die von δ-Distributionen dargestellten Spektren monochromatischer Felder formt die Integrale in einfache Produkte um.

Im Hinblick auf diese Vereinfachung sollen im folgenden die von monochromatischem Licht erzeugten Polarisationen untersucht werden. Die Feldstärke der Lichtwelle beschreiben die Gln. (5.37) und (5.38):

$$E(t) = \frac{1}{2}\hat{E}(f_L)e^{j2\pi f_L t} + \frac{1}{2}\hat{E}^*(f_L)e^{-j2\pi f_L t} \tag{5.37}$$

$$FT\{E(t)\} = {}'E(f) = \frac{1}{2}\hat{E}(f_L)\delta(f-f_L)+\frac{1}{2}\hat{E}^*(f_L)\delta(f-(-f_L)). \tag{5.38}$$

Die jeweils zweiten Terme in Gl. (5.37) und (5.38) enthalten gegenüber den ersten Termen keine neuen Informationen und werden im Zeitbereich c.c. (konjugiert komplex) und im Frequenzbereich MF (Minusfrequenz) abgekürzt. Berücksichtigt man mehrere verschiedenfrequente Lichtwellen, werden Ausdrücke der angegebenen Art mit unterschiedlichem f_L addiert.

Die einzelnen Summenterme der Polarisation in Gl. (5.36) werden getrennt untersucht. Für den linearen Polarisationsterm erhalten wir bei Einstrahlung eines Feldes nach Gln. (5.37) und (5.38)

$$\begin{aligned} {}'P^{(1)}(f) &= {}'\kappa^{(1)}(f)\,{}'E(f) \\ &= {}'\kappa^{(1)}(f)\tfrac{1}{2}\hat{E}(f_L)\delta(f-f_L) + {}'\kappa^{(1)}(f)\tfrac{1}{2}\hat{E}^*(f_L)\delta(f+f_L) \\ &= {}'\kappa^{(1)}(f)\tfrac{1}{2}\hat{E}(f_L)\delta(f-f_L) + MF. \end{aligned} \tag{5.39}$$

Dabei wurde die Eigenschaft der Suszeptibilität

$${}'\kappa^{(n)}(-f_1,-f_2,\cdots,-f_n) = {}'\kappa^{(n)*}(f_1,f_2,\cdots,f_n)$$

ausgenutzt, die daraus resultiert, daß $\kappa^{(n)}(\tau_1,\cdots,\tau_n)$ eine relle Funktion ist. Im Zeitbereich beschreibt Gl. (5.39) eine monochromatische Polarisationsschwingung mit der Ursprungsfrequenz f_L und der Amplitude

$${}'\hat{P}^{(1)}(f_L) = {}'\kappa^{(1)}(f_L)\hat{E}(f_L). \tag{5.40}$$

Der Phasenwinkel von ${}'\kappa^{(1)}(f_L)$ gibt die Phasenverschiebung der Polarisationsschwingung gegenüber der Feldstärkeschwingung an.

Bei der Betrachtung des ersten nichtlinearen Summanden $'P^{(2)}$ muß man mit zwei Frequenzen arbeiten, um nicht von vorneherein zu spezialisieren. Eine einfrequente Einstrahlung ergibt sich als Spezialfall z.B. durch Nullsetzen einer der beiden Amplituden im Ansatz

$$\begin{aligned} 'E(f) &= \tfrac{1}{2}\hat{E}(f_{L1})\delta(f-f_{L1}) + \tfrac{1}{2}\hat{E}(f_{L2})\delta(f-f_{L2}) + MF \\ &= \sum_{k=1}^{4} \tfrac{1}{2}\hat{E}(f_{Lk})\delta(f-f_{Lk}) \end{aligned} \tag{5.41}$$

$$\text{mit } f_{L3,4} = -f_{L1,2} \text{ und } \hat{E}(f_{L3,4}) = \hat{E}^*(f_{L1,2}) .$$

Gl. (5.41) wird zur Berechnung des ersten nichtlinearen Polarisationsanteils in Gl. (5.36) eingesetzt:

$$\begin{aligned} 'P^{(2)}(f) &= \int_{-\infty}^{+\infty} df' \, '\kappa^{(2)}(f; f', f-f') \, 'E(f') \, 'E(f-f') \\ &= \sum_{k,l=1}^{4} \, '\kappa^{(2)}(f; f_k, f-f_k) \frac{1}{4} \hat{E}(f_k)\hat{E}(f_l)\delta(f-(f_k+f_l)) . \end{aligned} \tag{5.42}$$

Dabei wurde die Rechenregel für δ-Distributionen benutzt [51; A2]:

$$\begin{aligned} \delta(t-\tau')\delta(t-\tau'') &= \delta(t-\tau')\delta(\tau'-\tau'') \\ &= \delta(t-\tau'')\delta(\tau'-\tau'') \\ & \quad \tau' \neq \tau'' . \end{aligned}$$

Gl. (5.42) stellt die Fouriertransformierte einer Polarisationsschwingung mit mehreren Frequenzen dar:

$$f = 0 \, , \; f = 2f_{L1} \, , \; f = 2f_{L2} \, , \; f = f_{L1} + f_{L2} \text{ und } f = f_{L1} - f_{L2} .$$

Die einzelnen komplexen Amplituden sind gegeben durch

$$\left.\begin{aligned} \hat{P}^{(2)}(0) = \tfrac{1}{2} \, '\kappa^{(2)}(0; f_{L1}, -f_{L1})\hat{E}(f_{L1})\hat{E}^*(f_{L1}) + \\ + \tfrac{1}{2} \, '\kappa^{(2)}(0; f_{L2}, -f_{L2})\hat{E}(f_{L2})\hat{E}^*(f_{L2}) \end{aligned}\right\} \begin{array}{l} \text{optische} \\ \text{Gleichrichtung} \end{array} \tag{5.43}$$

$$\left.\begin{aligned} \hat{P}^{(2)}(2f_{L1}) = \tfrac{1}{2} \, '\kappa^{(2)}(2f_{L1}; f_{L1}, f_{L1})\hat{E}(f_{L1})\hat{E}(f_{L1}) \\ \hat{P}^{(2)}(2f_{L2}) = \tfrac{1}{2} \, '\kappa^{(2)}(2f_{L2}; f_{L2}, f_{L2})\hat{E}(f_{L2})\hat{E}(f_{L2}) \end{aligned}\right\} \begin{array}{l} \text{SHG} \\ \text{(Second} \\ \text{Harmonic} \\ \text{Generation)} \end{array} \tag{5.44}$$

$$
\underbrace{\begin{aligned}
\hat{P}^{(2)}(f_{L1}+f_{L2}) &= \tfrac{1}{2}\,{}'\kappa^{(2)}(f_{L1}+f_{L2};f_{L1},f_{L2})\hat{E}(f_{L1})\hat{E}(f_{L2})+ \\
&\quad +\tfrac{1}{2}\,{}'\kappa^{(2)}(f_{L2}+f_{L1};f_{L2},f_{L1})\hat{E}(f_{L2})\hat{E}(f_{L1}) \\
&= {}'\kappa^{(2)}(f_{L1}+f_{L2};f_{L1},f_{L2})\hat{E}(f_{L1})\hat{E}(f_{L2}) \\
\hat{P}^{(2)}(f_{L1}-f_{L2}) &= {}'\kappa^{(2)}(f_{L1}-f_{L2};f_{L1},-f_{L2})\hat{E}(f_{L1})\hat{E}^{*}(f_{L2})
\end{aligned}}_{\text{Frequenzmischung}} \tag{5.45}
$$

Besonderes zu beachten sind die verschiedenen Vorfaktoren, die aus der Summation von Termen mit Suszeptibilitäten mit gleichen Frequenzargumenten resultieren, die gegenüber Permutationen der Frequenzargumente invariant sind.

Hinter den Polarisationsamplituden sind die Bezeichnungen der von den jeweiligen Polarisationen verursachten, deutlich voneinander unterscheidbaren nichtlinearen Effekte 2. Ordnung vermerkt. Wir wollen für die komplexen Polarisationsamplituden (5.43), (5.44) und (5.45) zusammenfassend schreiben

$$
\hat{P}^{(2)}(f) = \chi^{(2)}(f;f_1,f_2)\hat{E}(f_1)\hat{E}(f_2)\,. \tag{5.46}
$$

Im Sprachgebrauch unterscheiden wir nicht zwischen den eigentlichen Suszeptibilitäten ${}'\kappa^{(n)}$ und den auch als Suszeptibilitäten bezeichneten Produkten $\chi^{(n)}$ von ${}'\kappa^{(n)}$ mit den jeweiligen Vorfaktoren.

Ein ähnliches Vorgehen führt beim Auswerten des 3. Summenterms von Gl. (5.36) unter Zugrundelegung von 3 verschiedenfrequenten monochromatischen Schwingungen zu Polarisationswellen mit Amplituden nach Gl. (5.47)

$$
\hat{P}^{(3)}(f) \;=\; \chi^{(3)}(f;f_1,f_2,f_3)\hat{E}(f_1)\hat{E}(f_2)\hat{E}(f_3)\,. \tag{5.47}
$$

Die verschiedenen Frequenzkombinationen sind in drei Gruppen einzuteilen. Erstens gibt es nichtlineare Polarisationen 3. Ordnung mit den Ursprungsfrequenzen f_{L1}, f_{L2}, f_{L3}. Für diesen Fall gilt

$$
\begin{aligned}
\chi^{(3)}(f_{Li};f_{Li},f_{Li},-f_{Li}) &= \tfrac{3}{4}\,{}'\kappa^{(3)}(f_{Li};f_{Li},f_{Li},-f_{Li}) \\
&\text{bzw.} \\
\chi^{(3)}(f_{Li};f_{Lj},-f_{Lj},f_{Li}) &= \tfrac{3}{2}\,{}'\kappa^{(3)}(f_{Li};f_{Lj},-f_{Lj},f_{Li})\,.
\end{aligned} \tag{5.48}
$$

Zweitens gibt es nichtlineare Polarisationen 3. Ordnung mit den verdreifachten Ursprungsfrequenzen $3f_{L1}$, $3f_{L2}$, $3f_{L3}$. Die Suszeptibilitätsvorfaktoren haben wegen der fehlenden Permutierbarkeit der Frequenzargumente den Wert $\frac{1}{4}$:

$$\chi^{(3)}(3f_{Li}; f_{Li}, f_{Li}, f_{Li}) = \frac{1}{4}\,'\kappa^{(3)}(3f_{Li}; f_{Li}, f_{Li}, f_{Li})\,. \tag{5.49}$$

In der dritten Gruppe fassen wir alle Polarisationswellen mit den Mischfrequenzen zusammen. Für die Gruppierungen $f_1 + f_2 + f_3$, $f_1 + f_2 - f_3$, $f_1 + f_3 - f_2$, $f_2 + f_3 - f_1$ lautet die Suszeptibilitätsbeziehung

$$\chi^{(3)}(f_{Li} + f_{Lj} + f_{Lk}; f_{Li}, f_{Lj}, f_{Lk}) = \frac{3}{2}\,'\kappa^{(3)}(f_{Li} + f_{Lj} + f_{Lk}; f_{Li}, f_{Lj}, f_{Lk})\,. \tag{5.50}$$

Für die Argumente

$$\begin{array}{lll} f_{L1} \pm 2f_{L2}, & f_{L2} \pm 2f_{L3}, & f_{L3} \pm 2f_{L1} \\ f_{L1} \pm 2f_{L3}, & f_{L2} \pm 2f_{L1}, & f_{L3} \pm 2f_{L2} \end{array}$$

hat der Suszeptibilitätsvorfaktor den Wert $\frac{3}{4}$

$$\chi^{(3)}(f_{Li} \pm 2f_{Lj}; f_{Li}, \pm f_{Lj}, \pm f_{Lj}) = \frac{3}{4}\,'\kappa^{(3)}(f_{Li} \pm 2f_{Lj}; f_{Li}, \pm f_{Lj}, \pm f_{Lj})\,. \tag{5.51}$$

Die Polarisationen der Gruppe 1 sind die Ursache für einen feldstärkeabhängigen Brechzahlzusatz, da die Amplituden dieser Polarisationswellen proportional zu E^3 sind und die nichtlineare Polarisation die gleiche Frequenz hat, wie das eingestrahlte Licht. Die in der 2. und 3. Gruppe aufgeführten Polarisationen sind Ursache für Verallgemeinerungen der schon bei der Nichtlinearität 2. Ordnung beschriebenen Lichtmischprozesse.

Die Untersuchung der höheren Summenglieder von Gl. (5.36) zeigt, daß es weiter keine prinzipiell neuen nichtlinearen Erscheinungen mehr gibt. Vervielfachung und Mischung von Frequenzen treten in jeder nichtlinearen Ordnung auf. Bei der Beteiligung von n Wellen am Mischprozeß spricht man von **n-Wellenmischung**. Der Mischprozeß wird **degeneriert** genannt, wenn unter den n Wellen mindestens 2 mit der gleichen Frequenz sind.

Für einige spezielle Mischprozesse haben sich eigene Bezeichnungen eingebürgert. Die nur von Nichtlinearitäten gerader Ordnung erzeugte zeitunabhängige Polarisation

$$\hat{P}(0) = \chi(0; \omega_i, -\omega_i, \omega_j, -\omega_j, \cdots)\hat{E}(\omega_i)\hat{E}^*(\omega_i)\hat{E}(\omega_j)\hat{E}^*(\omega_j)\cdots$$

bewirkt die **optische Gleichrichtung.**

Die nur von Nichtlinearitäten ungerader Ordnung verursachte Mischung zu einer Polarisation

$$\hat{P}(f_i) =$$
$$\chi(f_i; f_i, +f_j, -f_j, \cdots, +f_k, -f_k)\hat{E}(f_i)\hat{E}(f_j)\hat{E}^*(f_j)\cdots\hat{E}(f_k)\hat{E}^*(f_k)$$

mit der Frequenz des eingestrahlten Lichts ist die Grundlage für die **Theorie eines von elektrischen Feldern induzierten Brechzahlzusatzes.** Die spezielle Suszeptibilität $\chi^{(3)}(f; f, 0, 0)$ beschreibt den altbekannten Kerr-Effekt. Der über die Suszeptibilität $\chi^{(3)}(f; f, f, -f)$ optisch induzierte nichtlineare Brechzahlzusatz ist Ursache des **optischen Kerr-Effekts.**

5.3 Optisch nichtlineare Effekte in integriert-optischen Bauelementen

Bevor im folgenden die Wirkungsweise einzelner Bauelemente betrachtet wird, soll die Modenkoppeltheorie in der für unsere Belange optimal angepaßten Form nach Tamir [60; Kap.2.6] in Erinnerung gebracht werden.

In der linearen Näherung werden Lösungen der Maxwellgleichungen

$$\nabla \times {}'\vec{E}_1 = -j\omega\mu_0 {}'\vec{H}_1 \tag{5.52}$$

$$\begin{aligned}\nabla \times {}'\vec{H}_1 &= j\omega(\varepsilon_0 {}'\vec{E}_1 + {}'\vec{P}) = \\ &= j\omega\varepsilon_0 \left(1 + \frac{\chi^{(1)}}{\varepsilon_0}\right) {}'\vec{E}_1\end{aligned} \tag{5.53}$$

für eine z-invariante Wellenleitergeometrie durch Überlagerung der den Lösungsraum aufspannenden Basisfunktionen, der Moden,

$${}'\vec{E}_1(\omega) = \sum\!\!\!\!\!\!\int_i \left({}'a_i(\omega)e^{-j\beta_i(\omega)z} + {}'b_i(\omega)e^{j\beta_i(\omega)z}\right)\vec{e}_i(\omega, x, y) \tag{5.54}$$

$${}'\vec{H}_1(\omega) = \sum\!\!\!\!\!\!\int_i \left({}'a_i(\omega)e^{-j\beta_i(\omega)z} - {}'b_i(\omega)e^{j\beta_i(\omega)z}\right)\vec{h}_i(\omega, x, y), \tag{5.55}$$

mit z-unabhängigen Koeffizienten $'a_i(\omega)$ und $'b_i(\omega)$ erzeugt. Die Modenfelder $\vec{e}_i$ und $\vec{h}_i$ sind nur von den Transversalkoordinaten abhängig und bezüglich ihrer Leistung normiert. Ihre Tangentialfeldkomponenten bilden ein vollständiges orthogonales Funktionensystem [40], [60], [31].

In einem nichtlinearen Material ruft ein Mode irgendeiner Frequenz nichtlineare Polarisationswellen mit den im letzten Abschnitt aufgelisteten Mischfrequenzen hervor. Diese nichtlinearen Polarisationen wirken als Quelle für Moden mit den Mischfrequenzen. Falls der eine oder andere dieser Mischfrequenzmoden stark genug angeregt wird, erzeugt er auch nicht vernachlässigbare nichtlineare Polarisationswellen, die wiederum auf den Ausgangsmode rückwirken. Die Moden werden verkoppelt, da zwischen ihnen ein Energieaustausch stattfindet. Die wechselwirkenden Moden genügen dem nichtlinearen Gleichungssystem

$$\nabla \times {}'\vec{E}_2 = -j\omega\mu_0 {}'\vec{H}_2 \tag{5.56}$$

$$\nabla \times {}'\vec{H}_2 = j\omega\varepsilon_0 \left(1 + \frac{\chi^{(1)}}{\varepsilon_0}\right) {}'\vec{E}_2 + j\omega {}'\vec{P}_2 . \tag{5.57}$$

Die Felder in Gl. (5.52) und Gl. (5.53) werden mit "1" indiziert, die Felder in Gl. (5.56) und Gl. (5.57) bekommen den Index "2". Die Summenbildung aus den Skalarprodukten von Gl. (5.52) mit ${}'\vec{H}_2^*$, der konjugiert komplexen Gl. (5.57) mit ${}'\vec{E}_1$, der konjugiert komplexen Gl. (5.56) mit ${}'\vec{H}_1$ und schließlich der Gl. (5.53) mit ${}'\vec{E}_2^*$ ergibt folgende Beziehung

$$\nabla \cdot ({}'\vec{E}_1 \times {}'\vec{H}_2^* + {}'\vec{E}_2^* \times {}'\vec{H}_1) = j\omega {}'\vec{P}_2^* \cdot {}'\vec{E}_1 . \tag{5.58}$$

Gl. (5.58) wird über das im Bild 5.2 gezeichnete Volumen integriert. Nach Anwendung des Gaußschen Satzes erhalten wir

$$\begin{aligned} \oiint \left({}'\vec{E}_1 \times {}'\vec{H}_2^* + {}'\vec{E}_2^* \times {}'\vec{H}_1\right) \cdot d\vec{a} &= j\omega \iiint dv\, {}'\vec{P}_2^* \cdot {}'\vec{E}_1 = \\ = \iint dxdy \frac{\partial}{\partial z} \left({}'\vec{E}_1 \times {}'\vec{H}_2^* + {}'\vec{E}_2^* \times {}'\vec{H}_1\right) \cdot \vec{e}_z &= j\omega \iint dxdy\, {}'\vec{P}_2^* \cdot {}'\vec{E}_1 . \end{aligned} \tag{5.59}$$

Die Tangentialanteile der gesuchten Felder ${}'\vec{E}_{2t}$ und ${}'\vec{H}_{2t}$ werden an

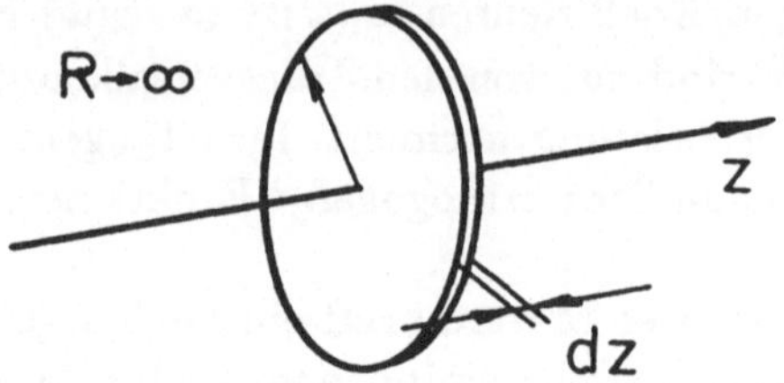

Abbildung 5.2: Integrationsvolumen

jeder Stelle z nach den Tangentialfeldern der ungestörten Moden aus Gl. (5.54) und Gl. (5.55) entwickelt

$$\begin{aligned} '\vec{E}_{2t} &= \sum\!\!\!\!\!\!\int_i \left({}'a_i(z) + {}'b_i(z)\right) \vec{e}_{it} \\ '\vec{H}_{2t} &= \sum\!\!\!\!\!\!\int_i \left({}'a_i(z) - {}'b_i(z)\right) \vec{h}_{it} \,. \end{aligned} \tag{5.60}$$

Das Integralzeichen ist an dieser Stelle ohne Interesse, da hier nur die Verkopplung geführter Moden betrachtet wird. Der Index t bezeichnet die Tangentialfelder der Moden, die von rein reellen Funktionen ausgedrückt werden [60;Kap.2.2]. Wir setzen folgende Normierung der geführten Moden voraus:

$$\frac{1}{2}\int dxdy \left(\vec{e}_{\nu t} \times \vec{h}^*_{\nu t}\right) \cdot \vec{e}_z = 1W \,. \tag{5.61}$$

Zu beachten ist, daß die gesamte z-Abhängigkeit der rechten Seite von Gl. (5.60) im Gegensatz zu Gl. (5.54) und Gl. (5.55) in den Entwicklungskoeffizienten Berücksichtigung findet. Die Frequenzabhängigkeit der Entwicklungskoeffizienten wurde in Gl. (5.60) nicht explizit ausgeschrieben.

Setzen wir Gl. (5.60) in Gl. (5.59) ein und verwenden wir für die mit "1" indizierten Felder $'\vec{E}_1$ und $'\vec{H}_1$ einen in positiver z-Richtung laufenden Mode ν mit einem beliebigen Entwicklungskoeffizienten f

$$\begin{aligned} '\vec{E}_{1t} &= f\vec{e}_{\nu t}e^{-j\beta_\nu z} \\ '\vec{H}_{1t} &= f\vec{h}_{\nu t}e^{-j\beta_\nu z}, \end{aligned} \tag{5.62}$$

so ergibt sich folgende Beziehung:

$$\iint dxdy \frac{\partial}{\partial z}\left(\vec{e}_{\nu t} e^{-j\beta_\nu z} \times \sum_i ('a_i^* - 'b_i^*)\vec{h}_{it}^* + \right.$$

$$\left. + \sum_i ('a_i^* + 'b_i^*)\vec{e}_{it}^* \times \vec{h}_{\nu t} e^{-j\beta_\nu z}\right) \cdot \vec{e}_z = \tag{5.63}$$

$$= j\omega \iint dxdy\, '\vec{P}_2^* \cdot \vec{e}_\nu e^{-j\beta_\nu}.$$

Wegen der Orthogonalitätsrelation

$$\iint dxdy\, (\vec{e}_{\nu t} \times \vec{h}_{\mu t}^*) \cdot \vec{e}_z = 0 \quad \text{für } \beta_\nu \neq \beta_\mu \tag{5.64}$$

vereinfacht sich Gl. (5.63) zur Differentialgleichung für die Entwicklungskoeffizienten:

$$\frac{\partial 'a_\nu}{\partial z} + j\beta_\nu 'a_\nu = -\frac{j\omega \iint dxdy\, '\vec{P}_2 \cdot \vec{e}_\nu^*}{2\Re e\left\{\iint dxdy\, (\vec{e}_{\nu t} \times \vec{h}_{\nu t}^*) \cdot \vec{e}_z\right\}}. \tag{5.65}$$

Da im Nenner die reelle Modennorm steht, braucht die Realteilbildung in Zukunft nicht mehr gesondert gekennzeichnet werden. Die gleiche Prozedur mit einem in negativer z-Richtung laufenden Mode für das Feld “1”

$$\begin{aligned} '\vec{E}_{1t} &= f\vec{e}_{\nu t} e^{+j\beta_\nu z} \\ '\vec{H}_{1t} &= -f\vec{h}_{\nu t} e^{+j\beta_\nu z} \end{aligned} \tag{5.66}$$

liefert als Ergebnis die Gleichung für die Entwicklungskoeffizienten $'b_\nu$:

$$\frac{\partial 'b_\nu}{\partial z} - j\beta_\nu 'b_\nu = \frac{j\omega \iint dxdy\, '\vec{P}_2 \cdot \vec{e}_\nu^*}{2\iint dxdy\, (\vec{e}_{\nu t} \times \vec{h}_{\nu t}^*) \cdot \vec{e}_z}. \tag{5.67}$$

Mit den Koeffizienten $'a_i$ und $'b_i$ kennen wir nach Gl. (5.60) die Lösung unseres nichtlinearen Wellenausbreitungsproblems.

5.3.1 Nichtlineare Mischung von Lichtwellen mit verschiedenen Frequenzen

5.3.1.1 3-Wellenmischung

Erzeugung der zweiten Harmonischen (SHG)
Ziel der folgenden Betrachtungen ist die Beschreibung eines Wellenleiters, in dem ein an der Stelle $z = 0$ mit der monochromatischen Frequenz f_L angeregter Mode möglichst effektiv in einen Mode mit der doppelten Frequenz $2f_L$ umgesetzt wird.

Als Beispiel wählen wir einen Stufenindexwellenleiter auf einem Y-cut $LiNbO_3$-Kristall. Die Schichtwellen sollen sich unabhängig von der y-Koordinate in z-Richtung des Laborkoordinatensystems ausbreiten. Die Orientierung des Kristallsystems $(X - Y - Z)$ im Laborsystem $(x - y - z)$ zeigt Bild 5.3.

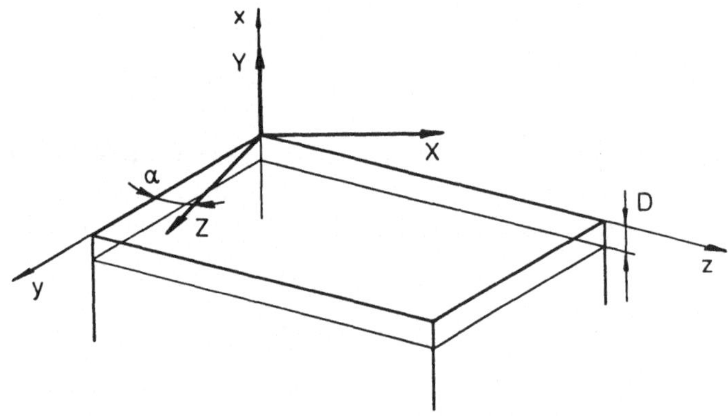

Abbildung 5.3: Orientierung des Kristallkoordinatensystems relativ zum Wellenleiterkoordinatensystem

Wie man in [36], [37] nachlesen kann, gibt es im Wellenleiter auf stark anisotropem Substrat im allgemeinen nur noch komplizierte 6-komponentige Felder. Nur für einige spezielle Kristallorientierungen kann man wie im isotropen Schichtwellenleiter reine TE- und TM-Moden unterscheiden. Um von einem solchen Spezialfall, dem unsere Geometrie bei $\alpha = 0°$ entspricht, nicht zu sehr abzuweichen, darf α nur kleine Werte annehmen. Dann können wir als Basismoden für die Modenkoppeltheorie TE- und TM-Moden wählen. Zu beachten ist, daß für erstere ein von α abhängiger außerordentlicher Brechindex wirksam ist, während für TM-Moden der von α nahezu unabhängige ordentliche Brechindex gilt.

Wie aus der Praxis bekannt ist, breitet sich im Normalfall Licht ohne detektierbare Frequenzspektrenänderung im Wellenleiter aus, da die Kristallnichtlinearitäten sehr klein sind. Mischfrequenzwellen können nur in speziellen Wellenleiterkonfigurationen erzeugt werden, in denen die Voraussetzung für eine effektive Verkopplung von Wellen verschiedener Frequenzen gegeben ist. Wir werden später auf diese Bedingung, die sogenannte **Phasenanpassung**, zurückkommen. Die Phasenanpaßbedingung kann im allgemeinen nicht für mehrere Frequenzumsetzprozesse gleichzeitig erfüllt werden.

Wenn die Grundwelle und die 2. Harmonische phasenangepaßt sind, können wir bei der Mischung in die 2. Harmonische gegenüber den Auswirkungen der nichtlinearen Polarisation 2. Ordnung mit der doppelten Einstrahlfrequenz $2f_L$ die Wirkung aller anderen nichtlinearen Polarisationen vernachlässigen.

Wird der Wellenleiter mit einem TM_1-Mode angeregt, sind in trigonalen Kristallen der Klasse 3m, zu der das $LiNbO_3$ gehört, die nichtverschwindenden Suszeptibilitätstensorelemente [47; Kap.2]

$$\begin{array}{l} '\kappa^{(2)}_{XXY}(2f_L; f_L, f_L) \\ '\kappa^{(2)}_{XYX}(2f_L; f_L, f_L) \\ '\kappa^{(2)}_{YXX}(2f_L; f_L, f_L) \\ '\kappa^{(2)}_{YYY}(2f_L; f_L, f_L) \\ '\kappa^{(2)}_{ZXX}(2f_L; f_L, f_L) \\ '\kappa^{(2)}_{ZYY}(2f_L; f_L, f_L) \end{array} \tag{5.68}$$

zu berücksichtigen, welche die von den X- und Y-E-Feldkomponenten des eingestrahlten TM-Modes erzeugten X-, Y- und Z-Komponenten der nichtlinearen Polarisationswelle bestimmen. Wie wir später sehen werden, kann immer nur ein TM-Mode der Grundfrequenz mit einem TE-Mode der 2. Harmonischen phasenangepaßt werden, so daß die von $'\kappa^{(2)}_{XXY}$, $'\kappa^{(2)}_{XYX}$, $'\kappa^{(2)}_{YXX}$ und $'\kappa^{(2)}_{YYY}$ erzeugten und an TM-Moden der 2. Harmonischen ankoppelnden Polarisationswellen auch vernachlässigt werden können.

Eine hohe Erzeugungsrate der 2. Harmonischen ist verbunden mit einer Abschwächung der eingestrahlten Welle. Diese Rückwirkung beruht auf einem zweiten Teil des nichtlinearen Mischprozesses zwischen den Frequenzen f_L und $2f_L$. Das TE-Modenfeld bei der doppelten Frequenz mischt sich mit dem eingestrahlten Feld über die nichtlinearen Suszeptibilitäten

$$\begin{array}{l} '\kappa^{(2)}_{XZX}(f_L; 2f_L, -f_L) \\ '\kappa^{(2)}_{XXZ}(f_L; -f_L, 2f_L) \\ '\kappa^{(2)}_{YYZ}(f_L; -f_L, 2f_L) \\ '\kappa^{(2)}_{YZY}(f_L; 2f_L, -f_L) \end{array} \tag{5.69}$$

zu X- und Y-Komponenten einer nichtlinearen Polarisation, die mit gegenphasigen Feldern den eingestrahlten TM-Mode schwächt.

Die sich aus der Wellenleitergeometrie, der Kristallorientierung und den Polarisationsverhältnissen ergebende Zusammenstellung der benötigten Materialparameter wollen wir abschließen mit der Angabe der Zahlenwerte der Suszeptibilitäten [42].

Es soll die Strahlung eines NdYAG-Lasers der Wellenlänge $1.06\mu m$ als Grundwelle benutzt werden. Das grüne Licht der 2. Harmonischen mit der Wellenlänge von $0.53\mu m$ wird im $LiNbO_3$ nur wenig gedämpft. Die Summe der Frequenzargumente in Gl. (5.68) und Gl. (5.69) liegt immer weit unterhalb der Elektronenresonanz ω_0^E in Gl. (5.13) und Gl. (5.10), so daß der elektronische Suszeptibilitätsbeitrag $'\kappa^{(2)E}$ etwa als konstant angenommen werden kann. Da die Phononenfrequenzen ω_σ klein gegen die Lichtfrequenzen sind, darf der zu $\frac{1}{(2\pi f_L)^2}$ proportionale Phononenanteil $'\kappa^{(2)P}$ gegenüber $'\kappa^{(2)E}$ vernachlässigt werden. Wir benutzen die Werte

$$\begin{aligned} '\kappa^{(2)E}_{yxx} &= {}'\kappa^{(2)E}_{ZYY} = {}'\kappa^{(2)E}_{ZXX} = {}'\kappa^{(2)E}_{yzz} = \\ &= 2d_{32} = 2d_{31} = -11 \cdot 10^{-23} \tfrac{As}{V^2} \\ '\kappa^{(2)E}_{xyx} &= {}'\kappa^{(2)E}_{YZY} = {}'\kappa^{(2)E}_{XZX} = {}'\kappa^{(2)E}_{zyz} = \\ &= 2d_{24} \approx 2d_{31} = -11 \cdot 10^{-23} \tfrac{As}{V^2}\,. \end{aligned} \tag{5.70}$$

Der mit unserem χ_{ijk} identische Wert $d_{ijk} = d_{nm}$ wird meistens in der Literatur angegeben [51; Kap.1.22]. Für die Brechzahlen im $LiNbO_3$-

Kristall finden wir bei einer Wellenlänge von $\lambda = 0.53\mu m$ die Werte:

$$\begin{aligned} n_o &= 2.3281 \\ n_{eo} &= 2.2314 \\ \text{und bei} \quad \lambda = 1.06\mu m: & \\ n_o &= 2.2367 \\ n_{eo} &= 2.1547\,. \end{aligned} \tag{5.71}$$

Wir benutzen eine typische Filmbrechzahlerhöhung gegenüber dem Substratwert von

$$\begin{aligned} \Delta n_o(\lambda = 1.06\mu m) &= 0.01 \\ \Delta n_{eo}(\lambda = 0.53\mu m) &= 0.02\,. \end{aligned} \tag{5.72}$$

Bei den folgenden Berechnungen wollen wir alle Feldkomponenten und Tensorelemente im Laborkoordinatensystem indizieren. Das nichtlinear über die Polarisationen

$$\begin{aligned} {}'P_y^{(2)}(f) &= \tfrac{1}{2}\hat{P}_y^{(2)}(2f_L)\delta(f - 2f_L) + MF \\ \hat{P}_y^{(2)}(2f_L) &= \tfrac{1}{2}\,{}'\kappa_{yxx}^{(2)E}(2f_L; f_L, f_L)\hat{E}_x(f_L)\hat{E}_x(f_L) \end{aligned} \tag{5.73}$$

und

$$\begin{aligned} {}'P_x^{(2)}(f) &= \tfrac{1}{2}\hat{P}_x^{(2)}(f_L)\delta(f - f_L) + MF \\ \hat{P}_x^{(2)}(f_L) &= 2\tfrac{1}{2}\,{}'\kappa_{xyx}^{(2)E}(f_L; 2f_L, -f_L)\hat{E}_y(2f_L)\hat{E}_x^*(f_L) \end{aligned} \tag{5.74}$$

verkoppelte Wellenleiterfeld ${}'\vec{E}_2$, ${}'\vec{H}_2$ wird nach Gl. (5.60) an jeder Stelle z als Überlagerung eines TM-Modes ($\vec{e}_{1t}, \vec{h}_{1t}$) und eines TE-Modes ($\vec{e}_{2t}, \vec{h}_{2t}$) dargestellt:

$$\begin{aligned} {}'\vec{E}_{2t}(f) &= \left({}'a_1(z,f) + {}'b_1(z,f)\right)\vec{e}_{1t} + \left({}'a_2(z,f) + {}'b_2(z,f)\right)\vec{e}_{2t} \\ {}'\vec{H}_{2t}(f) &= \left({}'a_1(z,f) - {}'b_1(z,f)\right)\vec{h}_{1t} + \left({}'a_2(z,f) - {}'b_2(z,f)\right)\vec{h}_{2t}\,. \end{aligned} \tag{5.75}$$

In schwach führenden Wellenleitern sind die z-Komponenten der Felder klein gegen die Transversalkomponenten, so daß in Gl. (5.73) und Gl. (5.74) die Terme mit E_z nicht berücksichtigt werden müssen. Die

Entwicklungskoeffizienten berechnet man mit den in Gl. (5.76) zusammengestellten Feldern nach Gl. (5.65) und Gl. (5.67):

$$
\begin{aligned}
{}'\vec{P}^{(2)} &= \begin{pmatrix} {}'P_x^{(2)} \\ {}'P_y^{(2)} \\ 0 \end{pmatrix} \\
{}'\vec{E}_1 &= f \begin{pmatrix} e_{1x} \\ 0 \\ e_{1z} \end{pmatrix} e^{\mp j\beta_1 z} \\
\text{bzw. } {}'\vec{E}_1 &= f \begin{pmatrix} 0 \\ e_{2y} \\ 0 \end{pmatrix} e^{\mp j\beta_2 z}.
\end{aligned}
\tag{5.76}
$$

f ist eine beliebige dimensionsbehaftete Konstante, die sich im folgenden wieder wegkürzt.

$$\frac{\partial\, {}'a_1}{\partial z} + j\beta_1\, {}'a_1 = -j\omega \frac{\int dx\, {}'P_x^{(2)}(f) e_{1x}^*(f)}{2\int dx\, (\vec{e}_{1t}(f) \times \vec{h}_{1t}^*(f)) \cdot \vec{e}_z} \tag{5.77}$$

$$\frac{\partial\, {}'b_1}{\partial z} - j\beta_1\, {}'b_1 = j\omega \frac{\int dx\, {}'P_x^{(2)}(f) e_{1x}^*(f)}{2\int dx (\vec{e}_{1t}(f) \times \vec{h}_{1t}^*(f)) \cdot \vec{e}_z} \tag{5.78}$$

$$\frac{\partial\, {}'a_2}{\partial z} + j\beta_2\, {}'a_2 = -j\omega \frac{\int dx\, {}'P_y^{(2)}(f) e_{2y}^*(f)}{2\int dx (\vec{e}_{2t}(f) \times \vec{h}_{2t}^*(f)) \cdot \vec{e}_z} \tag{5.79}$$

$$\frac{\partial\, {}'b_2}{\partial z} - j\beta_2\, {}'b_2 = j\omega \frac{\int dx\, {}'P_y^{(2)}(f) e_{2y}^*(f)}{2\int dx (\vec{e}_{2t}(f) \times \vec{h}_{2t}^*(f)) \cdot \vec{e}_z}. \tag{5.80}$$

Da die Fourierspektren der nichtlinearen Polarisationen ${}'P^{(2)}$ aus δ-Distributionen bestehen, erhalten wir Entwicklungskoeffizienten, die nur bei diskreten Frequenzargumenten von Null verschieden sind:

$$
\begin{aligned}
{}'a_1 &= \hat{A}_1(z) \frac{\delta(f - f_L)}{2} + MF \\
{}'b_1 &= \hat{B}_1(z) \frac{\delta(f - f_L)}{2} + MF \\
{}'a_2 &= \hat{A}_2(z) \frac{\delta(f - 2f_L)}{2} + MF
\end{aligned}
\tag{5.81}
$$

$$'b_2 = \hat{B}_2(z)\frac{\delta(f-2f_L)}{2} + MF .$$

Mit diesen Entwicklungskoeffizienten stellt Gl. (5.75) zwei monochromatische verkoppelte Moden dar. Homogene Lösungen von Gl. (5.77) bis Gl. (5.80) beschreiben die Ausbreitung nichtverkoppelter, ungestörter Moden beliebiger anderer Frequenzen, die dem uns interessierenden Prozeß, ohne diesen zu beeinflussen, überlagert sein könnten. Durch die Forderung nach monochromatischer Einstrahlung werden die homogenen Lösungen mit von f_L und $2f_L$ verschiedenen Frequenzen unterdrückt.

Unter Berücksichtigung von Gln. (5.73), (5.74) und (5.81) können wir mit der für unsere Schichtstruktur spezialisierten Normierungsbedingung

$$\frac{1}{2}\int dx(\vec{e}_{\nu t} \times \vec{h}^*_{\nu t}) \cdot \vec{e}_z = \frac{1W}{m} \tag{5.82}$$

die Gln. (5.77) bis (5.80) in ein System für die Amplituden umschreiben.

$$\frac{d\hat{A}_1}{dz} + j\beta_1\hat{A}_1 = \frac{-j\omega_L}{2} \cdot \frac{\int dx \hat{P}_x^{(2)}(f_L)e^*_{1x}(f_L)}{2\frac{W}{m}} \tag{5.83}$$

$$\frac{d\hat{B}_1}{dz} - j\beta_1\hat{B}_1 = \frac{j\omega_L}{2} \cdot \frac{\int dx \hat{P}_x^{(2)}(f_L)e^*_{1x}(f_L)}{2\frac{W}{m}} \tag{5.84}$$

$$\frac{d\hat{A}_2}{dz} + j\beta_2\hat{A}_2 = \frac{-j2\omega_L}{2} \cdot \frac{\int dx \hat{P}_y^{(2)}(2f_L)e^*_{2y}(2f_L)}{2\frac{W}{m}} \tag{5.85}$$

$$\frac{d\hat{B}_2}{dz} - j\beta_2\hat{B}_2 = \frac{j2\omega_L}{2} \cdot \frac{\int dx \hat{P}_y^{(2)}(2f_L)e^*_{2y}(2f_L)}{2\frac{W}{m}} . \tag{5.86}$$

Dabei muß die Polarisation in Abhängigkeit von den durch Gl. (5.75) gegebenen Feldern ausgedrückt werden:

$$\hat{P}_x^{(2)}(f_L) = 2d_{24}(\hat{A}_2 + \hat{B}_2)e_{2y}(2f_L) \cdot (\hat{A}_1^* + \hat{B}_1^*)e^*_{1x}(f_L) \tag{5.87}$$

$$\hat{P}_y^{(2)}(2f_L) = d_{24}(\hat{A}_1 + \hat{B}_1)e_{1x}(f_L) \cdot (\hat{A}_1 + \hat{B}_1)e_{1x}(f_L) . \tag{5.88}$$

Die wichtigsten Eigenschaften der Lösungen von Gl. (5.83) bis Gl. (5.86) kann man schon mit einer einfachen Näherung erhalten.

Bei kleinen z-Werten transportiert der TE-Mode der 2. Harmonischen noch keine beachtenswerte Energie. Bei vernachlässigbarer Rückwirkpolarisation $\hat{P}^{(2)}(f_L)$ haben die von den Gln. (5.85) und (5.86) entkoppelten Gln. (5.83) und (5.84) die einfachen homogenen Lösungen

$$\begin{aligned} \hat{A}_1 &= A_1 e^{-j\beta_1 z} \\ \hat{B}_1 &= B_1 e^{+j\beta_1 z}. \end{aligned} \tag{5.89}$$

Die Einstrahlbedingung fordert das Verschwinden der rücklaufenden Welle mit $B_1 = 0$. A_1 ergibt sich aus der Leistung des eingestrahlten Lichts. Mit dem von Gl. (5.89) bestimmten TM-Feld kann der Störterm für Gl. (5.85) und Gl. (5.86) explizit ausgeschrieben werden. Wir erhalten die beiden ungekoppelten gewöhnlichen Differentialgleichungen für die Entwicklungskoeffizienten der Harmonischen:

$$\frac{d\hat{A}_2}{dz} + j\beta_2 \hat{A}_2 = -j\frac{2\omega_L}{2} K_2 A_1^2 e^{-j2\beta_1 z} \tag{5.90}$$

$$\frac{d\hat{B}_2}{dz} - j\beta_2 \hat{B}_2 = j\frac{2\omega_L}{2} K_2 A_1^2 e^{-j2\beta_1 z}. \tag{5.91}$$

Das Modenüberlappungsintegral

$$K_2 = d_{24} \frac{\int dx e_{1x}^2(f_L) e_{2y}^*(2f_L)}{2\frac{W}{m}} \tag{5.92}$$

ist ein Maß für die Effektivität der Verkopplung.

Die Gln. (5.90) und (5.91) werden gelöst von

$$\begin{aligned} \hat{A}_2 &= C_1 e^{-j\beta_2 z} - \frac{\omega_L K_2 A_1^2}{\beta_2 - 2\beta_1} e^{-j2\beta_1 z} \\ \hat{B}_2 &= C_2 e^{+j\beta_2 z} - \frac{\omega_L K_2 A_1^2}{\beta_2 + 2\beta_1} e^{-j2\beta_1 z}. \end{aligned} \tag{5.93}$$

Zur Bestimmung der Konstanten C_1 und C_2 nehmen wir an, der Wellenleiter sei nur im Bereich $z = 0$ bis $z = L$ nichtlinear. Wir fordern, daß im Gebiet der negativen z-Werte nur ein rücklaufender Mode und im Gebiet $z > L$ nur ein vorwärtslaufender Mode existiert, d.h. es soll kein Licht der 2. Harmonischen in das nichtlineare Gebiet eingestrahlt werden. Die Tangentialfeldanpassungen bei $z = 0$ und $z = L$ führen zum Ergebnis:

$$\begin{aligned} \hat{A}_2 &= \frac{\omega_L K_2 A_1^2}{\beta_2 - 2\beta_1} e^{-j\beta_2 z} \left(1 - e^{-j(2\beta_1 - \beta_2)z}\right) \\ \hat{B}_2 &= \frac{\omega_L K_2 A_1^2}{\beta_2 + 2\beta_1} e^{+j\beta_2 z} \left(e^{-j(2\beta_1+\beta_2)L} - e^{-j(2\beta_1+\beta_2)z}\right). \end{aligned} \tag{5.94}$$

Mit einer maximalen Ausbreitungskonstanten für geführte Moden der 2. Harmonischen

$$\beta_{2max} \leq \frac{2\pi}{\frac{\lambda_L}{2}}(n_{eo} + \Delta n_{eo})\Big|_{\lambda=0.53\mu m} \tag{5.95}$$

und einer minimalen Ausbreitungskonstanten für die Grundwellenmoden

$$\beta_{1min} \geq \frac{2\pi}{\lambda_L}(n_o)\Big|_{\lambda=1.06\mu m} \tag{5.96}$$

berechnen wir die Größenordnung des Verhältnisses von $|\hat{A}_2/\hat{B}_2|$

$$\frac{|\hat{A}_2|}{|\hat{B}_2|} \gtrapprox \frac{\beta_{2max} + 2\beta_{1min}}{\beta_{2max} - 2\beta_{1min}} \approx 300\,. \tag{5.97}$$

Mit der Vernachlässigung der Rückwärtswelle $\hat{B}_2$ kommen wir zu der in der Literatur weit verbreiteten **Fresnelschen Näherung**, die auch als **parabolische Näherung** oder als **Näherung der langsam veränderlichen Amplituden** bezeichnet wird.

Es ergibt sich schließlich als Ergebnis für die Leistung der Harmonischen der in z oszillierende Ausdruck:

$$\begin{aligned} |\hat{B}_2|^2 &\approx 0 \\ |\hat{A}_2|^2 &= |\omega_L K_2 A_1^2|^2 \frac{\sin^2\left(\frac{2\beta_1-\beta_2}{2}\right) z}{\left(\frac{2\beta_1-\beta_2}{2}\right)^2}. \end{aligned} \tag{5.98}$$

Die nichtlineare Polarisation treibt den Mode bei der 2. Harmonischen bis zur Phasenkohärenzlänge

$$L_K = \frac{\pi}{2\beta_1 - \beta_2}. \tag{5.99}$$

Dann schwingt die Polarisation gegenphasig zur gerade aufgebauten Lichtwelle und die 2. Harmonische wird wieder gelöscht. Dieser Vorgang wiederholt sich entlang der Ausbreitungsrichtung. Nur wenn die Phasenanpaßbedingung

$$\Delta = 2\beta_1 - \beta_2 = 0 \tag{5.100}$$

erfüllt ist, kann die 2. Harmonische sich mit quadratisch in z anwachsender Intensität aufbauen (Hinweis: $\lim_{x\to 0} \frac{\sin x}{x} = 1$).

Im Photonenbild entspricht diese Bedingung der Impulserhaltung $\beta_1 + \beta_1 = \beta_2$. Die Energieerhaltung spiegelt sich in der Frequenzaddition wieder: $f_L + f_L = 2f_L$.

Wie schon angesprochen wurde, gehört zu dem nichtlinearen Mischprozeß zwischen 2 Frequenzen neben der Hinmischung auch die Rückmischung. Die Rückmischung verursacht eine Schwächung der eingestrahlten Welle auf Kosten der sich bei der Mischfrequenz aufbauenden Strahlung. Wir machen bei der Suche nach einer Lösung von Gl. (5.83) bis Gl. (5.86) ohne Vernachlässigung der Rückmischung Gebrauch von der parabolischen Näherung $\hat{B}_1 = 0$ und $\hat{B}_2 = 0$. Mit Einführung des Koppelintegrals

$$K_1 = 2d_{24} \frac{\int dx e_{2y}(2f_L) e^*_{1x}(f_L) e^*_{1x}(f_L)}{2\frac{W}{m}} = 2K_2 \tag{5.101}$$

vereinfacht sich das System zu

$$\begin{aligned} \frac{d\hat{A}_1}{dz} + j\beta_1 \hat{A}_1 &= -j\omega_L K_2 \hat{A}_2 \hat{A}_1^* \\ \frac{d\hat{A}_2}{dz} + j\beta_2 \hat{A}_2 &= -j\omega_L K_2 \hat{A}_1 \hat{A}_1 . \end{aligned} \tag{5.102}$$

Mit dem Ansatz

$$\begin{aligned} \hat{A}_1 &= \bar{A}_1(z) e^{-j\beta_1 z} \\ \hat{A}_2 &= j\bar{A}_2(z) e^{-j\beta_2 z} \end{aligned} \tag{5.103}$$

werden die Entwicklungsfaktoren von den schnellen Oszillationen in z-Richtung befreit. Aus dem resultierenden System im Fall der Phasenanpassung

$$\begin{aligned} \frac{d\bar{A}_1}{dz} &= \omega_L K_2 \bar{A}_2 \bar{A}_1^* \\ \frac{d\bar{A}_2}{dz} &= -\omega_L K_2 \bar{A}_1 \bar{A}_1 \end{aligned} \tag{5.104}$$

folgt die Eigenschaft der Energieerhaltung:

$$\begin{aligned} \frac{d}{dz}(|\bar{A}_1|^2 + |\bar{A}_2|^2) &= 0 \\ |\bar{A}_1|^2 + |\bar{A}_2|^2 &= |\bar{A}_0|^2 . \end{aligned} \tag{5.105}$$

$|\bar{A}_0|^2$ ist die Leistung des eingestrahlten Lichts bei $z = 0$. Ohne Beschränkung der Allgemeinheit setzen wir die Phase von $\bar{A}_1(0) = \bar{A}_0$ zu Null. Mit Gl. (5.104) und Gl. (5.105) führt das zur gewöhnlichen Differentialgleichung für die reelle Größe $\bar{A}_2$

$$\frac{d\bar{A}_2}{dz} = -\omega_L K_2 (\bar{A}_0^2 - \bar{A}_2^2) \tag{5.106}$$

mit der Lösung

$$\bar{A}_2 = -\bar{A}_0 \tanh(\bar{A}_0 \omega_L K_2 z). \tag{5.107}$$

Die Leistungen der Wellen verhalten sich demzufolge wie

$$\begin{aligned} |\hat{A}_2|^2 &= \bar{A}_0^2 \tanh^2(\bar{A}_0 \omega_L K_2 z) \\ |\hat{A}_1|^2 &= \bar{A}_0^2 - \bar{A}_2^2. \end{aligned} \tag{5.108}$$

Um die Schichtwellenleiterstruktur quantitativ zu erfassen, wird die Koppelkonstante K_2 für verschiedene Wellenleiterdicken berechnet. Eine Abhängigkeit der Koppelkoeffizienten vom Drehwinkel α ist unerheblich. Aus Bild 5.4 erkennt man, daß das Koppelintegral am größten ist bei Konvertierung des TM_1- in den TE_1-Mode.

Die Darstellung der effektiven Brechzahlen $n_{eff} = \frac{\beta}{k_0}$ der Moden als Funktion des Drehwinkels α im Bild 5.5 zeigt jedoch, daß selbst

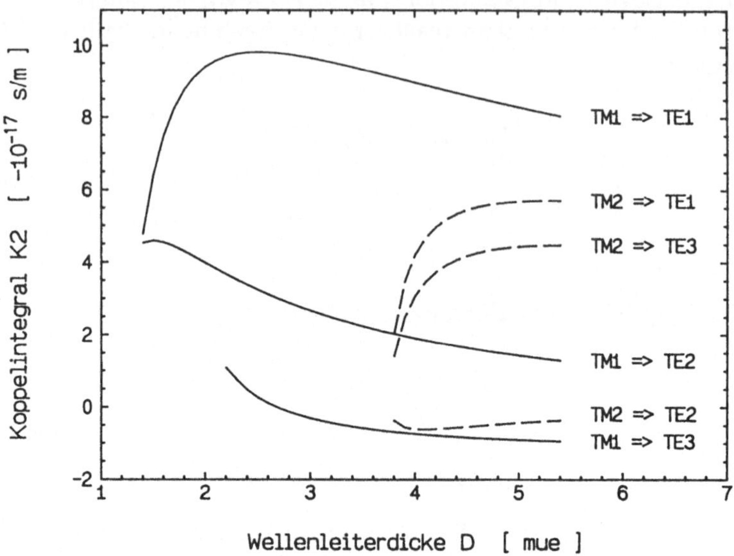

Abbildung 5.4: Koppelintegral K_2 für die Verkopplung von TE-Moden bei der 2. Harmonischen und TM-Moden bei der Grundfrequenz

bei Ausnutzung unseres zusätzlichen Freiheitsgrads der Kristallorientierung zwischen dem TE_1- und dem TM_1-Mode keine Phasenanpassung möglich ist. Der TM_1-Mode kann aber phasenangepaßt werden an den TE_2-Mode. Bei einer Wellenleiterdicke von $1.5\mu m$ ist das Kristallsystem um etwa 11° gegen das Laborsystem zu verdrehen. Bei der Wellenleiterdicke von $1.85\mu m$ sind der TM_1- und der TE_2-Mode bei orthogonaler Koordinatensystemorientierung $\alpha = 0$ phasenangepaßt. Auch der Koppelkoeffizient ist mit $|K_2| \approx 4 \cdot 10^{-17} \frac{s}{m}$ noch nicht stark abgefallen. Eine weitere Vergrößerung der Wellenleiterdicke läßt den Koppelkoeffizienten sinken und verhindert auch die Phasenanpassung.

In Bild 5.6 ist der Wirkungsgrad

$$\eta = 100\% \cdot \left| \frac{\bar{A}_2^2}{\bar{A}_0^2} \right|_{z=L=10mm}$$

der Frequenzumsetzung in einem $10mm$ langen Wellenleiter mit der Filmdicke von $1.85\mu m$ über der eingestrahlten Leistung der Grund-

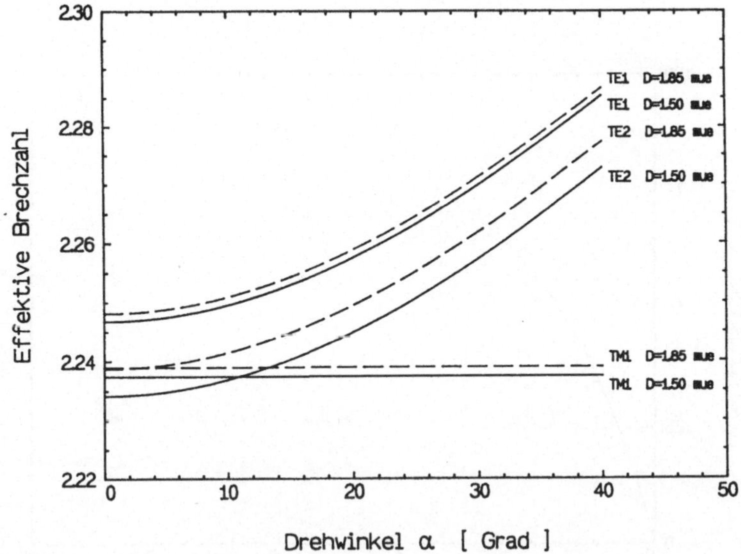

Abbildung 5.5: Winkelabhängigkeit der effektiven Brechzahlen von TE- und TM-Moden in Wellenleitern mit der Filmdicke $D = 1.85\mu m$ und $D = 1.5\mu m$

welle aufgetragen. Zum Beispiel, wird das Licht eines modengekoppelten NdYAG-Lasers mit Pulsspitzenleistungen von $1kW$ bei Einkopplung in einen $1mm$ breiten Strahl theoretisch zu 37% in die 2. Harmonische konvertiert.

Wir überprüfen abschließend die Zulässigkeit unserer Beschränkung auf die Verkopplung von nur 2 Moden. Aus Bild 5.5 entnehmen wir, daß die Phasenfehlanpassung zwischen dem TM_1- und dem nicht phasenangepaßten TE_1-Mode

$$\Delta = \frac{2\pi}{\frac{\lambda_L}{2}} \cdot 2.248 - 2\frac{2\pi}{\lambda_L} \cdot 2.239 = 0.1\mu m^{-1}$$

für diesen Mischprozeß die kurze Phasenkohärenzlänge von $L_K = 29\mu m$ bewirkt. Für die Strahlungsmoden mit effektiven Brechindizes über 2.2514 wird die Kohärenzlänge noch viel kleiner, und deshalb sind die Felder aller phasenfehlangepaßten Moden gegenüber dem phasenangepaßten Feld zu vernachlässigen.

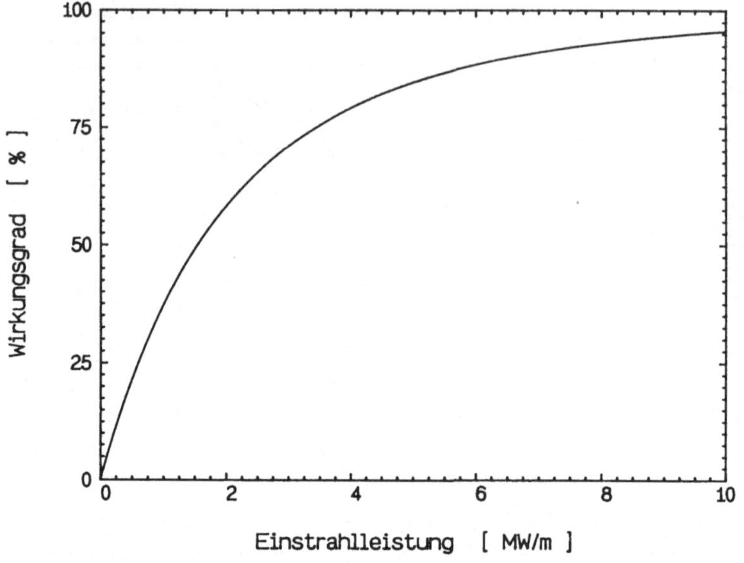

Abbildung 5.6: Wirkungsgrad der Erzeugung der 2. Harmonischen in einem $10mm$ langen Wellenleiter mit der Filmdicke $D = 1.85\mu m$

Summenfrequenzerzeugung

Eine Verallgemeinerung des im letzten Abschnitt besprochenen degenerierten 3-Wellenmischprozesses ist die nichtdegenerierte 3-Wellenmischung, bei der 2 Photonen mit unterschiedlicher Frequenz sich zu einem Photon der Summenfrequenz vereinigen.

Als Beispiel für diesen Vorgang wollen wir die Erzeugung der Summenfrequenzstrahlung in dem in Bild 5.3 gezeichneten Wellenleiter beschreiben.

Zwei Lichtwellen mit im IR-Spektrum liegenden verschiedenen Frequenzen werden in TM-Moden eingekoppelt. Die effektiv anzuregende Summenfrequenzwelle im TE-Mode soll als sichtbares Licht erscheinen.

Wirksam werden die gleichen frequenzunabhängigen Suszeptibilitätstensorkomponenten wie im Wellenleiter des im letzten Abschnitt angeführten Beispiels. Da die nichtlinear angeregte Welle phasenangepaßt werden soll, vernachlässigen wir neben

$$'P_y^{(2)}(f) = \tfrac{1}{2}\hat{P}_y^{(2)}(f_{L1}+f_{L2})\delta(f-(f_{L1}+f_{L2}))+MF$$

$$\hat{P}_y^{(2)}(f_{L1}+f_{L2}) = 2\tfrac{1}{2}\,'\kappa_{yxx}^{(2)E}\hat{E}_x(f_{L1})\hat{E}_x(f_{L2})$$

und

$$\begin{aligned} 'P_x^{(2)}(f) &= \tfrac{1}{2}\hat{P}_x^{(2)}(f_{L1})\delta(f-f_{L1})+MF+ \\ &\quad +\tfrac{1}{2}\hat{P}_x^{(2)}(f_{L2})\delta(f-f_{L2})+MF \end{aligned} \tag{5.109}$$

$$\hat{P}_x^{(2)}(f_{L1}) = 2\tfrac{1}{2}\,'\kappa_{xyx}^{(2)E}\hat{E}_y(f_{L1}+f_{L2})\hat{E}_x^*(f_{L2})$$

$$\hat{P}_x^{(2)}(f_{L2}) = 2\tfrac{1}{2}\,'\kappa_{xyx}^{(2)E}\hat{E}_y(f_{L1}+f_{L2})\hat{E}_x^*(f_{L1})$$

alle anderen nichtlinearen Polarisationen. Das Feld im Wellenleiter wird nach Gl. (5.60) aus zwei TM-Moden $(\vec{e}_{1t},\vec{h}_{1t})$ und $(\vec{e}_{2t},\vec{h}_{2t})$ und einem TE-Mode $(\vec{e}_{3t},\vec{h}_{3t})$ überlagert:

$$\begin{aligned} '\vec{E}_{2t} &= ('a_1+'b_1)\vec{e}_{1t}+('a_2+'b_2)\vec{e}_{2t}+('a_3+'b_3)\vec{e}_{3t} \\ '\vec{H}_{2t} &= ('a_1-'b_1)\vec{h}_{1t}+('a_2-'b_2)\vec{h}_{2t}+('a_3-'b_3)\vec{h}_{3t}\,. \end{aligned} \tag{5.110}$$

In der die vor- und die rücklaufenden Wellen entkoppelnden parabolischen Näherung erhalten wir aus Gl. (5.65) die nichtlinear verkoppelten Differentialgleichungen für die Amplituden der Entwicklungskoeffizienten:

$$\begin{aligned} \frac{d\hat{A}_1}{dz}+j\beta_1\hat{A}_1 &= -j\omega_{L1}\frac{1}{2}\frac{\int dx\hat{P}_x^{(2)}(f_{L1})e_{1x}^*(f_{L1})}{\frac{2W}{m}} \\ \frac{d\hat{A}_2}{dz}+j\beta_2\hat{A}_2 &= -j\omega_{L2}\frac{1}{2}\frac{\int dx\hat{P}_x^{(2)}(f_{L2})e_{2x}^*(f_{L2})}{\frac{2W}{m}} \\ \frac{d\hat{A}_3}{dz}+j\beta_3\hat{A}_3 &= -j(\omega_{L1}+\omega_{L2})\frac{1}{2}\frac{\int dx\hat{P}_y^{(2)}(f_{L1}+f_{L2})e_{3y}^*(f_{L1}+f_{L2})}{\frac{2W}{m}}\,. \end{aligned} \tag{5.111}$$

Da die rückwärtslaufenden Wellen nicht angeregt werden, verschwinden die Entwicklungskoeffizienten $'b_i = 0$. Mit der Abkürzung für das Koppelintegral:

$$K = 2d_{24}\frac{\int dx e_{3y}(f_{L1}+f_{L2})e_{2x}^*(f_{L2})e_{1x}^*(f_{L1})}{\frac{2W}{m}} \tag{5.112}$$

können wir für die in Gl. (5.113) eingeführten langsam veränderlichen Entwicklungskoeffizienten $\bar{A}_i(z)$

$$\hat{A}_i = \bar{A}_i e^{-j\beta_i z} \tag{5.113}$$

das einfachere Gleichungssystem (5.114) schreiben:

$$\begin{aligned} \frac{d\bar{A}_1}{dz} &= -\frac{j\omega_{L1}K}{2}\bar{A}_3\bar{A}_2^* e^{+j(-\beta_3+\beta_2+\beta_1)z} \\ \frac{d\bar{A}_2}{dz} &= -\frac{j\omega_{L2}K}{2}\bar{A}_3\bar{A}_1^* e^{+j(-\beta_3+\beta_1+\beta_2)z} \\ \frac{d\bar{A}_3}{dz} &= -\frac{j(\omega_{L1}+\omega_{L2})K}{2}\bar{A}_1\bar{A}_2 e^{+j(-\beta_1-\beta_2+\beta_3)z} . \end{aligned} \tag{5.114}$$

Die Erfüllung der Phasenanpaßbedingung

$$\beta_1 + \beta_2 = \beta_3 \tag{5.115}$$

für die verkoppelten Moden setzen wir voraus. Zur Lösung der Gl. (5.114) substituieren wir

$$\bar{A}_3 = j\bar{A}'_3 .$$

In einer Lösung mit der Anfangsbedingung $\bar{A}_3(0) = 0$ haben die Phasenlagen der eingestrahlten Wellen auf die Intensitätsentwicklung der Moden keinen Einfluß, so daß wir reelle Amplituden $\bar{A}_1$ und $\bar{A}_2$ ansetzen können:

$$\frac{d\bar{A}_1}{dz} = \frac{\omega_{L1}K}{2}\bar{A}'_3\bar{A}_2 \tag{5.116}$$

$$\frac{d\bar{A}_2}{dz} = \frac{\omega_{L2}K}{2}\bar{A}'_3\bar{A}_1 \tag{5.117}$$

$$\frac{d\bar{A}'_3}{dz} = -\frac{(\omega_{L1}+\omega_{L2})K}{2}\bar{A}_1\bar{A}_2. \tag{5.118}$$

Die Zusammenfassungen von Gl. (5.116) mit Gl. (5.118) und von Gl. (5.117) mit Gl. (5.118) liefern den Energieerhaltungssatz

$$\bar{A}_1^2 + \frac{\omega_{L1}}{\omega_{L1}+\omega_{L2}}\bar{A}_3'^2 = \bar{A}_{10}^2 = \text{const.}$$

$$\bar{A}_2^2 + \frac{\omega_{L2}}{\omega_{L1}+\omega_{L2}}\bar{A}_3'^2 = \bar{A}_{20}^2 = \text{const.} \tag{5.119}$$

$$\bar{A}_1^2 + \bar{A}_2^2 + \bar{A}_3'^2 = \bar{A}_{10}^2 + \bar{A}_{20}^2 = \text{const.}$$

Die den Gln. (5.119) zu entnehmenden Ausdrücke für $\bar{A}_1$ und $\bar{A}_2$ werden in Gl. (5.118) eingesetzt

$$\frac{d\bar{A}_3'}{dz} = -\frac{\omega_{L1}+\omega_{L2}}{2}K\left(\bar{A}_{10}^2 - \frac{\omega_{L1}}{\omega_{L1}+\omega_{L2}}\bar{A}_3'^2\right)^{\frac{1}{2}} \cdot \left(\bar{A}_{20}^2 - \frac{\omega_{L2}}{\omega_{L1}+\omega_{L2}}\bar{A}_3'^2\right)^{\frac{1}{2}}. \tag{5.120}$$

Die Integration von Gl. (5.120) führt zum elliptischen Integral [1; Kap.17]:

$$\frac{-1}{\sqrt{\omega_{L1}\omega_{L2}}\frac{K}{2}} \int_{\bar{A}_3'(0)=0}^{\bar{A}_3'(z)} \frac{dA_3'}{\left[\left(\bar{A}_{10}^2\frac{(\omega_{L1}+\omega_{L2})}{\omega_{L1}} - \bar{A}_3'^2\right)\cdot\left(\bar{A}_{20}^2\frac{(\omega_{L1}+\omega_{L2})}{\omega_{L2}} - \bar{A}_3'^2\right)\right]^{\frac{1}{2}}} = \int_0^z dz \tag{5.121}$$

Mit Hilfe der Beziehung

$$a\int_0^x \frac{dt}{[(a^2-t^2)(b^2-t^2)]^{1/2}} = sn^{-1}\left(\frac{x}{b}\middle|\frac{b^2}{a^2}\right),$$

in der sn^{-1} die Umkehrfunktion der Jakobischen Elliptischen Funktion sn mit dem Argument $\frac{x}{b}$ und dem Modul $m = \frac{b^2}{a^2}$ ist [1; Kap.16], kann die Lösung für $\bar{A}_3'$ in der geschlossenen Form von Gl. (5.122) geschrieben werden

$$\bar{A}_3'(z) = b \cdot sn\left(-a\sqrt{\omega_{L1}\omega_{L2}}\frac{K}{2}z\middle|\frac{b^2}{a^2}\right). \tag{5.122}$$

Dabei benutzen wir die Abkürzungen

$$\begin{aligned} a^2 &= \max\left\{\bar{A}_{10}^2\frac{\omega_{L1}+\omega_{L2}}{\omega_{L1}},\ \bar{A}_{20}^2\frac{\omega_{L1}+\omega_{L2}}{\omega_{L2}}\right\} \\ b^2 &= \min\left\{\bar{A}_{10}^2\frac{\omega_{L1}+\omega_{L2}}{\omega_{L1}},\ \bar{A}_{20}^2\frac{\omega_{L1}+\omega_{L2}}{\omega_{L2}}\right\}. \end{aligned} \tag{5.123}$$

Die im Bild 5.7 gezeichneten sn-Funktionen sind nichtlineare Verallgemeinerungen der Winkelfunktionen. Mit dem Modul $m = 0$ ist sn

der sin-Funktion äquivalent. Mit Modul $m = 1$ geht die sn-Funktion in den tanh über. Mit einem von 1 verschiedenen Modul sind die sn-Funktionen periodisch. Zur quantitativen Beschreibung des Beispielwel-

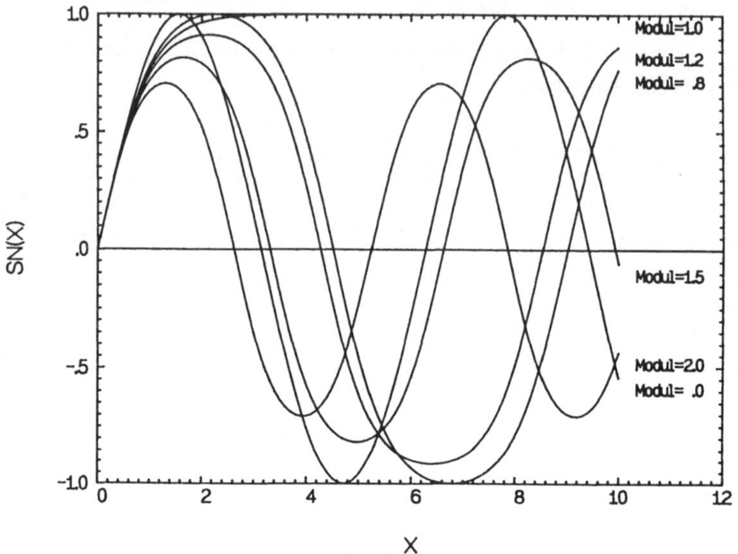

Abbildung 5.7: Jakobische Elliptische Funktion sn

lenleiters legen wir fest, daß die Anregung des Kristalls mit NdYAG-Laserlinien bei $\lambda_1 = 1.06\mu m$ und $\lambda_2 = 1.32\mu m$ erfolge. Die orange-rote Summenfrequenzstrahlung hat die Wellenlänge $\lambda_3 = 0.59\mu m$.

Die Koppelintegrale sind in Bild 5.8 aufgezeichnet. Der im Bild 5.9 dargestellte Verlauf der effektiven Modenbrechzahlen eines Wellenleiters der Dicke $2.5\mu m$ läßt erkennen, daß die beiden TM-Grundmoden an alle drei TE-Moden phasenangepaßt werden können. Die Phasenanpaßbedingung wird hierbei abhängig von den effektiven Brechzahlen ausgedrückt

$$\beta_1 + \beta_2 - \beta_3 = \frac{n_{1eff}}{\lambda_1} + \frac{n_{2eff}}{\lambda_2} + \frac{n_{3eff}}{\lambda_3} = 0\,. \tag{5.124}$$

Die Frequenzumsetzung ist am größten bei der Phasenanpassung der TM-Grundmoden an den TE-Grundmode eines $2.5\mu m$ dicken Filmes.

Dazu muß das Kristallkoordinatensystem um $\alpha = 14°$ gegen das Laborsystem gedreht werden.Die Koppelkonstante hat den Wert

$$|K| = 19 \cdot 10^{-17} \frac{s}{m} .$$

Die z-abhängige Entwicklung einer eingestrahlten Gesamtleistung von

$$\bar{A}_0^2 = \bar{A}_{10}^2 + \bar{A}_{20}^2 = 6 \, \frac{MW}{m}$$

ist im Bild 5.10 für verschiedene Verhältnisse $\bar{A}_{10}^2/\bar{A}_{20}^2$ gezeichnet. Bei

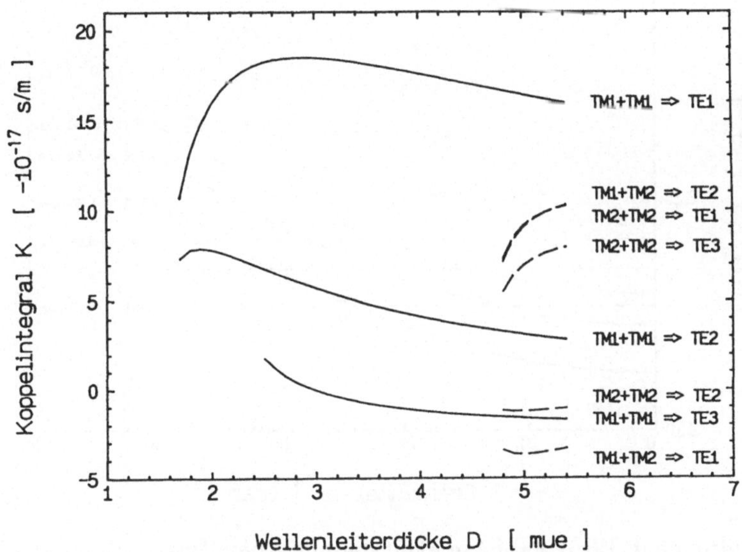

Abbildung 5.8: Koppelintegrale K

kleinem z verhält sich die Intensität der Mischwelle wie die Lösung von

$$\frac{d\bar{A}_3'}{dz} = -\frac{\omega_{L1} + \omega_{L2}}{2} K \bar{A}_{10} \bar{A}_{20}$$

mit konstanter Störfunktion $\bar{A}_{10}\bar{A}_{20}$:

$$\left(\frac{\bar{A}_3'}{\bar{A}_0}\right)^2 = \left(\frac{\omega_{L1} + \omega_{L2}}{2} K\right)^2 \frac{\bar{A}_{10}^2 \bar{A}_{20}^2}{\bar{A}_0^2} z^2 . \tag{5.125}$$

Bei großem z ist das Lösungsverhalten abhängig vom Verhältnis $(\bar{A}_{10}/\bar{A}_{20})^2$. Soll der Photonenfluß beider eingestrahlter Moden gleich sein, so muß das Leistungsverhältnis

$$\frac{\bar{A}_{10}^2}{\bar{A}_{20}^2} = \frac{\lambda_2}{\lambda_1} \tag{5.126}$$

eingestellt werden.

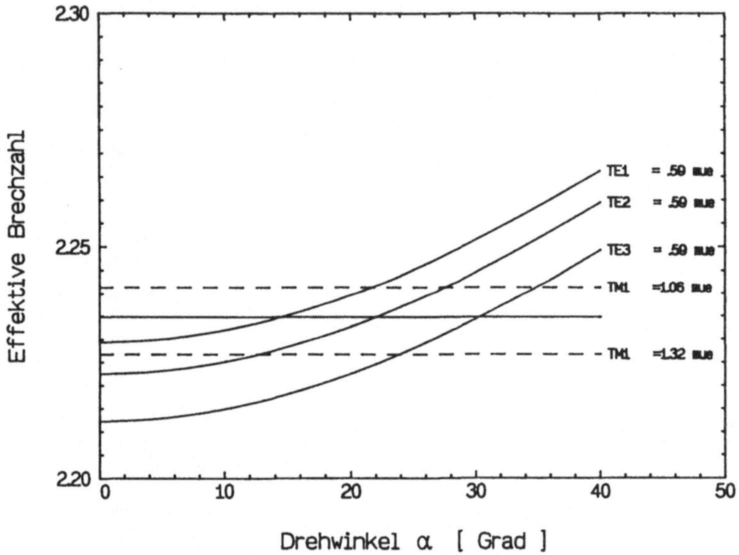

Abbildung 5.9: Winkelabhängigkeit der effektiven Brechzahlen von TE- und TM-Moden

In unserem Beispiel transportiert die Welle mit $\lambda_1 = 1.06\mu m$ dann am Wellenleiteranfang 55.5% der Gesamtleistung $\bar{A}_0^2$. Mit

$$a^2 = b^2 = \bar{A}_{10}^2 \frac{\lambda_1}{\lambda_3} = \bar{A}_{20}^2 \frac{\lambda_2}{\lambda_3}$$

wird der Modul $m = 1$, womit die sn-Funktion in den tanh übergeht. Der Wirkungsgrad berechnet sich mit diesen speziellen Werten und mit

Gl. (5.122)

$$\bar{A}_3'(z) = \bar{A}_{10}\sqrt{\frac{\lambda_1}{\lambda_3}}\tanh\left(-\bar{A}_{10}\sqrt{\omega_{L3}\omega_{L2}}\frac{K}{2}z\right)$$

$$\eta = \frac{\bar{A}_3'^2}{\bar{A}_0^2}100\% = \tanh^2\left(-\bar{A}_{10}\sqrt{\omega_{L3}\omega_{L2}}\frac{K}{2}z\right)100\%. \quad (5.127)$$

Nur bei diesem Leistungsverhältnis $(\bar{A}_{10}/\bar{A}_{20})^2 = \lambda_2/\lambda_1$ kann das gesamte eingestrahlte Licht in die Summenfrequenzwelle umgewandelt werden.

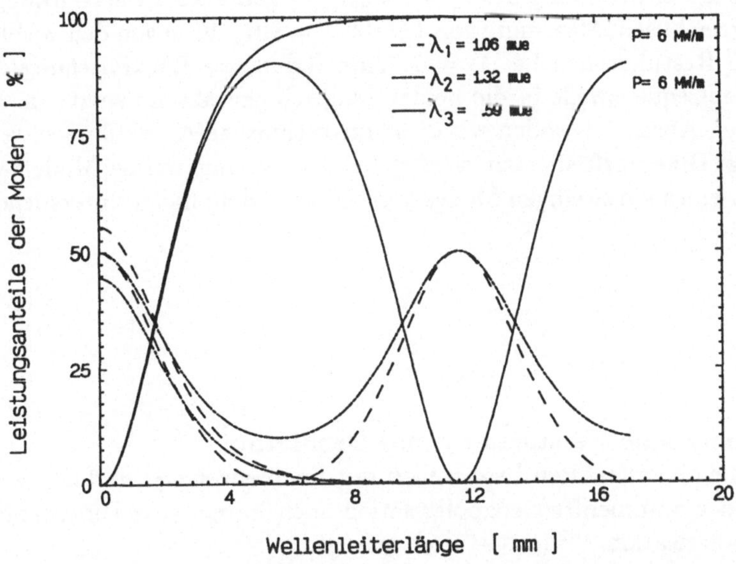

Abbildung 5.10: Intensitätsentwicklung bei der Summenfrequenzerzeugung in einem Wellenleiter mit einem $D = 2.5\mu m$ dicken Film

Als Beispiel für verschiedene Photonenflußdichten in den Einstrahlungsmoden betrachten wir die Anregung der beiden TM-Wellen mit gleicher Leistung $\bar{A}_{20}^2 = \bar{A}_{10}^2 = \frac{\bar{A}_0^2}{2}$. Mit den nach Gl. (5.123) berechneten Abkürzungskoeffizienten

$$a^2 = \bar{A}_{20}^2\frac{\omega_{L1} + \omega_{L2}}{\omega_{L2}}$$

$$b^2 = \bar{A}_{10}^2 \frac{\omega_{L1} + \omega_{L2}}{\omega_{L1}}$$

wird der Modul $m = \frac{\omega_{L2}}{\omega_{L1}} = 0.80$. Für den Wirkungsgrad erhalten wir jetzt

$$\eta = \frac{\bar{A}_3'^2}{2\bar{A}_{10}^2} 100\% = \frac{1}{2}\frac{\lambda_1}{\lambda_3} sn^2(-\bar{A}_{20}^2 \sqrt{\omega_{L3}\omega_{L1}}\, z\,|0.80)\ 100\%\,. \qquad (5.128)$$

Bei einer Viertelperiode des $sn(f(z)|0.80)$ von etwa $5.8mm$ sind alle Photonen der Strahlung bei $\lambda_1 = 1.06\mu m$ aufgebraucht. Der Wirkungsgrad erreicht sein Maximum von $\frac{1}{2}\frac{\lambda_1}{\lambda_3} 100\% = 90\%$. Eine von den verbleibenden Restphotonen bei $\lambda_2 = 1.32\mu m$ induzierte Rückmischung der Summenfrequenzwelle in die beiden langwelligen Moden setzt ein. Im nächsten Abschnitt wollen wir diese für technische Anwendungen sehr wichtige Differenzfrequenzmischung, bei der zwei langwellige Moden auf Kosten eines kurzwelligen Modes verstärkt werden, näher untersuchen.

Parametrische Verstärkung und Oszillation

Von zwei eingestrahlten Laserwellen mit Frequenzen ω_{L1} und ω_{L2} wird neben der Summenfrequenzpolarisation auch immer eine Differenzfrequenzpolarisation $\hat{P}^{(2)}(\omega_{L1} - \omega_{L2})$ erzeugt.

Die von dieser nichtlinearen Polarisation getriebenen elektromagnetischen Felder im Schichtwellenleiter werden mit dem in den vorausgehenden Abschnitten angewandten Formalismus berechnet.

Wir wollen wieder die aus Bild 5.3 bekannte Wellenleitergeometrie untersuchen. Die erste Pumpwelle mit der Frequenz ω_{L1} im sichtbaren Spektralbereich wird als TE-Mode eingekoppelt. Die zweite Pumpwelle mit der im nahen IR liegenden Frequenz $\omega_{L2} < \omega_{L1}$ regt einen TM-Mode an.

Die mit den elektrischen Feldstärken über die nahezu frequenzunabhängigen Suszeptibilitäten $'\kappa^{(2)E}$ verbundenen nichtlinearen Polarisationen

$$
\begin{aligned}
{}'P_x^{(2)}(f) &= \tfrac{1}{2}\hat{P}_x^{(2)}(f_{L1}-f_{L2})\delta(f-(f_{L1}-f_{L2}))+MF \\
&\quad +\tfrac{1}{2}\hat{P}_x^{(2)}(f_{L2})\delta(f-f_{L2})+MF \\
&\quad \hat{P}_x^{(2)}(f_{L1}-f_{L2}) = 2\tfrac{1}{2}\,{}'\kappa_{xyx}^{(2)E}\hat{E}_y(f_{L1})\hat{E}_x^*(f_{L2}) \\
&\quad \hat{P}_x^{(2)}(f_{L2}) = 2\tfrac{1}{2}\,{}'\kappa_{xyx}^{(2)E}\hat{E}_y(f_{L1})\hat{E}_x^*(f_{L1}-f_{L2}) \\
{}'P_y^{(2)}(f) &= \tfrac{1}{2}\hat{P}_y^{(2)}(f_{L1})\delta(f-f_{L1})+MF \\
&\quad \hat{P}_y^{(2)}(f_{L1}) = 2\tfrac{1}{2}\,{}'\kappa_{yxx}^{(2)E}\hat{E}_x(f_{L1}-f_{L2})\hat{E}_x(f_{L2})
\end{aligned}
\tag{5.129}
$$

verkoppeln die TM-Moden $(\vec{e}_2,\vec{h}_2)$ und $(\vec{e}_3,\vec{h}_3)$ mit dem TE-Mode $(\vec{e}_1,\vec{h}_1)$:

$$
\begin{aligned}
{}'\vec{E}_{2t} &= ({}'a_1+{}'b_1)\vec{e}_{1t}+({}'a_2+{}'b_2)\vec{e}_{2t}+({}'a_3+{}'b_3)\vec{e}_{3t} \\
{}'\vec{H}_{2t} &= ({}'a_1-{}'b_1)\vec{h}_{1t}+({}'a_2-{}'b_2)\vec{h}_{2t}+({}'a_3-{}'b_3)\vec{h}_{3t}\,.
\end{aligned}
\tag{5.130}
$$

Mit dem Koppelintegral

$$
K = 2d_{24}\frac{\int dx e_{1y}(f_{L1})e_{2x}^*(f_{L2})e_{3x}^*(f_{L1}-f_{L2})}{\frac{2W}{m}}
\tag{5.131}
$$

erhalten wir nach Gl. (5.65) in der parabolischen Näherung die Differentialgleichungen für die langsam veränderlichen Amplituden der Entwicklungskoeffizienten:

$$
\begin{aligned}
\frac{d\bar{A}_1}{dz} &= -j\frac{\omega_{L1}K}{2}\bar{A}_3\bar{A}_2e^{j(\beta_1-\beta_3-\beta_2)z} \\
\frac{d\bar{A}_2}{dz} &= -j\frac{\omega_{L2}K}{2}\bar{A}_1\bar{A}_3^*e^{j(\beta_2-\beta_1+\beta_3)z} \\
\frac{d\bar{A}_3}{dz} &= -j\frac{(\omega_{L1}-\omega_{L2})K}{2}\bar{A}_1\bar{A}_2^*e^{j(\beta_3-\beta_1+\beta_2)z}\,.
\end{aligned}
\tag{5.132}
$$

Die Lösung des Systems mit der Anfangsbedingung $\bar{A}_3(0)=0$ in der rückwirkungsfreien Näherung, in der $\bar{A}_1$ und $\bar{A}_2$ z-unabhängige Amplituden unverkoppelter Moden sind, liefert den aus Gl. (5.98) bekannten

Intensitätsverlauf der Mischwelle bei kleinen Ausbreitungsstrecken z:

$$|\bar{A}_3|^2 = \left(\frac{(\omega_{L1} - \omega_{L2})K}{2}\right)^2 |\bar{A}_{10}|^2 |\bar{A}_{20}|^2 \frac{\sin^2\left(\frac{\beta_3-\beta_1+\beta_2}{2} z\right)}{\left(\frac{\beta_3-\beta_1+\beta_2}{2}\right)^2}. \quad (5.133)$$

Das neue Verhalten des Differenzfrequenzmischprozesses wird erst in der Entwicklung der Pumpwellenintensitäten bei einer exakten Lösung der Gln. (5.132) deutlich. Diese Lösung untersuchen wir unter der Voraussetzung, daß die Phasenanpaßbedingung $\beta_3 = \beta_1 - \beta_2$ erfüllt ist. Wir substituieren $j\bar{A}_1' = \bar{A}_1$. Aus dem System (5.134) mit reellen Amplituden

$$\begin{aligned} \frac{d\bar{A}_1'}{dz} &= -\frac{\omega_{L1}K}{2}\bar{A}_3\bar{A}_2 \\ \frac{d\bar{A}_2}{dz} &= \frac{\omega_{L2}K}{2}\bar{A}_1'\bar{A}_3^* \\ \frac{d\bar{A}_3}{dz} &= \frac{(\omega_{L1} - \omega_{L2})K}{2}\bar{A}_1'\bar{A}_2^* \end{aligned} \quad (5.134)$$

wird der Energieerhaltungssatz hergeleitet

$$\begin{aligned} |\bar{A}_2|^2 + \frac{\omega_{L2}}{\omega_{L1}}|\bar{A}_1'|^2 &= |\bar{A}_{20}|^2 + \frac{\omega_{L2}}{\omega_{L1}}|\bar{A}_{10}'|^2 \\ |\bar{A}_3|^2 + \frac{\omega_{L1} - \omega_{L2}}{\omega_{L1}}|\bar{A}_1'|^2 &= |\bar{A}_{30}|^2 + \frac{\omega_{L1} - \omega_{L2}}{\omega_{L1}}|\bar{A}_{10}'|^2 \\ |\bar{A}_2|^2 + |\bar{A}_3|^2 + |\bar{A}_1'|^2 &= |\bar{A}_{20}|^2 + |\bar{A}_{30}|^2 + |\bar{A}_{10}'|^2 = \text{const.} \end{aligned} \quad (5.135)$$

Mit den aus Gl. (5.135) zu eliminierenden Amplituden $|\bar{A}_2|$ und $|\bar{A}_3|$ bekommen wir unter der im allgemeinen einschränkenden Voraussetzung z-unabhängiger Phasen φ_i die Differentialgleichung für $|\bar{A}_1'|$ mit der Lösung

$$|\bar{A}_1'(z)| = b\, sn\left(-a\sqrt{\omega_{L2}(\omega_{L1} - \omega_{L2})}\frac{K}{2}(z - z_0)\left|\frac{b^2}{a^2}\right.\right). \quad (5.136)$$

Die komplexe Amplitude $\bar{A}_1' = |\bar{A}_1'|e^{j\varphi_1}$ hat die Phase

$$\varphi_1 = \varphi_2 + \varphi_3 .$$

Bei fehlender Differenzfrequenzeinstrahlung ist $|\bar{A}_{30}|^2 = 0$ und die Abkürzungen a^2 und b^2 haben die Werte

$$\begin{aligned} a^2 &= |\bar{A}_{20}|^2 \frac{\omega_{L1}}{\omega_{L2}} + |\bar{A}'_{10}|^2 \\ b^2 &= |\bar{A}'_{10}|^2 . \end{aligned} \tag{5.137}$$

Bei dieser speziellen Anfangsbedingung ist die oben gemachte Annahme konstanter Phasen nicht einschränkend. Die durch die Anfangsbedingung nicht festgelegte Phase φ_3 stellt sich zu $\varphi_3 = \varphi_1 - \varphi_2 = \text{const.}$ ein. Die Konstante z_0 ergibt sich aus der Bedingung

$$\left| sn \left(a\sqrt{\omega_{L2}(\omega_{L1} - \omega_{L2})} \frac{K}{2} z_0 \left| \frac{b^2}{a^2} \right. \right) \right| = 1$$

als die Viertelperiode der sn-Funktion. Die Intensität der 2. Pumpwelle finden wir aus der ersten Gleichung von (5.135)

$$\begin{aligned} |\bar{A}_2|^2 &= |\bar{A}_{20}|^2 + \frac{\omega_{L2}}{\omega_{L1}} |\bar{A}'_{10}|^2 - \frac{\omega_{L2}}{\omega_{L1}} |\bar{A}'_1(z)|^2 \\ &= a^2 \frac{\omega_{L2}}{\omega_{L1}} dn^2 \left(-a\sqrt{\omega_{L2}(\omega_{L1} - \omega_{L2})} \frac{K}{2} (z - z_0) \left| \frac{b^2}{a^2} \right. \right) . \end{aligned} \tag{5.138}$$

dn ist auch eine Jakobische Elliptische Funktion [1; Kap.16], deren Quadrat mit dem Quadrat von sn in folgender Beziehung steht:

$$dn^2 = 1 - m \cdot sn^2 .$$

dn-Funktionen mit verschiedenem Modul zeigt Bild 5.11. Die Mischfrequenzwellenintensität entwickelt sich entsprechend

$$|\bar{A}_3|^2 = \frac{\omega_{L1} - \omega_{L2}}{\omega_{L1}} \left(|\bar{A}'_{10}|^2 - |\bar{A}'_1(z)|^2 \right) = \tag{5.139}$$

$$= |\bar{A}'_{10}|^2 \left(\frac{\omega_{L1} - \omega_{L2}}{\omega_{L1}} \right) \left(1 - sn^2 \left(-a\sqrt{\omega_{L2}(\omega_{L1} - \omega_{L2})} \frac{K}{2} (z - z_0) \left| \frac{b^2}{a^2} \right. \right) \right) .$$

Der Modul bleibt immer kleiner als 1, so daß die Mischfrequenzwelle bis zu einer maximalen Leistung von

$$\left(\frac{\lambda_2 - \lambda_1}{\lambda_2} \right) |\bar{A}'_{10}|^2$$

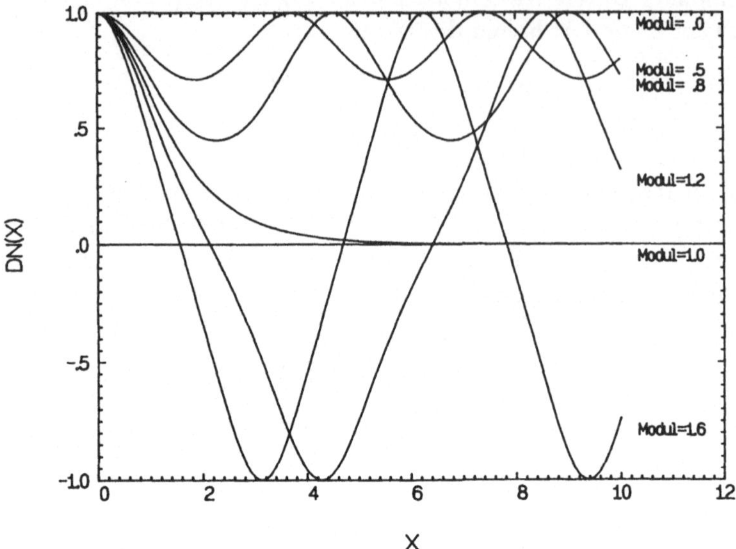

Abbildung 5.11: Jakobische Elliptische Funktion *dn*

aufgebaut werden kann.

Zusammenfassend ist festzustellen, daß bei der Differenzfrequenzmischung der Aufbau der Mischwelle begleitet wird von einer Abschwächung der höherfrequenten Pumpwelle. Im Gegensatz zur Summenfrequenzmischung wird aber jetzt die 2. Pumpwelle nicht auch abgeschwächt, sondern verstärkt! Mit jeder Erzeugung eines Photons der Mischfrequenz wird auch ein Photon der niederfrequenten Pumpwelle erzeugt. Dabei wird die höherfrequente Pumpwelle um ein Photon ärmer.

Daß die Differenzfrequenzmischung über den relativ weiten Wellenlängenbereich von $0.78\mu m$ bis $0.99\mu m$ in den TE- und TM-Grundmoden eines $2.5\mu m$ dicken Filmwellenleiters mit einer Pumpwelle von $\lambda_1 = 0.56\mu m$ phasenanpaßbar ist, entnehmen wir Bild 5.12. Die Intensitätsentwicklung für die Mischung von Strahlung der Wellenlängen $\lambda_1 = 0.56\mu m$ und $\lambda_2 = 0.83\mu m$ ist in Bild 5.13 bei einer Gesamtlichteinstrahlung von 4 $\frac{MW}{m}$ gezeichnet. Es wurde mit einem Koppelintegral von $|K| = 15 \cdot 10^{-17} \frac{s}{m}$ gerechnet.

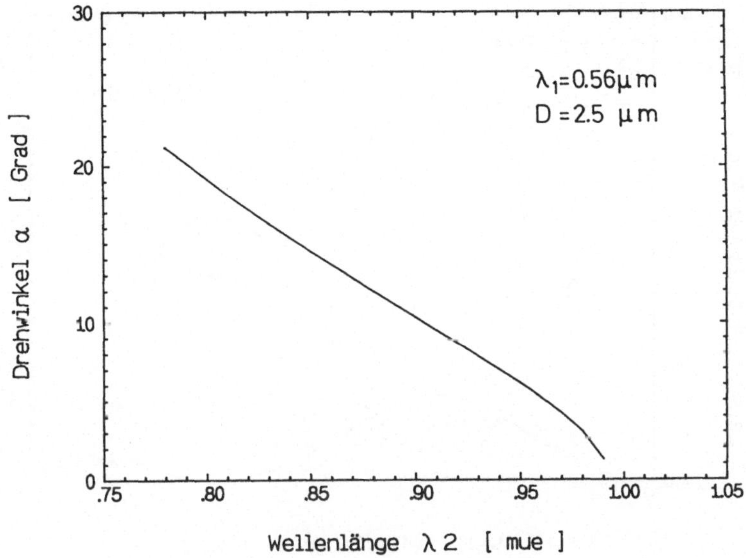

Abbildung 5.12: Phasenanpaßwinkel in Abhängigkeit der Differenzfrequenzwellenlänge

Mit diesem Ergebnis können wir jetzt den Wellenleiter als Lichtverstärker einsetzen.

Eine eingestrahlte Welle der Wellenlänge λ_2 wird auf einer Länge verstärkt, die gleich der Viertelperiode der Jakobischen Elliptischen Funktion mit dem von den Einstrahlleistungen abhängigen Modul ist. Bei der Verstärkung entsteht die Differenzfrequenzwelle als Hilfswelle, die in der Literatur als Idlerwelle bekannt ist. Diese Art von Lichtverstärker nennt man **parametrischen Verstärker**.

In dem zuletzt berechneten Wellenleiter kann mit Pumplicht bei $\lambda_1 = 0.56\mu m$ durch Einstellen der Phasenanpaßbedingung abhängig von einer Verdrehung des Kristallkoordinatensystems gegen das Laborkoordinatensystem eine parametrische Verstärkung für Licht im Wellenlängenbereich von $0.78\mu m$ bis $1\mu m$ realisiert werden.

Noch interessanter wird die Betrachtung eines Wellenleiters, in den nur noch eine Pumpwelle der Wellenlänge λ_1 eingestrahlt wird. Mit unserer klassischen Betrachtung könnten wir nur feststellen, daß — bei

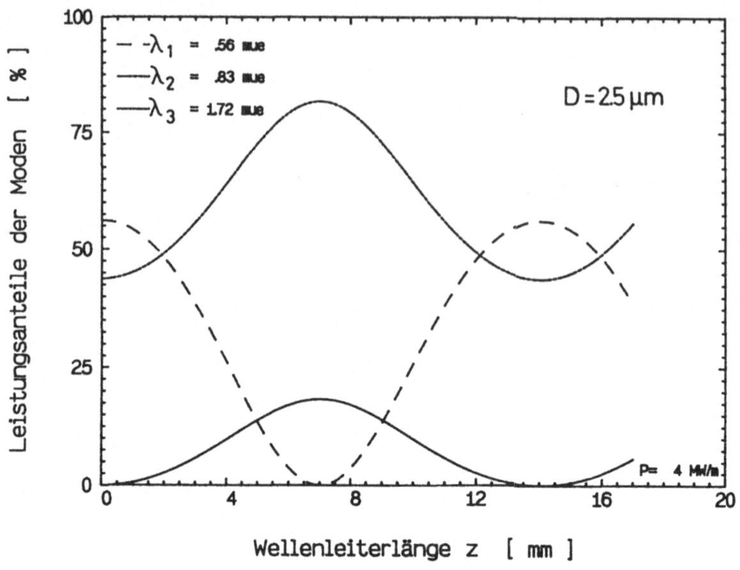

Abbildung 5.13: Intensitätsentwicklung bei der Differenzfrequenzerzeugung in einem Wellenleiter mit der Filmdicke $D = 2.5\mu m$

fehlender Phasenanpassung der 2. Harmonischen — keine nichtlineare Frequenzmischung zu beobachten sein wird. Eine quantenmechanische Betrachtung des hier nicht weiter untersuchten Anschwingverhaltens zeigt jedoch [53; Kap.11.2.2], daß durch spontane parametrische Fluoreszenz Signal- und Idlerphotonen erzeugt werden. Aus diesem Rauschen heraus wird die Signalwelle verstärkt. Wird der Wellenleiter von Spiegeln abgeschlossen, die die Signal- oder die Idlerwelle bzw. beide reflektieren, kann sich nach mehrfachem Durchlaufen der Verstärkerstrecke ein selbstkonsistentes Feld aufbauen, das dadurch gekennzeichnet ist, daß von außen neben der Pumpwelle kein Licht eingestrahlt wird und daß die während eines kompletten Rundlaufes im Resonator auftretenden Verluste der resonanten Welle genau von der Umlaufverstärkung ausgeglichen werden.

Um bei gegebenen Spiegeln die notwendige Verstärkung bereitzustellen, muß die Pumplichtquellenleistung einen Grenzwert, die sogenannte Pumpschwellenleistung, überschreiten. Oberhalb dieser Leistung schwingt der dann als parametrischer Oszillator bezeichnete Wellenleiterresonator an und ist als monochromatische Lichtquelle zu benutzen. Die mittels Orientierung oder Temperaturänderung zu anderen Wellenlängen verschiebbare Phasenanpassung begründet die einfache Durchstimmbarkeit des parametrischen Oszillators über viele Wellenlängen und die daraus resultierende universelle Einsatzmöglichkeit dieses aktiven integriert-optischen Bauelements [48; Kap.9], [58].

Parametrische Oszillatoren, die für die Signal- und für die Idlerwelle verspiegelt sind, heißen **doppelresonante Oszillatoren** (**DRO**, doubly resonant oscillator), im Gegensatz zu den **einfach resonanten Oszillatoren** (**SRO**, singly resonant oscillator), in denen nur die Signal- oder die Idlerwelle von den Spiegeln reflektiert wird. Sind die Spiegel auch noch für die Pumpe reflektierend, hat man einen **Doppelwegoszillator** (double pass oscillator). Im **Einwegoszillator** (single pass oscillator) durchläuft die Pumpwelle den Wellenleiter nur in einer Richtung.

Wir wollen die Signal-Pumpleistungs-Charakteristik eines integriert-optischen parametrischen Oszillators berechnen. Dazu ist die Lösung der Gleichungen (5.134) und der entsprechenden Gleichungen für die Koeffizienten $\hat{B}_i$ zu finden, die folgenden Randbedingungen genügt:

- Es darf nur Pumplicht von einer Seite in den Oszillator eingestrahlt werden.
- Idler- und Signalwelle dürfen auf beiden Seiten des Oszillators nur abstrahlen.

Die letzte Bedingung fordert, daß diejenige der Idler- und Signalwelle, für die die Spiegel reflektieren, nach einem Resonatorumlauf in sich selbst übergeht. Während eines Umlaufes breitet sich das Licht vom Spiegel S1 zum Spiegel S2 aus, wird dort reflektiert und läuft vom Spiegel S2 zum Spiegel S1 zurück, an dem es nach der Reflexion den Umlauf beendet.

Die Feldentwicklung auf dem Weg von S1 nach S2 können wir für den im Bild 5.14 gezeichneten **SSRO** (single pass singly resonant oscillator) mit den speziellen Lösungen konstanter Phase von Gl. (5.134) analytisch angeben.

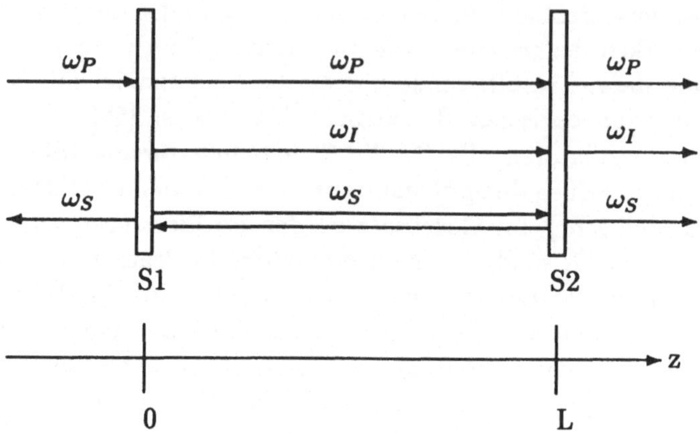

Abbildung 5.14: Leistungsfluß im SSRO

Da unser SSRO nur für die Signalwelle einen von Null verschiedenen Leistungsreflexionsfaktor $R_{S2} = R_{S1}$ besitzen soll, gibt es weder eine rücklaufende Pumpwelle, noch eine rücklaufende Idlerwelle. Deshalb verschwindet die Idlerwellenamplitude bei $z = 0$.

Die Lösungen für die Modenamplituden der 3 vorwärtslaufenden Wellen lauten analog zu Gln. (5.136), (5.138) und (5.139)

$$\hat{A}_P(z) = jb\, sn\left(-a\sqrt{\omega_S\omega_I}\frac{K}{2}(z-z_0)\left|\frac{b^2}{a^2}\right.\right) e^{-j\beta_P z} e^{j\varphi_P}$$

$$\hat{A}_S(z) = a\sqrt{\frac{\omega_S}{\omega_P}} dn\left(-a\sqrt{\omega_S\omega_I}\frac{K}{2}(z-z_0)\left|\frac{b^2}{a^2}\right.\right) e^{-j\beta_S z} e^{j\varphi_S} \qquad (5.140)$$

$$\hat{A}_I(z) = |\hat{A}_P(0)|\sqrt{\frac{\omega_I}{\omega_P}}\left(1 - sn^2\left(-a\sqrt{\omega_S\omega_I}\frac{K}{2}(z-z_0)\left|\frac{b^2}{a^2}\right.\right)\right)^{\frac{1}{2}} e^{-j\beta_I z} e^{j\varphi_I}.$$

Da die Phase der Idlerwelle bei $z = 0$ nicht vorgeschrieben ist, können sich konstante Phasenwinkel einstellen $\varphi_P = \varphi_S + \varphi_I$. Die Abkürzungen berechnen sich entsprechend Gl. (5.137)

$$\begin{aligned} a^2 &= |\hat{A}_S(0)|^2 \frac{\omega_p}{\omega_S} + |\hat{A}_P(0)|^2 \\ b^2 &= |\hat{A}_P(0)|^2. \end{aligned} \tag{5.141}$$

Die in der parabolischen Näherung von den Vorwärtswellen entkoppelte Signalrückwärtswelle hat den Modenkoeffizienten

$$\hat{B}_S(z) = \hat{A}_S(L) \cdot r_{S2} e^{j\phi_{S2}} e^{j\beta_S(z-L)}. \tag{5.142}$$

Der in Gl. (5.142) auftretende Amplitudenreflexionskoeffizient

$$r_{S2} e^{j\phi_{S2}} = \sqrt{R_{S2}} e^{j\phi_{S2}}$$

berücksichtigt die Phasendrehung am Spiegel S2. Nach Multiplikation von Gl. (5.142) mit dem Reflexionsfaktor

$$r_{S1} e^{j\phi_{S1}} = \sqrt{R_{S1}} e^{j\phi_{S1}}$$

erhalten wir das Signalfeld nach genau einem Umlauf. Die Bedingung, daß dieses Feld der Ausgangsamplitude $\hat{A}_S(0)$ gleich sein muß, liefert die Bestimmungsgleichung für den einzigen freien Parameter $\hat{A}_S(0)$ in Gl. (5.140). z_0 ist schon festgelegt durch die Bedingung $\hat{A}_I(0) = 0$.

$$\hat{B}_S(0)\, r_{S1} e^{j\phi_{S1}} = \hat{A}_S(0) = \tag{5.143}$$

$$= a\sqrt{\frac{\omega_S}{\omega_P}} dn \left(-a\sqrt{\omega_S \omega_I} \frac{K}{2} (L - z_0) \middle| \frac{b^2}{a^2} \right) \cdot$$

$$\cdot e^{-j\beta_S L} e^{j\varphi_S} r_{S2} r_{S1} e^{j(\phi_{S1}+\phi_{S2})} e^{+j\beta_S(-L)} =$$

$$= a\sqrt{\frac{\omega_S}{\omega_P}} dn \left(-a\sqrt{\omega_S \omega_I} \frac{K}{2} (-z_0) \middle| \frac{b^2}{a^2} \right) e^{j\varphi_S}$$

Die Phasengleichheit

$$2\beta_S L = \phi_{S1} + \phi_{S2} + 2\pi n \qquad n \in G \tag{5.144}$$

fordert, daß die Signalfrequenz in einem longitudinalen Resonatormode schwingt. Die Amplitudengleichheit liefert die mit verschiedenen Werten des Parameters $|\hat{A}_P(0)|$ zu lösende Gleichung

$$r_{S2} r_{S1} dn \left(-a\sqrt{\omega_S \omega_I} \frac{K}{2}(L - z_0) \left| \frac{b^2}{a^2} \right. \right) = dn \left(-a\sqrt{\omega_S \omega_I} \frac{K}{2}(-z_0) \left| \frac{b^2}{a^2} \right. \right) . \tag{5.145}$$

Für einen $10mm$ langen Oszillator mit den Daten des schon bei der Differenzfrequenzerzeugung betrachteten Wellenleiters und mit Reflexionskoeffizienten von $r_{S1} = r_{S2} = 0.9$ wird die in Bild 5.15 gezeigte Signal-Pumpleistungs-Charakteristik berechnet. Aufgetragen ist die

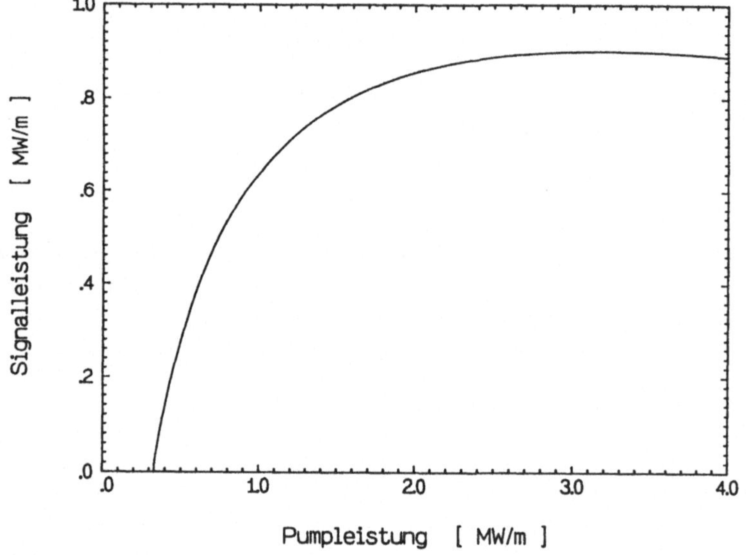

Abbildung 5.15: Signal-Pumpleistungs-Charakteristik eines SSRO

durch den Spiegel S2 ausgekoppelte Signalleistung

$$|\hat{A}_S(L)|^2 \cdot (1 - R_{S2}) .$$

Die Pumpleistungsschwelle liegt bei $0.33 \frac{MW}{m}$. Die in Bild 5.16 gezeichnete Intensitätsentwicklung der 3 Moden in Vorwärtsrichtung läßt

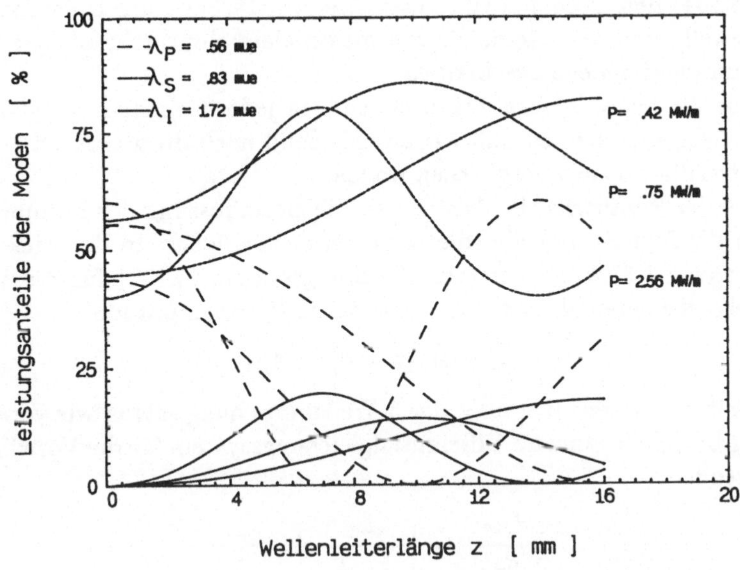

Abbildung 5.16: Intensitätsentwicklung im SSRO

erkennen, daß bei einer Pumpleistung von 0.75 $\frac{MW}{m}$ die Pumpwelle am Oszillatorende bei $z = 10mm$ völlig in Signal- und Idlerwelle umgewandelt wird. Eine weitere Erhöhung der Pumpleistung vermindert die Effektivität des Oszillators, da nach dem Phasenwechsel der Pumpwellenamplitude die Signal- und Idlerwelle von der einsetzenden Summenfrequenzmischung wieder in die Pumpwelle zurück konvertiert werden. Diese Rückkonvertierung tritt auch beim Rücklauf der Idler- und Signalwellen vom Spiegel S2 zum Spiegel S1 im **SDRO** (single pass doubly resonant oscillator) auf.

Eine Berechnung der Felder im SDRO und im **DDRO** (double pass doubly resonant oscillator) ist mit unseren analytischen Lösungen nur noch für ganz spezielle Phasenbeziehungen zwischen den 3 Wellen möglich, da hier die Amplituden aller 3 Moden am Resonatoranfang $\hat{A}_S(z = 0)$, $\hat{A}_I(z = 0)$ und $\hat{A}_P(z = 0)$ von Null verschieden sind. Deshalb kann im allgemeinen die Bedingung $\varphi_P = \varphi_S + \varphi_I = \text{const.}$ nicht erfüllt werden. Man ist dann auf numerische Rechnungen angewiesen, die zeigen, daß die hier angegebenen analytischen Lösungen von

Gl. (5.134) den Grenzfall von maximaler Verstärkung der Differenzfrequenzwelle und den Grenzfall von maximalem Konvertierungsgrad in die Summenfrequenz beschreiben.

Für die Schwellenleistungen lassen sich jedoch einfach analytische Ausdrücke angeben, so daß wir abschließend noch die Pumpschwellen aller Oszillatortypen vergleichen wollen.

Bei der Pumpschwellenleistung ist die Beeinflussung der Pumpwelle durch die Signal- und die Idlerwelle vernachlässigbar. In der rückwirkungsfreien Näherung wird im Gleichungssystem (5.132) für die Vorwärtskoeffizienten $\bar{A}_i$ mit einer konstanten Pumpamplitude

$$\bar{A}_1 = \bar{A}_P(z=0) = \bar{A}_{P0}$$

gearbeitet. Phasenanpassung der 3-Wellenmischung setzen wir voraus. Es ergibt sich das lineare Differentialgleichungssystem für die Vorwärtsamplituden

$$\begin{aligned} \frac{d\bar{A}_S}{dz} &= -j\frac{\omega_S K}{2}\bar{A}_{P0}\bar{A}_I^* \\ \frac{d\bar{A}_I^*}{dz} &= +j\frac{\omega_I K}{2}\bar{A}_{P0}^*\bar{A}_S \end{aligned} \tag{5.146}$$

mit den Lösungen

$$\begin{aligned} \bar{A}_S(z) &= \bar{A}_S(0)\cosh(g^+z) - j\sqrt{\frac{\omega_S}{\omega_I}}\frac{1}{(\bar{A}_{P0}^*/\bar{A}_{P0})^{1/2}}\bar{A}_I^*(0)\sinh(g^+z) \\ \bar{A}_I^*(z) &= j\sqrt{\frac{\omega_I}{\omega_S}}(\bar{A}_{P0}^*/\bar{A}_{P0})^{1/2}\bar{A}_S(0)\sinh(g^+z) + \bar{A}_I^*(0)\cosh(g^+z)\,. \end{aligned} \tag{5.147}$$

$g^+ = \frac{K}{2}|\bar{A}_{P0}|\sqrt{\omega_I\omega_S}$ ist der Vorwärtsverstärkungskoeffizient. Die Oszillation setzt ein, wenn die Verstärkung die Verluste ausgleicht.

Für den SSRO mit resonanter Signalwelle erhalten wir aus dieser Bedingung:

$$\bar{A}_S(0) = \bar{A}_S(L)r_{S2}r_{S1} \quad \text{mit} \quad \bar{A}_I^*(0) = 0 \tag{5.148}$$

die Schwellenpumpleistung

$$|\bar{A}_{P0}|^2 = \left(\frac{1}{\sqrt{\omega_S\omega_I}\cdot\frac{K}{2}L}\operatorname{arccosh}\left(\frac{1}{r_{S1}r_{S2}}\right)\right)^2. \tag{5.149}$$

Der Wellenleiter mit der im Bild 5.15 gezeichneten Signal-Pump-Leistungscharakteristik hat nach Gl. (5.149) eine Leistungsschwelle von 0.32 $\frac{MW}{m}$. Dieser Wert stimmt gut überein mit dem bei der Lösung von Gl. (5.145) gefundenen Schwellwert aus Bild 5.15.

Wenn die Spiegelreflektivitäten zusätzlich für die Idlerwelle von Null verschieden sind, muß für die Idler- und für die Signalwelle die Selbstkonsistenzbedingung erfüllt werden

$$\begin{aligned} \bar{A}_S(0) &= \bar{A}_S(L)e^{-j\beta_S L} \cdot r_{S2}e^{j\phi_{S2}} \cdot e^{-j\beta_S L} \cdot r_{S1}e^{j\phi_{S1}} \\ \bar{A}_I^*(0) &= \bar{A}_I^*(L)e^{+j\beta_I L} \cdot r_{I2}e^{-j\phi_{I2}} \cdot e^{+j\beta_I L} \cdot r_{I1}e^{-j\phi_{I1}}. \end{aligned} \tag{5.150}$$

Der jeweils 2. Faktor $e^{-j\beta_S L}$ und $e^{+j\beta_I L}$ beschreibt das Rücklaufen der Wellen. Nach dem Einsetzen von Gl. (5.147) in Gl. (5.150) erhalten wir ein lineares homogenes Gleichungssystem für $\bar{A}_S(0)$ und $\bar{A}_I^*(0)$, dessen Determinante verschwinden muß:

$$\begin{aligned} \det = 0 = \\ = \begin{vmatrix} \cosh(g^+L)r_{S1}r_{S2}e^{j(-2\beta_S L+\phi_{S1}+\phi_{S2})} - 1 & -j\sqrt{\frac{\omega_S}{\omega_I}}\frac{1}{(\bar{A}_{P0}^*/\bar{A}_{P0})^{1/2}}\sinh(g^+L)r_{S2}r_{S1}e^{j(-2\beta_S L+\phi_{S1}+\phi_{S2})} \\ j\sqrt{\frac{\omega_I}{\omega_S}}(\bar{A}_{P0}^*/\bar{A}_{P0})^{1/2}\sinh(g^+L)r_{I1}r_{I2}e^{j(2\beta_I L-\phi_{I1}-\phi_{I2})} & \cosh(g^+L)r_{I1}r_{I2}e^{j(2\beta_I L-\phi_{I1}-\phi_{I2})} - 1 \end{vmatrix} = \\ = 1 + r_{S1}r_{S2}r_{I1}r_{I2}e^{j(-2\beta_S L+\phi_{S1}+\phi_{S2}+2\beta_I L-\phi_{I1}-\phi_{I2})} \\ - \cosh(g^+L)\cdot\left(r_{S1}r_{S2}e^{j(-2\beta_S L+\phi_{S1}+\phi_{S2})} + r_{I1}r_{I2}e^{j(2\beta_I L-\phi_{I1}-\phi_{I2})}\right). \end{aligned} \tag{5.151}$$

Damit die Phasenfaktoren verschwinden, müssen Signal- und Idlerwelle in longitudinalen Resonatormoden schwingen

$$\begin{aligned} 2\beta_S L - \phi_{S1} - \phi_{S2} &= 2\pi n' \\ 2\beta_I L - \phi_{I1} - \phi_{I2} &= 2\pi n'', \qquad n', n'' \in G. \end{aligned} \tag{5.152}$$

Es ergibt sich folgende Pumpschwelleistung:

$$|\bar{A}_{P0}|^2 = \left(\frac{1}{\sqrt{\omega_S\omega_I}\frac{K}{2}L}\operatorname{arccosh}\left(\frac{1 + r_{S1}r_{S2}r_{I1}r_{I2}}{r_{S1}r_{S2} + r_{I1}r_{I2}}\right)\right)^2. \tag{5.153}$$

Wenn der SSR-Oszillator in unserem Beispiel zusätzlich mit $r_{I1} = r_{I2} = 0.8$ für die Idlerwelle verspiegelt wird, vermindert sich für den entstehenden SDRO die Schwelleistung auf $|\bar{A}_{P0}|^2 = 0.067\,\frac{MW}{m}$.

Die nach dem gleichen Schema zu berechnenden Anschwingbedingungen der Doppelweg-Oszillatoren zeigen, daß bei einer Pumpwellenreflexion die Schwelleistung weiter gesenkt werden kann. Dem Leser wird die Berechnung der Anschwingleistung vom DDRO und vom DSRO empfohlen, da er bei der Berücksichtigung der rückwärtslaufenden Pumpmoden sein Verständnis für die Modenkoppeltheorie überprüfen kann. Für einen DDRO mit resonanter Idler- und Signalwelle bei gleichen Spiegelreflektivitäten

$$r_{S1}e^{j\phi_{S1}} = r_{S2}e^{j\phi_{S2}} = \sqrt{R_S}e^{j\phi_S}$$

und

$$r_{I1}e^{j\phi_{I1}} = r_{I2}e^{j\phi_{I2}} = \sqrt{R_I}e^{j\phi_I}$$

findet man die implizite Bedingung für die Pumpschwelleistung

$$R_S R_I + 1 - \cosh(g^+L)\cosh(-Lg^-)(R_S + R_I) +$$

$$+ \sinh(g^+L)\sinh(-Lg^-)(\pm\sqrt{R_S R_I}\cdot 2\cdot\cos(\beta_P L - \phi_{P2})) = 0\,. \tag{5.154}$$

$g^- = \frac{K}{2}|B_{PL}|\sqrt{\omega_I\omega_S}$ ist der Verstärkungsfaktor in Rücklaufrichtung mit der Pumpleistungsamplitude $|B_{PL}| = |\bar{A}_{P0}e^{-j\beta_P L}r_{P2}e^{j\phi_{P2}}| = |\bar{A}_{P0}|r_{P2}$ nach der Reflexion am Spiegel S2. Mit dem Leistungsreflexionsfaktor $R_I = 0$ für die Idlerwelle ergibt sich aus Gl. (5.154) der Ausdruck für die Pumpschwelle des DSRO mit resonanter Signalwelle:

$$\cosh(g^+L) = \frac{1}{R_S\cosh(-Lg^-)}\,. \tag{5.155}$$

5.3.1.2 4-Wellenmischung

Nachdem wir einige wichtige 3-Wellenmischprozesse untersucht haben, wollen wir uns nun mit der 4-Wellenmischung beschäftigen. Die nichtlinearen Effekte 3. Ordnung sind in integriert-optischen Bauelementen schwieriger zu untersuchen als die Mischungen 2. Ordnung, da die nichtlineare Polarisation 3. Ordnung im allgemeinen wesentlich kleiner ist als die Polarisation 2. Ordnung.

Wie aus den Formeln für die elektronischen Suszeptibilitäten (5.10), (5.13) und (5.15) hervorgeht, haben die Verhältnisse von elektronischen Suszeptibilitäten aufeinanderfolgender Ordnungen die gleiche Größenordnung [51; Kap.2.22]:

$$\frac{|\chi^{(2)}|}{|\chi^{(1)}|} \approx \frac{|\chi^{(3)}|}{|\chi^{(2)}|} \approx \frac{1}{|E_{Atom}|}\,.$$

$|E_{Atom}|$ ist die inneratomare Feldstärke von ca. $10^{11}\frac{V}{m}$. Mit $\chi^{(1)}$ von $10^{-11}\frac{As}{Vm}$ erhalten wir ein $\chi^{(2)} \approx 10^{-22}\frac{As}{V^2}$ und ein $\chi^{(3)} \approx 10^{-33}\frac{Asm}{V^3}$. Selbst bei der Bestrahlung von $LiNbO_3$ mit Leistungen an der Materialzerstörungsgrenze von $P \approx 1000\,\frac{GW}{m^2}$ — das entspricht Maximalfeldstärken von $E \approx 14\frac{MV}{m}$ — wird das Verhältnis der nichtlinearen Polarisationen aufeinanderfolgender Ordnungen nicht größer als

$$\frac{|P^{(3)}|}{|P^{(2)}|} \approx \frac{|\chi^{(3)}EEE|}{|\chi^{(2)}EE|} \approx \frac{|E|}{|E_{Atom}|} \approx 1.4 \cdot 10^{-4}.$$

Trotzdem untersucht und optimiert man nichtlineare Effekte 3. Ordnung.

Einmal sind es die wichtigsten Nichtlinearitäten in zentralsymmetrischen Kristallen und in isotropen Materialen, in denen die Tensoren 3. Stufe und damit auch die Suszeptibilitäten 2. Ordnung auf Grund der Materialsymmetrie verschwinden [51; Kap.1.22], [46]. Zu dieser Materialkategorie gehören auch die Glasfasern, in denen selbst sehr kleine nichtlineare Polarisationen über oft km-lange Wechselwirkungsstrecken bedeutende Auswirkungen zeigen können.

Zum anderen gibt es Effekte 3. Ordnung, die gegenüber den Nichtlinearitäten 2. Ordnung völlig neuartige Anwendungsmöglichkeiten haben. Dem wichtigsten Vertreter dieser Gruppe, der **nichtlinearen Brechzahl** wird im folgenden ein eigener Abschnitt gewidmet. Aber auch die nichtlinearen 4-Wellenmischungen können gegenüber den 3-Wellenmischungen ein neues Verhalten zeigen, das auf der Frequenzabhängigkeit der Suszeptibilität 3. Ordnung beruht.

Neu treten neben den **parametrischen 4-Wellenmischungen** die **2-Photonenresonanzprozesse** auf, bei denen die Frequenzdifferenz oder die Frequenzsumme von 2 eingestrahlten Wellen einer Elementaranregungsenergie gleich ist. Ist die Frequenzdifferenz gleich einer Phononenfrequenz, wird der Phononenanteil der Suszeptibilität 3. Ordnung imaginär. Auf dieser imaginären Suszeptibilität beruht die Verstärkung der bei der **stimulierten Ramanstreuung** erzeugten Stokesstrahlung [47; Kap.7], [51; Kap.2.4 und 4.2], [53; Kap.12], [22].

Ist die Frequenzsumme einer Elektronenanregung gleich, erhält man eine die **2-Photonenabsorption** beschreibende imaginäre elektronische Suszeptibilität [47; Kap.4], [33].

Nichtlineare Spektroskopie

In diesem Abschnitt behandeln wir eine integriert-optische Wellenleiteranordnung, mit der es möglich ist, ein Tensorelement der elektronischen nichtlinearen Suszeptibilität 3. Ordnung zu vermessen. Dieses Bauteil soll also nicht als aktives integriert-optisches Bauelement für die Nachrichtentechnik verstanden werden, sondern ist ein Beispiel für die Nutzung der nichtlinearen Integrierten Optik bei der Untersuchung und Bestimmung von Materialeigenschaften. In den im Bild 5.17 dargestell-

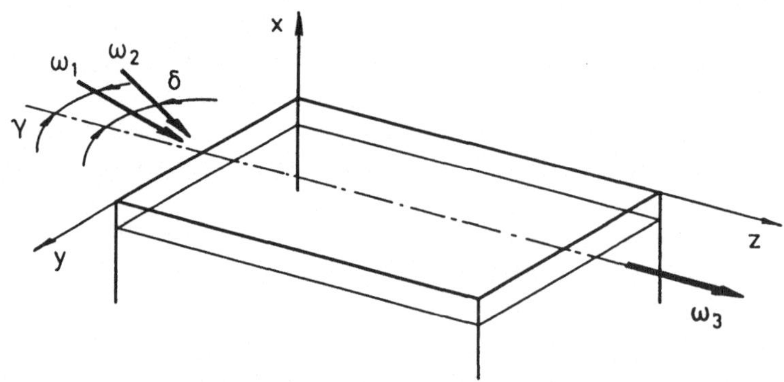

Abbildung 5.17: Wellenvektororientierung bei der 4-Wellenmischung

ten isotropen Wellenleiter werden 2 TE-Grundmoden mit Wellenlängen von λ_1 und λ_2 eingekoppelt. Am Ende dieses Abschnitts wird deutlich, daß die Wahl eines isotropen Wellenleitermaterials eine wesentliche Vereinfachung der Beschreibung der 4-Wellenmischung zur Folge hat. Die

Wellenvektoren der beiden Moden können aus einem später ersichtlichen Grund gegen die z-Achse um die kleinen Winkel γ und δ in der Filmebene verkippt werden.

Die Frequenz ω_1 des Pumplichtmodes "1" wird konstant gehalten. Die Frequenz $\omega_2 < \omega_1$ des Pumplichtmodes "2" wird variiert, so daß $\Delta\omega = \omega_1 - \omega_2$ Phononenresonanzfrequenzen ω_σ überstreicht. Durch nichtlineare Mischung 3. Ordnung entsteht eine Polarisationswelle mit der Frequenz $\omega_3 = \omega_1 + \omega_1 - \omega_2 = \omega_1 + \Delta\omega$:

$$\hat{P}_y^{(3)}(\omega_3) = \chi_{yyyy}^{(3)}(\omega_3; \omega_1, \omega_1, -\omega_2)\hat{E}_y(\omega_1)\hat{E}_y(\omega_1)\hat{E}_y^*(\omega_2)\,. \tag{5.156}$$

Im isotropen Material wirkt als einziges Tensorelement $\chi_{yyyy}^{(3)}$ [47; S.30 Tab. III], wenn die leichte Verkippung der Wellenvektoren gegen die z-Achse vernachlässigt wird. Die Mischwelle ω_3 wird auch als TE-Grundmode angeregt.

Da jetzt nicht mehr alle Frequenzargumente und deren Summen größer als die Phononenresonanzfrequenzen sind, darf der frequenzabhängige Phononenanteil $\chi^{(3)P}$ nicht mehr gegenüber dem weiterhin als konstant angesehenen elektronischen Anteil $\chi^{(3)E}$ vernachlässigt werden.

Um die frequenzabhängige Suszeptibilität $\chi^{(3)}$ zu bestimmen, müssen wir auf Abschnitt 5.1.2 zurückverweisen. Gl. (5.31) reduziert sich nach Einsetzen der in Gln. (5.26) bis (5.28) gegebenen Phononenauslenkungen $'q^{(n)}(\omega)$ mit dem monochromatischen Feldansatz

$$'E(\omega) = \sum_i \frac{1}{2}\hat{E}(\omega_i)\delta(\omega - \omega_i) + MF$$

bei anschließender Vernachlässigung aller Terme, in denen der Resonanznenner $\frac{1}{-(2\pi f)^2 + \omega_\sigma^2}$ wegen $(2\pi f)^2 \gg \omega_\sigma^2$ klein wird, zu

$$\begin{aligned} \hat{P}_y^{(3)}(\omega_3) &= \sum_\sigma \frac{\partial\, '\kappa_{yy}^{(1)E}}{\partial q_\sigma}\frac{1}{2}\hat{q}_\sigma^{(2)}(\omega_1 - \omega_2)\hat{E}_y(\omega_1) + \\ &\quad + \frac{3}{4}\,'\kappa_{yyyy}^{(3)E}\hat{E}_y(\omega_1)\hat{E}_y(\omega_1)\hat{E}_y^*(\omega_2)\,. \end{aligned} \tag{5.157}$$

Dabei ist

$$\hat{q}_\sigma^{(2)} = \frac{1}{-(\omega_1 - \omega_2)^2 + \omega_\sigma^2}\left[\frac{1}{2}\cdot\frac{2}{2}\frac{\partial\, '\kappa_{yy}^{(1)E}}{\partial q_\sigma}\hat{E}_y(\omega_1)\hat{E}_y^*(\omega_2)\right]\,. \tag{5.158}$$

In den bei den Frequenzargumenten $\omega_1 - \omega_2 \approx \omega_\sigma$ sehr klein werdenden Resonanznenner fügen wir nachträglich einen Dämpfungsterm ein, der einer Berücksichtigung der Phononendämpfung in Gl. (5.25) äquivalent ist. Die Summation erfolgt über alle Phononen im Kristall.

Aus Gl. (5.157) und (5.158) erhalten wir nach Zusammenfassung zur Form von Gl. (5.156) den Ausdruck für die gesuchte Suszeptibilität:

$$\chi^{(3)}_{yyyy}(\omega_3;\omega_1,\omega_1,-\omega_2) = \sum_\sigma \frac{\frac{1}{4}\left(\frac{\partial\, '\kappa^{(1)E}_{yy}}{\partial q_\sigma}\right)^2}{\omega_\sigma^2 - (\omega_1-\omega_2)^2 + j\Gamma_\sigma(\omega_1-\omega_2)} + \frac{3}{4}\, '\kappa^{(3)E}_{yyyy}\,. \tag{5.159}$$

Für die Felder im Meßwellenleiter machen wir den bekannten Modenüberlagerungsansatz nach Gl. (5.60):

$$\begin{aligned} \hat{\vec{E}}_t &= \hat{A}_1(z)\vec{e}_{1t} + \hat{A}_2(z)\vec{e}_{2t} + \hat{A}_3(z)\vec{e}_{3t} \\ \hat{\vec{H}}_t &= \hat{A}_1(z)\vec{h}_{1t} + \hat{A}_2(z)\vec{h}_{2t} + \hat{A}_3(z)\vec{h}_{3t}\,. \end{aligned} \tag{5.160}$$

Die rücklaufenden Wellen wurden in der parabolischen Näherung vernachlässigt. $(\vec{e}_{1t}, \vec{h}_{1t})$ sind die Tangentialfelder des normierten TE-Grundmodes bei der Pumpwellenlänge λ_1, $(\vec{e}_{2t}, \vec{h}_{2t})$ sind die Tangentialfelder des normierten TE-Grundmodes bei der Wellenlänge λ_2. $(\vec{e}_{3t}, \vec{h}_{3t})$ gehören zum TE-Grundmode mit der Mischwellenlänge λ_3.

Zu beachten ist, daß wir für alle 3 Basismoden die Normierung nach Gl. (5.82) beibehalten, obwohl die Basismoden $(\vec{e}_{1t}, \vec{h}_{1t})$ und $(\vec{e}_{2t}, \vec{h}_{2t})$ durch die Verkippung eine periodische y-Abhängigkeit bekommen. Wegen dieser y-Abhängigkeit wird vorerst in den folgenden Überlappintegralen die y-Integration explizit ausgeschrieben.

Da der Kristall maximal nur einige cm lang ist und wir einen 4-Wellenmischprozeß untersuchen, können wir von einer sehr geringen Modenkonvertierungsrate ausgehen. Damit ist es ausreichend, die rückwirkungsfreie Näherung zu benutzen, in der die Beträge von $|\hat{A}_1|$ und $|\hat{A}_2|$ während des Kristalldurchlaufs vernachlässigbar vermindert werden. Es bleibt die Differentialgleichung für $\hat{A}_3(z)$ zu lösen:

$$\frac{d\hat{A}_3}{dz} + j\beta_3\hat{A}_3 = -j\frac{\omega_3}{2}\cdot\frac{1}{B}\cdot\frac{\int\limits_{x=-\infty}^{+\infty}\int\limits_{y=0}^{B} dx\,dy\,\hat{P}^3_y(\omega_3)e^*_{3y}(\omega_3)}{2\frac{W}{m}} \tag{5.161}$$

$$\hat{P}^{(3)}_{y\cdot}(\omega_3) = \chi^{(3)}_{yyyy}(\omega_3;\omega_1,\omega_1,-\omega_2)e_{1y}(\omega_1)e_{1y}(\omega_1)e^*_{2y}(\omega_2)\hat{A}_1\hat{A}_1\hat{A}^*_2 .$$

Wir führen das Koppelintegral

$$K' = \frac{1}{B}\frac{\int\limits_{x=-\infty}^{+\infty}\int\limits_{y=0}^{B} dxdy\; e_{1y}(\omega_1)e_{1y}(\omega_1)e^*_{2y}(\omega_2)e^*_{3y}(\omega_3)}{2\frac{W}{m}} \tag{5.162}$$

ein und machen den Ansatz für die Amplituden

$$\begin{aligned} \hat{A}_1 &= \bar{A}_1 e^{-j\beta_{z1}z} \\ \hat{A}_2 &= \bar{A}_2 e^{-j\beta_{z2}z} \\ \hat{A}_3 &= \bar{A}_3 e^{-j\beta_3 z} . \end{aligned} \tag{5.163}$$

Da sich die Wellen "1" und "2" gegen die z-Achse verkippt ausbreiten, benutzen wir nur die z-Komponenten der Ausbreitungskonstanten β_1 und β_2. Damit vereinfacht sich Gl. (5.161) und nimmt die Gestalt an:

$$\frac{d\bar{A}_3}{dz} = -\frac{j\omega_3 K'}{2}\chi^{(3)}_{yyyy}\bar{A}_1\bar{A}_1\bar{A}^*_2 e^{j(-2\beta_{z1}+\beta_{z2}+\beta_3)z} . \tag{5.164}$$

Nach diesen Überlegungen wollen wir uns nun näher vertraut machen mit der im gewählten Beispiel benutzten neuen Art der Phasenanpassung.

Die Betrachtung der Dispersionskurve des Grundmodes bei den Modenfrequenzen in Bild 5.18a zeigt, daß wegen der positiven Kurvenkrümmung grundsätzlich keine Phasenanpassung von kollinear laufenden Grundmoden der gleichen Polarisationsrichtung möglich ist. Da $\Delta\omega$ in der Größenordnung der Phononenresonanzfrequenz liegt und damit sehr klein gegen ω_1 ist, ist die Phasenanpaßbedingung jedoch nicht stark verletzt. Das Vektorphasendiagramm in Bild 5.18b macht deutlich, daß die geringe Phasenfehlanpassung durch eine leichte Verkippung der Wellenvektoren der eingestrahlten Moden gegen die z-Achse beseitigt werden kann. Die Kippwinkel γ und δ ergeben sich aus der Phasenanpaßbedingung

$$\begin{aligned} 2\beta_{z1} &= \beta_{z2} + \beta_3 \\ 2\beta_{y1} &= \beta_{y2} \end{aligned} \tag{5.165}$$

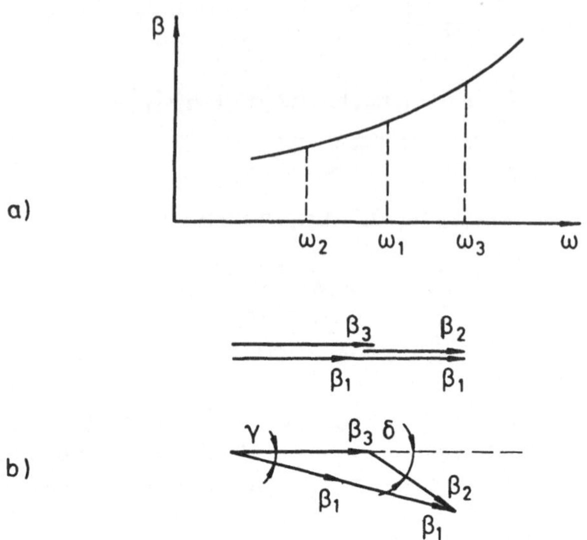

Abbildung 5.18: Phasenanpassung der 4-Wellenmischung: a) Dispersionskurve, b) Wellenvektordiagramm

mit

$$\begin{aligned} \beta_{z1} &= \beta_1 \cos\gamma & \beta_{y1} &= \beta_1 \sin\gamma \\ \beta_{z2} &= \beta_2 \cos\delta & \beta_{y2} &= \beta_2 \sin\delta\,. \end{aligned}$$

Der in diesem Abschnitt quantitativ berechnete Stufenindexfilmwellenleiter hat einen $2.5\mu m$ dicken Film mit einer Brechzahlerhöhung von 0.02 gegenüber dem Substratindex. Der Deckmaterialindex ist 1. Wie schon anfangs angedeutet, soll der Wellenleiter in einem fiktiven isotropen Kristall liegen, dem wir die außerordentliche Brechzahl von $LiNbO_3$ zuordnen. Für die TE-Grundmodenanpassung zeigt Bild 5.19 die einzustellenden Phasenanpaßwinkel γ und δ für verschiedene Wellenzahlen $\nu = \frac{\Delta\omega}{2\pi c}$ der Differenzfrequenz. Es wurde mit einer Pumpwellenlänge von $1.06\mu m$ gerechnet.

Das Koppelintegral bleibt bei Erfüllung der Phasenanpaßbedingung (5.165) unabhängig von der Wellenverkippung, da die y-Abhängigkeit

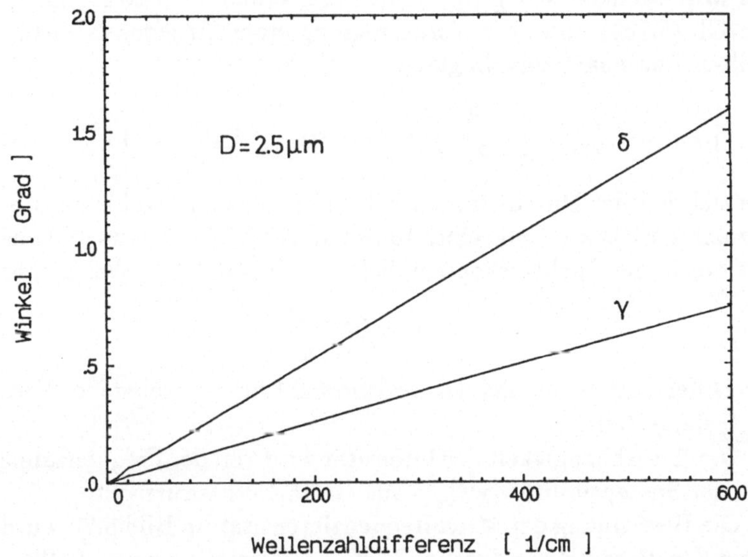

Abbildung 5.19: Winkel zwischen Wellenvektoren und z-Achse zur Phasenanpassung der 4-Wellenmischung

der Basismoden

$$\begin{aligned} e_{1y}(\omega_1) &= \tilde{e}_{1y}(\omega_1, x) e^{-j\beta_1 \sin\gamma y} \\ e_{2y}(\omega_2) &= \tilde{e}_{2y}(\omega_2, x) e^{-j\beta_2 \sin\delta y} \end{aligned} \tag{5.166}$$

kompensiert wird:

$$K' = \frac{1}{B} \frac{\int\limits_{-\infty}^{+\infty} dx\ \tilde{e}_{1y}(\omega_1)\tilde{e}_{1y}(\omega_1)\tilde{e}^*_{2y}(\omega_2)e^*_{3y}(\omega_3) \int\limits_0^B dy\ e^{-j(2\beta_1 \sin\gamma - \beta_2 \sin\delta)y}}{2\frac{W}{m}}. \tag{5.167}$$

Da die Basismoden auf die in z-Richtung laufende Modenleistung normiert wurden, sind $\bar{A}_1$ und $\bar{A}_2$ Modenamplituden, die den Leistungsfluß in z-Richtung angeben.

Mit den eingestrahlten Leistungen stehen sie in folgender Beziehung

$$|\bar{A}_{1\gamma}|^2 = \frac{|\bar{A}_1|^2}{\cos\gamma} \quad \text{und} \quad |\bar{A}_{2\delta}|^2 = \frac{|\bar{A}_2|^2}{\cos\delta}. \tag{5.168}$$

Die Mischwellenleistung im Wellenleiter erhält man somit als Lösung von Gl. (5.164) unter der Voraussetzung einer für jedes $\Delta\omega$ neu eingestellten Phasenanpaßbedingung:

$$|\bar{A}_3|^2 = |\chi^{(3)}_{yyyy}|^2 \left(\frac{\omega_3 K'}{2}\right)^2 \left(|\bar{A}_{1\gamma}|^4 \cos^2\gamma |\bar{A}_{2\delta}|^2 \cos\delta\right) z^2. \qquad (5.169)$$

Die sich bei der Durchstimmung der Frequenz ω_2 ergebende Mischfrequenzintensität am Ende eines $10mm$ langen Wellenleiters in Abhängigkeit der in der Spektroskopie üblicherweise benutzten Wellenzahl

$$\Delta\nu = \frac{\omega_1 - \omega_2}{2\pi c}$$

der Differenzfrequenz $\Delta\omega$ ist im Bild 5.20 für verschiedene Werte von ${}'\kappa^{(3)E}_{yyyy}$ dargestellt.

Die $\Delta\nu$-Abhängigkeit der Intensität wird von der Frequenzabhängigkeit der Suszeptibilität $|\chi^{(3)}_{yyyy}|^2$ aus Gl. (5.159) verursacht.

Die Berechnung der Mischfrequenzintensität im Bild 5.20 wurde mit folgenden Parametern durchgeführt. Im Kristall gebe es 2 Phononen mit nicht verschwindenen yy-Ramantensorelementen:

$$\begin{aligned}
\nu_{q1} &= \frac{\omega_{q1}}{2\pi c} = 200cm^{-1} \\
\nu_{q2} &= 400cm^{-1} \\
\left|\frac{\partial\, {}'\kappa^{(1)E}_{yy}}{\partial q_1}\right| &= 0.005\sqrt{Am/sV^3} \\
\left|\frac{\partial\, {}'\kappa^{(1)E}_{yy}}{\partial q_2}\right| &= 0.01\sqrt{Am/sV^3} \\
\frac{\Gamma q_1}{2\pi c} &= 30cm^{-1} \\
\frac{\Gamma q_2}{2\pi c} &= 40cm^{-1}.
\end{aligned}$$

Die beiden eingestrahlten Wellen haben jeweils eine Intensität von $5\,\frac{MW}{m}$.

Dem behandelten Beispiel zur nichtlinearen Spektroskopie wurde ein Wellenleiter auf einem isotropen Kristall zugrunde gelegt. Selbstverständlich ist es auch möglich, für den in diesem Buch sonst oft zitierten $LiNbO_3$-Kristall entsprechende Berechnungen durchzuführen. Nur wird das aus folgenden Gründen wesentlich komplizierter, so daß der Rahmen dieses Buches dadurch gesprengt würde.

Es gibt in dem nicht zentralsymmetrischen $LiNbO_3$-Kristall nichtlineare Effekte 2. Ordnung. Und zwei nichtlineare Mischungen 2. Ordnung hintereinander ausgeführt erzeugen eine nichtlineare Polarisation, die in ihren Wirkungen nicht von dem durch $\chi^{(3)}$ nach Gl. (5.159) bestimmten direkten Prozeß 3. Ordnung unterscheidbar ist. Der erste

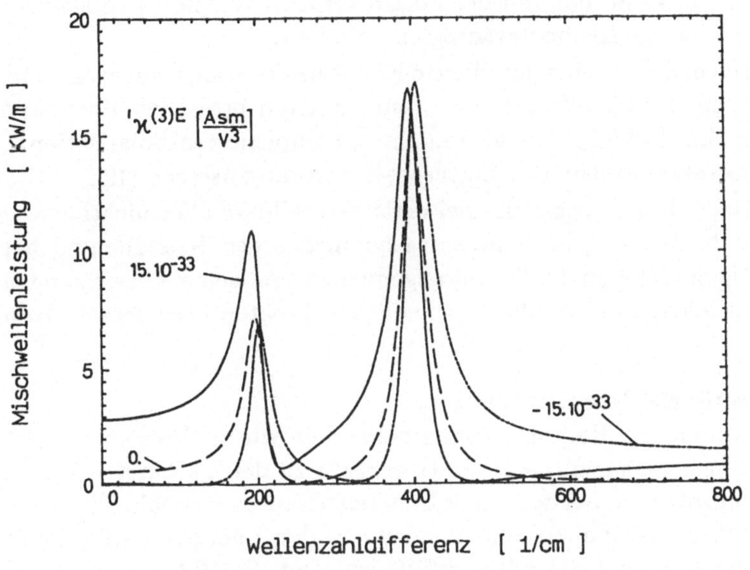

Abbildung 5.20: Mischfrequenzintensität

Prozeß 2. Ordnung ist eine Differenzfrequenzmischung mit

$$\chi^{(2)}(\omega_1 - \omega_2; \omega_1, -\omega_2)\,.$$

Die hierdurch entstehende Polarisation treibt ein elektromagnetisches Feld, welches im Frequenzbereich der Phononenschwingungen sehr stark mit den mechanischen Schwingungen des polaren Kristalls verkoppelt ist. Dieses Feld muß als Phononpolariton auf der Basis der Maxwellgleichungen und der mechanischen Bewegungsgleichungen berechnet werden. Diese Berechnung ist relativ aufwendig und mit der zusätzlichen

Schwierigkeit behaftet, daß die langwelligen Felder im Wellenleiter entsprechend der Modenkoppeltheorie aus Strahlungsmoden zusammengesetzt werden müssen. Im zweiten Teil des 2-Stufenprozesses 2. Ordnung wird der partikuläre Anteil des elektrischen Polaritonfeldes wieder gemischt mit der Pumpwelle über $\chi^{(2)}(\omega_1 + \omega_1 - \omega_2; \omega_1 - \omega_2, \omega_1)$. Dieser Prozeß ist automatisch mit der Phasenanpassung des direkten Prozesses 3. Ordnung auch phasenangepaßt.

Da beim ersten Teil des Stufenprozesses das Polariton direkt angeregt wird, kann man mit der Polaritonspektroskopie Erkenntnisse über diese wichtige Elementaranregung erhalten.

Natürlich ist eine detaillierte Kenntnis der Ramantensoren und Frequenzen der 22 infrarot- und ramanaktiven optischen Phononpolaritonen im $LiNbO_3$-Kristall mit ihren komplizierten polarisations- und wellenvektorabhängigen Eigenschaften vorauszusetzen [49].

Der 2-Stufenprozeß ist bei der Beschreibung aller nichtlinearen Effekte 3. Ordnung in nichtzentralsymmetrischen Kristallen zu berücksichtigen [47; Kap.2.2.D]. Im allgemeinen sind seine Auswirkungen von der gleichen Größenordnung wie die des direkten Prozesses 3. Ordnung.

Stimulierte Ramanstreuung

Die stimulierte Ramanstreuung behandeln wir als Beispiel für einen 2-Photonenresonanzprozeß. Im Gegensatz zu den parametrischen Lichtmischprozessen, bei denen der Energieaustausch ausschließlich zwischen Photonen stattfindet, und demzufolge der Energieerhaltungssatz für alle beteiligten Lichtwellen erfüllt ist, sind die Photonenresonanzprozesse Ursache für echte Dämpfung bzw. Verstärkung der Lichtwellen mit Austausch von Lichtenergie und Kristallanregungsenergie.

Bei Einstrahlung von 2 TE-Moden mit den um eine Phononenfrequenz ω_σ verschobenen Frequenzen ω_L und $\omega_S = \omega_L - \omega_\sigma$ in den isotropen Wellenleiter nach Bild 5.21 wird eine Polarisation 3. Ordnung nach Gl. (5.31) erzeugt. Wir beschränken uns auf die Betrachtung von Wellen der Frequenz ω_S mit nur leicht gegen die z-Achse gekipptem Wellenvektor. Dann brauchen wir die Transformationen der Suszeptibilitäten noch nicht zu berücksichtigten und wollen nur mit der in y-Polarisationsrichtung unvermindert wirkenden Suszeptibilität rechnen.

Die nichtlineare Polarisation hat Frequenzanteile bei der Laserfrequenz ω_L, bei der um die Phononenfrequenz verminderten Stokesfrequenz ω_S und bei der um die Phononenfrequenz erhöhten Antistokesfrequenz ω_A. Als **Stokesstrahlung** bezeichnet man die Streustrahlung mit Frequenzen ω_S, die kleiner als die Laserfrequenz ω_L sind. Die **Antistokesstrahlung** ist die zu höheren Frequenzen verschobene Streustrahlung. Die Polarisationsamplitude bei der Stokesfrequenz bestimmen wir aus Gl. (5.31):

$$\begin{aligned} \hat{P}_y^{(3)}(\omega_S) &= \chi_{yyyy}^{(3)}(\omega_S;\omega_L,-\omega_L,\omega_S)\hat{E}_y(\omega_L)\hat{E}_y^*(\omega_L)\hat{E}_y(\omega_S) = \\ &= \frac{\partial\,'\kappa_{yy}^{(1)E}}{\partial q}\frac{1}{2}\hat{q}^{(2)*}(\omega_L-\omega_S)\hat{E}_y(\omega_L)\,. \end{aligned} \tag{5.170}$$

Wie im letzten Abschnitt schon festgestellt wurde, können alle anderen

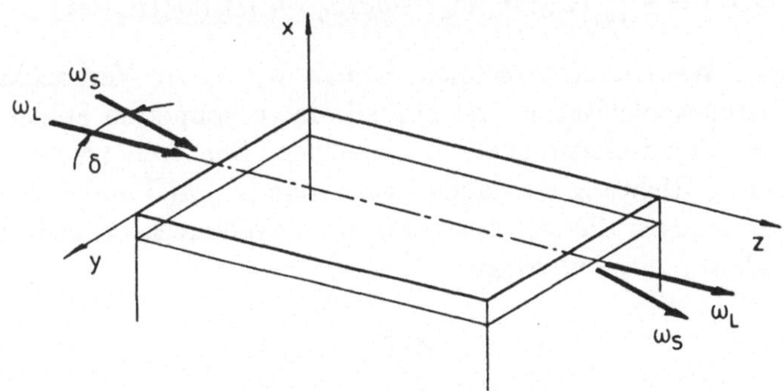

Abbildung 5.21: Wellenvektorrichtungen der bei der Ramanstreuung verkoppelten TE-Moden

Terme in Gl. (5.31) gegenüber dem in Gl. (5.170) einzig berücksichtigten Term vernachlässigt werden.

Um nicht noch einen zusätzlichen, als Ergebnis eines 2-Stufenprozesses 2. Ordnung auftretenden nichtlinearen Polarisationsanteil berücksichtigen zu müssen, beschränken wir uns wieder auf die Betrachtung eines Wellenleiters im isotropen Kristall.

Nach Einsetzen der Phononenamplitude $\hat{q}^{(2)*}$ aus Gl. (5.27)

$$\hat{q}^{(2)*}(\omega_L-\omega_S)=\hat{q}^{(2)}(\omega_S-\omega_L)=\frac{1}{j\Gamma_\sigma(\omega_S-\omega_L)}\left(\frac{1}{2}\frac{\partial\,'\kappa_{yy}^{(1)E}}{\partial q}\hat{E}_y(\omega_S)\hat{E}_y^*(\omega_L)\right)$$

finden wir die rein komplexe Suszeptibilität 3. Ordnung, die die Mischung der eingestrahlten Wellen zur Polarisation mit der Stokesfrequenz ω_S bestimmt:

$$\chi^{(3)}_{yyyy}(\omega_S;\omega_L,-\omega_L,\omega_S) = j\frac{\frac{1}{4}\left(\frac{\partial\,'\kappa^{(1)E}_{yy}}{\partial q}\right)^2}{\Gamma_\sigma\omega_\sigma} = j\chi_R. \tag{5.171}$$

Ebenso wird die Suszeptibilität gefunden, die die Mischung der Laserwelle und der Stokeswelle zu einer Polarisation mit der Laserfrequenz ω_L beschreibt:

$$\chi^{(3)}_{yyyy}(\omega_L;\omega_S,-\omega_S,\omega_L) = -j\chi_R. \tag{5.172}$$

Bevor wir das von der Antistokespolarisation

$$\hat{P}^{(3)}_y(\omega_A) = \chi^{(3)}_{yyyy}(\omega_A;\omega_L,\omega_L,-\omega_S)\hat{E}_y(\omega_L)\hat{E}_y(\omega_L)\hat{E}^*_y(\omega_S) \tag{5.173}$$

getriebene Wellenfeld berechnen, wollen wir unter Vernachlässigung der Antistokespolarisation erst einmal die verkoppelten Felder bei der Laser- und der Stokesfrequenz untersuchen. Das Wellenleiterfeld wird aus dem in z-Richtung laufenden Basismode $(\vec{e}_{1t}, \vec{h}_{1t})$ und dem sich mit einem um δ gegen die z-Achse verkippten Wellenvektor ausbreitenden Basismode $(\vec{e}_{2t}, \vec{h}_{2t})$ überlagert

$$\begin{aligned} \hat{\vec{E}}_t &= \hat{A}_L\vec{e}_{1t} + \hat{A}_S\vec{e}_{2t} \\ \hat{\vec{H}}_t &= \hat{A}_L\vec{h}_{1t} + \hat{A}_S\vec{h}_{2t}. \end{aligned} \tag{5.174}$$

Für die Entwicklungskoeffizienten erhalten wir mit dem Ansatz

$$\begin{aligned} \hat{A}_S &= \bar{A}_S e^{-j\beta_{zS}z}, \quad \beta_{zS} = \beta_S\cdot\cos\delta \\ \hat{A}_L &= \bar{A}_L e^{-j\beta_L z} \end{aligned} \tag{5.175}$$

das Gleichungssystem

$$\begin{aligned} \frac{d\bar{A}_S}{dz}e^{-j\beta_{zS}z} &= -j\frac{\omega_S}{2}\frac{\int dx\,\hat{P}^{(3)}_y(\omega_S)e^*_{2y}(\omega_S)}{2\frac{W}{m}} \\ \frac{d\bar{A}_L}{dz}e^{-j\beta_L z} &= -j\frac{\omega_L}{2}\frac{\int dx\,\hat{P}^{(3)}_y(\omega_L)e^*_{1y}(\omega_L)}{2\frac{W}{m}}. \end{aligned} \tag{5.176}$$

Die Polarisationsamplituden sind mit Hilfe von Gl. (5.174) zu ersetzen

$$\begin{aligned}\hat{P}_y^{(3)}(\omega_S) &= \chi_{yyyy}^{(3)}(\omega_S;\omega_L,-\omega_L,\omega_S)\bar{A}_L\bar{A}_L^*\bar{A}_S e_{1y}e_{1y}^* e_{2y} e^{-j\beta_{zS}z} \\ \hat{P}_y^{(3)}(\omega_L) &= \chi_{yyyy}^{(3)}(\omega_L;\omega_S,-\omega_S,\omega_L)\bar{A}_S\bar{A}_S^*\bar{A}_L e_{2y}e_{2y}^* e_{1y} e^{-j\beta_L z}\,.\end{aligned} \qquad (5.177)$$

Der Integrand in Gl. (5.176) ist y-unabhängig, da sich die y-Abhängigkeit $e^{j\beta_S \sin\delta y}$ der verkippten $(\vec{e}_{2t},\vec{h}_{2t})$ Moden kompensiert. Nach Einführung des Koppelintegrals

$$K' = \frac{\int dx e_{1y}e_{1y}^* e_{2y}e_{2y}^*}{2\frac{W}{m}} \qquad (5.178)$$

schreiben wir Gl. (5.176) in der Form

$$\begin{aligned}\frac{d\bar{A}_S}{dz} &= -j\frac{\omega_S}{2}K'(j\chi_R)|\bar{A}_L|^2\bar{A}_S \\ \frac{d\bar{A}_L}{dz} &= -j\frac{\omega_L}{2}K'(-j\chi_R)|\bar{A}_S|^2\bar{A}_L\,.\end{aligned} \qquad (5.179)$$

Die wichtigste Eigenschaft der Lösung dieser Gleichungen liegt begründet im Fehlen des Phasenanpassungsfaktors in Gl. (5.179). Die Verkopplung findet also unabhängig von Wellenvektorbeziehungen immer in ihrer vollen Stärke statt! Insbesondere werden die Stokeswellen unabhängig vom Ankippwinkel δ ihres Wellenvektors gegen die z-Achse verstärkt. Die Wellen sind nur über die Intensität der jeweils anderen Welle verkoppelt, so daß die Phasenlage der Wellen zueinander keine Rolle spielt.

Im Gegensatz zu den bisher behandelten parametrischen Lichtmischungen wird die stimulierte Ramanstreuung von der homogenen Gl. (5.179) beschrieben. Die rein positiv komplexe Suszeptibilität $j\chi_R$ in der Gleichung für die Stokeswelle wirkt sich aus wie ein Imaginärteil der Brechzahl, der eine Verstärkung beschreibt. Die rein negativ komplexe Suszeptibilität $-j\chi_R$ in der Gleichung für die Laserwelle ist ein für Wellendämpfung verantwortlicher Brechzahlimaginärteil.

Die Lösung des Systems (5.179) untersuchen wir in der rückwirkungsfreien Näherung. Die eingestrahlte Laserwelle ω_L sei sehr stark im Verhältnis zur eingestrahlten Stokeswelle, deren Rückwirkung auf die Laserwelle vernachlässigt wird. Dann hat die Stokeswelle die für eine Verstärkung charakteristische exponentiell mit z anklingende Amplitude

$$\bar{A}_S = \bar{A}_S(0)e^{\omega_S \frac{K'}{2}\chi_R|\bar{A}_L|^2 z}. \tag{5.180}$$

Daraus berechnet sich die Leistung

$$|\bar{A}_S|^2 = |\bar{A}_S(0)|^2 e^{g^+ z} \tag{5.181}$$

mit dem Verstärkungskoeffizienten

$$g^+ = \omega_S K' \chi_R |\bar{A}_L|^2. \tag{5.182}$$

Die zweite Gleichung von Gl. (5.179) zeigt, daß bei wachsender Stokesintensität die Laserwelle zunehmend geschwächt wird: $\frac{d\bar{A}_L}{dz} < 0$. Die Verstärkung kann wie beim parametrischen Oszillator zum Bau eines Ramanlasers benutzt werden. Ebenso wie im parametrischen Verstärker und Oszillator wird auch die Stokesstrahlung aus dem Rauschen heraus verstärkt, so daß auf die Einstrahlung von Stokeswellen verzichtet werden kann. Dieser Prozeß ist jedoch nur quantenmechanisch richtig zu erfassen [52; Kap.3.162], [53; Kap.12.2.3.1]. In [52; S.301] ist die Stokesphotonendichte in Abhängigkeit von der Ausbreitungskoordinate z angegeben.

$$\gamma_S(z) \approx \gamma'(e^{g^+ z} - 1) + \gamma_S(0)e^{g^+ z}. \tag{5.183}$$

Der 2. Term ist mit Gl. (5.181) äquivalent. Der erste Term beschreibt bei sehr kleinen z-Werten die linear mit z wachsende spontane Stokesstrahlung, die bei großem z exponentiell ansteigend verstärkt wird. γ' ist eine von der Lasereinstrahlleistung abhängige Konstante.

Jetzt müssen wir noch kurz auf die nichtlineare Polarisation mit der Antistokesfrequenz eingehen. Die Antistokespolarisation kann auf zwei verschiedene Arten erzeugt werden

$$\hat{P}_y^{(3)}(\omega_A) = \chi_{yyyy}^{(3)}(\omega_A; \omega_L, -\omega_L, \omega_A)\hat{E}_y(\omega_L)\hat{E}_y^*(\omega_L)\hat{E}_y(\omega_A) \tag{5.184}$$
$$\hat{P}_y^{(3)}(\omega_A) = \chi_{yyyy}^{(3)}(\omega_A; \omega_L, \omega_L, -\omega_S)\hat{E}_y(\omega_L)\hat{E}_y(\omega_L)\hat{E}_y^*(\omega_S). \tag{5.185}$$

Die Polarisation nach Gl. (5.184) bewirkt mit einem entsprechenden Rückwirkungsterm auf die Laserwelle

$$\hat{P}_y^{(3)}(\omega_L) = \chi_{yyyy}^{(3)}(\omega_L; \omega_A, -\omega_A, \omega_L)\hat{E}_y(\omega_A)\hat{E}_y^*(\omega_A)\hat{E}_y(\omega_L)$$

eine der Verkopplung von Laser- und Stokeswelle äquivalente Kopplung von Antistokes- und Laserwelle. Diese Prozesse verstärken immer die niederfrequente Welle auf Kosten der hochfrequenten Welle. Hier wird die Antistokeswelle gedämpft und die Energie in die Laserwelle gestreut. Um diesen Prozeß zu starten, muß allerdings erst einmal eine Antistokeswelle vorhanden sein. Diese Antistokeswelle kann sich aufbauen in dem schon im letzten Abschnitt besprochenen parametrischen 4-Wellenmischprozeß mit der Polarisation nach Gl. (5.185), wenn die Stokeswelle schon intensiv genug ist.

Wir haben gelernt, daß bei diesen parametrischen Prozessen Phasenanpaßbedingungen erfüllt sein müssen. Deshalb wird Antistokesstrahlung im Gegensatz zur Stokesstrahlung nur in diskreten Winkelrichtungen beobachtet. An dieser Stelle wird klar, weshalb man 4-Wellenmischexperimente entsprechend der im vorangehenden Abschnitt behandelten Theorie auch als **CARS-Spektroskopie** (Coherent **A**ntistokes **R**aman **S**cattering) bezeichnet.

Abschließend soll noch angemerkt werden, daß wir bei der Beschreibung unseres CARS-Beispiels im letzten Abschnitt aus Übersichtlichkeitsgründen die stimulierte Ramanstreuung ohne Kommentar vernachlässigten. Diese Vernachlässigung können wir mit einer Größenordnungsabschätzung der stimulierten Ramanstrahlung rechtfertigen. Das Koppelintegral nach Gl. (5.178) für die TE-Grundmoden des im Beispiel für die nichtlineare Spektroskopie angegebenen Wellenleiters hat den Wert $K' = 2.7 \cdot 10^{10} \frac{V^3}{Am^2}$. Damit erhalten wir aus Gl. (5.182) die Verstärkungsfaktoren für das niederfrequente Phonon

$$g_1^+ = 1.4 \cdot 10^{-6} |\bar{A}_L|^2 m^{-1}$$

und für das höherfrequente Phonon

$$g_2^+ = 2.1 \cdot 10^{-6} |\bar{A}_L|^2 m^{-1} .$$

Bei einer eingestrahlten Laserintensität von $5 \frac{MW}{m}$ weicht mit einem maximalen Verstärkungskoeffizienten von $g_2^+ = 10.5 m^{-1}$ das Leistungsverhältnis der Stokeswelle am Ende und der Stokeswelle am Anfang des Wellenleiters nur wenig von 1 ab:

$$|\bar{A}_S(z = 1cm)|^2 / |\bar{A}_S(z = 0)|^2 = 1.1 .$$

5.3.2 Lichtmischung mit einem elektrischen Gleichfeld

5.3.2.1 Linearer elektrooptischer Effekt

Wir lernten diesen Effekt in einer phänomenologischen Betrachtungsweise als „linearen" elektrooptischen Effekt kennen. Die wahre Ursache des Pockels-Effektes ist jedoch in einem nichtlinearen Prozeß 2. Ordnung zu sehen. Bei der Mischung eines Lichtfeldes mit einem elektrostatischen Feld wird eine nichtlineare Polarisation mit der Frequenz des eingestrahlten Lichts erzeugt. Diese nichtlineare Polarisation kann nicht von einer durch eine Brechzahlveränderung bewirkten linearen Polarisation unterschieden werden. Sie wirkt sich demzufolge als eine Brechzahländerung aus, die linear von einem elektrischen Gleichfeld abhängig ist.

Das Phänomen des elektrooptischen Effekts wird mit den elektrooptischen Koeffizienten r_{ijk} beschrieben. Da wir den elektrooptischen Tensor mit Suszeptibilitäten 2. Ordnung $'\kappa^{(2)}_{ijk}(f;f,0)$ in Verbindung bringen wollen, verwenden wir nicht die in der Kristallphysik häufig benutzte verkürzte Matrixschreibweise für symmetrische Tensoren, bei der ein Tensor 3. Stufe nur noch mit 2 Indizes versehen wird [46; Kap.VII 2].

Betrachten wir also die vom nichtlinearen Material erzeugte Polarisation 2. Ordnung mit der Lichtfrequenz als Reaktion auf die Einstrahlung einer Lichtwelle der Frequenz ω_L und das Anlegen eines Gleichfeldes:

$$\hat{P}^{(2)}_i(\omega_L) = \chi^{(2)}_{ijk}(\omega_L;\omega_L,0)\hat{E}_j(\omega_L)\hat{E}_k(0). \qquad (5.186)$$

Mit der abgekürzten Schreibweise

$$\chi^{(2)}_{ijk}(\omega_L;\omega_L,0)\hat{E}_k(0) = \delta\chi^{(2)}_{ij} \qquad (5.187)$$

nimmt die Gesamtpolarisationsamplitude mit der Lichtfrequenz unter Vernachlässigung der Nichtlinearität höherer Ordnung folgende Form an:

$$\hat{P}_i(\omega_L) = \hat{P}^{(1)}_i(\omega_L)+\hat{P}^{(2)}_i(\omega_L) = \left(\chi^{(1)}_{ij}(\omega_L;\omega_L) + \delta\chi^{(2)}_{ij}\right)\hat{E}_j(\omega_L). \quad (5.188)$$

An dieser Stelle sei besonders darauf hingewiesen, daß die gegenüber $\chi^{(1)}_{ij}$ sehr kleine Größe $\delta\chi^{(2)}_{ij}$ linear von Gleichfeldstärken abhängig ist.

Für die Verschiebungsflußdichte können wir mit dieser Polarisation schreiben

$$\hat{P}_i(\omega_L) = \left(\varepsilon_0\delta_{ij} + \chi_{ij}^{(1)} + \delta\chi_{ij}^{(2)}\right)\hat{E}_j(\omega_L) = \varepsilon_0\varepsilon_{ij}\hat{E}_j(\omega_L)\,. \tag{5.189}$$

δ_{ij} ist das Kroneckersymbol. Der Tensor der relativen Dielektrizitätskonstanten ε_{ij} hat damit die Form

$$(\varepsilon_{ij}) = \left(\delta_{ij} + \frac{\chi_{ij}^{(1)}}{\varepsilon_0} + \frac{\delta\chi_{ij}^{(2)}}{\varepsilon_0}\right). \tag{5.190}$$

Der Tensor r_{ijk} beschreibt die Veränderung des Umkehrtensors $(a_{ij}) = (\varepsilon_{ij})^{-1}$ beim Anlegen des elektrostatischen Feldes. Um den Zusammenhang zwischen dem elektrooptischen Tensor und der Suszeptibilität 2. Ordnung herzuleiten, muß der Dielektrizitätstensor

$$\begin{aligned}(\varepsilon_{ij}) &= \left(\varepsilon_{ij}(\hat{E}(0)=0) + \Delta_{ij}(\hat{E}(0))\right) = \\ &= \begin{pmatrix} \varepsilon_{xx} + \frac{\delta\chi_{xx}^{(2)}}{\varepsilon_0} & \frac{\delta\chi_{xy}^{(2)}}{\varepsilon_0} & \frac{\delta\chi_{xz}^{(2)}}{\varepsilon_0} \\ \frac{\delta\chi_{yx}^{(2)}}{\varepsilon_0} & \varepsilon_{yy} + \frac{\delta\chi_{yy}^{(2)}}{\varepsilon_0} & \frac{\delta\chi_{yz}^{(2)}}{\varepsilon_0} \\ \frac{\delta\chi_{zx}^{(2)}}{\varepsilon_0} & \frac{\delta\chi_{zy}^{(2)}}{\varepsilon_0} & \varepsilon_{zz} + \frac{\delta\chi_{zz}^{(2)}}{\varepsilon_0} \end{pmatrix}\end{aligned} \tag{5.191}$$

invertiert werden.

Wir setzen voraus, daß im gleichfeldfreien Kristall das Laborkoordinatensystem $(x-y-z)$ mit den Hauptachsen zusammenfällt, so daß der lineare Dielektrizitätstensoranteil nur Diagonalelemente hat.

Unter Berücksichtigung der Relation

$$\Delta_{ij} = \frac{\delta\chi_{ij}^{(2)}}{\varepsilon_0} \ll \varepsilon_{kk}$$

können wir die Umkehrmatrix in 1. Näherung entwickeln und erhalten als Ergebnis

$$
\begin{aligned}
(a_{ij}) &= (a_{ij}(0) + \delta a_{ij}) = \\
&= \begin{pmatrix} \frac{1}{\varepsilon_{xx}} & 0 & 0 \\ 0 & \frac{1}{\varepsilon_{yy}} & 0 \\ 0 & 0 & \frac{1}{\varepsilon_{zz}} \end{pmatrix} + \begin{pmatrix} -\frac{\Delta_{xx}}{\varepsilon_{xx}\varepsilon_{xx}} & -\frac{\Delta_{xy}}{\varepsilon_{xx}\varepsilon_{yy}} & -\frac{\Delta_{xz}}{\varepsilon_{xx}\varepsilon_{zz}} \\ -\frac{\Delta_{yx}}{\varepsilon_{yy}\varepsilon_{xx}} & -\frac{\Delta_{yy}}{\varepsilon_{yy}\varepsilon_{yy}} & -\frac{\Delta_{yz}}{\varepsilon_{yy}\varepsilon_{zz}} \\ -\frac{\Delta_{zx}}{\varepsilon_{zz}\varepsilon_{xx}} & -\frac{\Delta_{zy}}{\varepsilon_{zz}\varepsilon_{yy}} & -\frac{\Delta_{zz}}{\varepsilon_{zz}\varepsilon_{zz}} \end{pmatrix}
\end{aligned}
\tag{5.192}
$$

Die Umkehrmatrix der relativen Permeabilität setzt sich also aus dem Umkehrtensor $\left(a_{ij}(\hat{E}(0) = 0)\right)$ des gleichfeldfreien Kristalls und einem linear gleichfeldabhängigen Anteil $\left(\delta a_{ij}(\hat{E}(0))\right)$ zusammen. Bei der phänomenologischen Beschreibung wurde $\left(\delta a_{ij}(\hat{E}(0))\right)$ durch $r_{ijk}\hat{E}_k(0)$ ausgedrückt. Ein Vergleich von Gl. (5.192) mit dieser phänomenologischen Beziehung ergibt die Darstellung des r_{ijk}-Tensors als Funktion der Suszeptibilität 2. Ordnung

$$
r_{ijk}\hat{E}_k(0) = -\frac{\Delta_{ij}}{\varepsilon_{ii}\varepsilon_{jj}} = -\frac{\delta\chi_{ij}^{(2)}}{\varepsilon_0\varepsilon_{ii}\varepsilon_{jj}} = -\frac{\chi_{ijk}^{(2)}(\omega_L; \omega_L, 0)\hat{E}_k(0)}{\varepsilon_0\varepsilon_{ii}\varepsilon_{jj}} \tag{5.193}
$$

$$
r_{ijk} = -\frac{\chi_{ijk}^{(2)}(\omega_L; \omega_L, 0)}{\varepsilon_0\varepsilon_{ii}\varepsilon_{jj}} = -\frac{\chi_{ijk}^{(2)}(\omega_L; \omega_L, 0)}{\varepsilon_0 n_i^2 n_j^2} . \tag{5.194}
$$

Den Ausdruck für $\chi_{ijk}^{(2)}(\omega_L; \omega_L, 0)$ finden wir bei Beachtung der speziellen Frequenzargumente ω_L und 0 im Abschnitt 5.1.2 . Mit einem Spektrum des elektrischen Feldes

$$
{}'E(f) = \frac{1}{2}\hat{E}(f_L)\delta(f - f_L) + MF + \frac{1}{2}\hat{E}(0)\delta(f) + MF \tag{5.195}
$$

lassen sich die in E linearen Phononenspektren Gl. (5.26) entnehmen

$$
{}'q_\sigma^{(1)} = \frac{1}{2}\hat{q}_\sigma(f_L)\delta(f - f_L) + MF + \frac{1}{2}\hat{q}_\sigma(0)\delta(f) + MF. \tag{5.196}
$$

Wir bauen den Formalismus unter Voraussetzung von reellen Gleichfeldamplituden auf:

$$
\hat{E}(0) = \hat{E}^*(0) \quad \hat{q}_\sigma(0) = \hat{q}_\sigma^*(0) .
$$

Die Phononenamplituden haben die Größe

$$\hat{q}_\sigma(f_L) = \frac{\frac{\partial p_k}{\partial q_\sigma}\hat{E}_k(f_L)}{\omega_\sigma^2 - \omega_L^2}$$

$$\hat{q}_\sigma(0) = \frac{\frac{\partial p_k}{\partial q_\sigma}\hat{E}_k(0)}{\omega_\sigma^2}. \tag{5.197}$$

Die in E quadratischen Phononenamplituden werden, wie auch $\hat{q}_\sigma(f_L)$, gegenüber $\hat{q}_\sigma(0)$ vernachlässigt, da $\frac{1}{\omega_\sigma^2} \gg |\frac{1}{\omega_\sigma^2-\omega_L^2}|$. Nach Gl. (5.30) können wir dann das nichtlineare Polarisationsspektrum 2. Ordnung im optischen Frequenzbereich schreiben

$$\begin{aligned} 'P_i^{(2)}(f) &= \sum_\sigma \frac{\partial\, '\kappa_{ij}^{(1)E}}{\partial q_\sigma} \int {'q_\sigma^{(1)}}(f-f')\, 'E_j(f')df' + \\ &\quad + {'\kappa_{ijk}^{(2)E}} \int {'E_j}(f-f')\, 'E_k(f')df' \qquad (5.198) \\ &= \sum_\sigma \frac{\partial\, '\kappa_{ij}^{(1)E}}{\partial q_\sigma} \left(\frac{1}{2}\hat{q}_\sigma(0)\hat{E}_j(f_L)\delta(f-f_L) + MF\right) + \\ &\quad + {'\kappa_{ijk}^{(2)E}} \left(\hat{E}_j(f_L)\hat{E}_k(0)\delta(f-f_L) + MF\right). \end{aligned}$$

Ein Vergleich der Gl. (5.198) zu entnehmenden Polarisationsamplitude $\hat{P}^{(2)}(f_L)$ mit Gl. (5.186) liefert die Suszeptibilität $\chi_{ijk}^{(2)}(\omega_L;\omega_L,0)$:

$$\chi_{ijk}^{(2)}(\omega_L;\omega_L,0) = \sum_\sigma \frac{\frac{\partial\, '\kappa_{ij}^{(1)E}}{\partial q_\sigma} \cdot \frac{\partial p_K}{\partial q_\sigma}}{\omega_\sigma^2} + 2\, '\kappa_{ijk}^{(2)E}. \tag{5.199}$$

Gl. (5.199) zeigt, daß der elektrooptische Tensor aus einem elektronischen und einem phononischen Anteil zusammengesetzt ist. Der elektronische Anteil wird von der elektronischen, in diesem Modell frequenzunabhängigen Suszeptibilität bestimmt, die auch die Erzeugung der 2. Harmonischen beschreibt

$$'\kappa_{ijk}^{(2)E} = 2d_{ijk} = 2d_{nm}.$$

Der phononische Anteil ist proportional zu Produkten aus Ramantensorelementen $\frac{\partial\,'\kappa_{ij}^{(1)E}}{\partial q_\sigma}$ und effektiven Ladungen $\frac{\partial p_k}{\partial q_\sigma}$:

$$r_{ijk} = -\frac{1}{\varepsilon_0 n_i^2 n_j^2}\left(\sum_\sigma \frac{\frac{\partial\,'\kappa_{ij}^{(1)E}}{\partial q_\sigma}\cdot\frac{\partial p_k}{\partial q_\sigma}}{\omega_\sigma^2} + 4d_{ijk}\right). \qquad (5.200)$$

Mit Gl. (5.200) wollen wir die elektrooptischen Tensorelemente r_{33} und r_{13} des $LiNbO_3$-Kristalls berechnen. Im $LiNbO_3$ gibt es nur 4 Phononpolaritonen, deren effektive Ladungen $\frac{\partial p_z}{\partial q_\sigma}$ nicht verschwinden. Diese Phononpolaritonen gehören zur A_1-Rasse.

$$\begin{aligned} r_{33} = r_{zzz} &= -\frac{1}{n_{eo}^4\varepsilon_0}\left(\sum_{\sigma=1}^{4}\frac{1}{\omega_\sigma^2}\frac{\partial\,'\kappa_{zz}^{(1)E}}{\partial q_\sigma}\frac{\partial p_z}{\partial q_\sigma} + 4d_{zzz}\right) \\ r_{13} = r_{xxz} &= -\frac{1}{n_o^4\varepsilon_0}\left(\sum_{\sigma=1}^{4}\frac{1}{\omega_\sigma^2}\frac{\partial\,'\kappa_{xx}^{(1)E}}{\partial q_\sigma}\frac{\partial p_z}{\partial q_\sigma} + 4d_{xxz}\right) \end{aligned} \qquad (5.201)$$

Mit den in Tabelle 1 zusammengestellten effektiven Ladungen und Ramantensorelementen der A_1-Phononen aus [49] errechnet man die recht gut mit experimentellen Werten [42] übereinstimmenden elektrooptischen Koeffizienten bei der Wellenlänge $\lambda = 0.63\mu m$:

$$\begin{array}{ll} r_{33\mathrm{cal}} = 36\cdot 10^{-12}\frac{m}{V} & r_{33\mathrm{exp}} = 30.8\cdot 10^{-12}\frac{m}{V} \\ r_{13\mathrm{cal}} = 9.6\cdot 10^{-12}\frac{m}{V} & r_{13\mathrm{exp}} = 8.6\cdot 10^{-12}\frac{m}{V}. \end{array}$$

Da unser Kristallmodell nur den langwelligen optischen Ast von Phononen berücksichtigt, können wir den elastooptischen Effekt nicht in die Beschreibung einbeziehen. Wir haben damit die „wahren" eletrooptischen Koeffizienten berechnet, die im dehnungsfreien Kristall im „eingespannten" Zustand gemessen werden können [21], [42].

Wir können die hier durchgeführte Beschreibung der Mischung eines Lichtfeldes mit einem elektrostatischen Feld näherungsweise auch benutzen für die Mischung von Lichtfeldern mit elektrischen Wechselfeldern, solange deren Frequenzen kleiner als die Phononenresonanzen sind und damit die Darstellung der niederfrequenten Phononenamplituden in Gl. (5.197) Gültigkeit behält. Daraus resultiert die Möglichkeit mit den elektrooptischen Tensoren im allgemeinen die Modulation von Licht mit elektrischen Feldern bis in den HF-Bereich zu beschreiben.

Tabelle 1				
σ	ν^t/cm^{-1}	$\frac{\partial\, '\kappa_{xx}^{(1)E}}{\partial q_\sigma}/\sqrt{Am/sV^3}$	$\frac{\partial\, '\kappa_{zz}^{(1)E}}{\partial q_\sigma}/\sqrt{Am/sV^3}$	$\frac{\partial p_z}{\partial q_\sigma}/\sqrt{A/Vms}$
1	253	-0.017	-0.0042	$0.57 \cdot 10^9$
2	276	-0.0085	-0.0041	$0.15 \cdot 10^9$
3	334.5	-0.0038	-0.0037	$0.75 \cdot 10^8$
4	632	-0.031	-0.019	$0.57 \cdot 10^9$
$d_{zzz} = d_{33} = -37 \cdot 10^{-23} \frac{As}{V^2}$, $d_{xxz} = d_{15} = d_{24} = -5.5 \cdot 10^{-23} \frac{As}{V^2}$				
$\lambda = 0.63 \mu m, n_o = 2.2906, n_{eo} = 2.2001$				

5.3.2.2 Elektrooptisch steuerbarer TE-TM-Modenkonverter

Die Änderung des Brechzahlellipsoids eines Kristalls beim Anlegen eines niederfrequenten elektrischen Feldes wird in elektrooptischen Modulatoren zur steuerbaren Veränderung des räumlichen Lichtausbreitungsverhaltens genutzt.

Das älteste elektrooptische Modulatorprinzip wurde 1923/24 von Karolus angegeben. Das in der folgenden Zeit in den für die Tonfilmtechnik wichtigen Kerrzellen genutzte Prinizip basiert auf der Veränderung der Hauptachsenlängen des Indexellipsoids unter Beibehaltung der Orientierung der Hauptachsen [60; Kap.4], [71; Kap.8]. Wird linear polarisiertes Licht parallel zu einer Kristallachse mit einer um 45° gegen die optische Achse geneigten Polarisationsebene in einen einachsigen Kristall eingestrahlt, läßt sich mit einer Veränderung der Doppelbrechung die Differenz der Phasen des ordentlichen und des außerordentlichen Lichtstrahls am Kristallende modulieren. Das abgestrahlte elliptisch polarisierte Licht mit modulationsspannungsabhängigen Hauptachsen wird mit einer $\lambda/4$-Platte in linear polarisiertes Licht mit modulationsspannungsabhängiger Polarisationsrichtung umgewandelt. Ein nachgeschalteter Polarisator kann die Polarisationsrichtungsmodulation in eine Intensitätsmodulation umsetzen.

Ein zweites Modulatorprinzip basiert auf der vom elektrischen Feld induzierten Verdrehung des Indexellipsoids. Wir wollen dieses Prinzip am Beispiel eines integriert-optischen TE-TM-Modenkonverters studieren, in dem abhängig von einer angelegten Gleichspannung ein eingestrahlter TE-Grundmode in einen TM-Grundmode umgewandelt werden soll [2]. Zusammen mit diesem TE-TM-Konverter bildet ein nachgeschalteter Polarisator einen Intensitätsmodulator.

Wir betrachten einen Filmwellenleiter auf einem $LiNbO_3$-Kristall mit der in Bild 5.22 gezeichneten Geometrie. Da das Kristallsystem

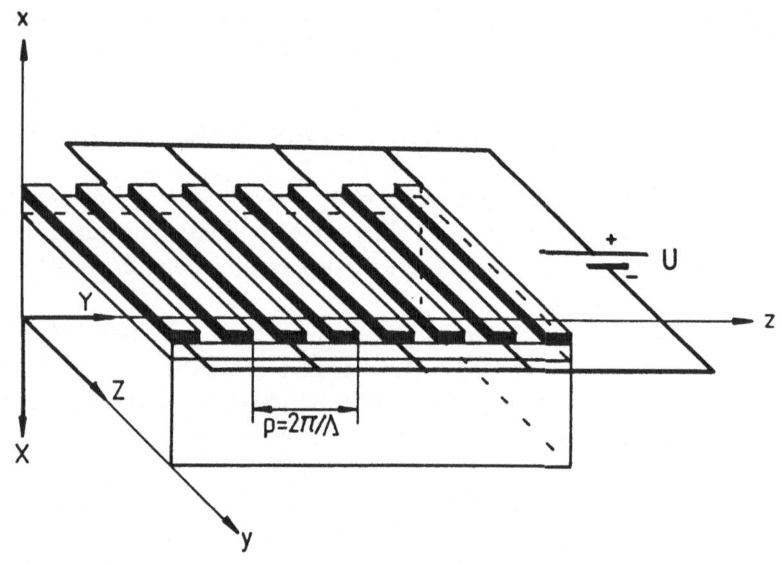

Abbildung 5.22: TE-TM-Modenkonverter

rechtwinklig zum Laborkoordinatensystem orientiert wurde, gibt es reine TE- und TM-Moden auch im anisotropen $LiNbO_3$-Wellenleiter. Für die TE-Moden ist der außerordentliche Brechindex bestimmend. Für die TM-Welle ist der ordentliche Brechindex maßgebend.

Der elektrooptische Tensor im $LiNbO_3$ hat nur 4 unabhängige Tensorelemente [47]:

$$r_{ijk} = \begin{pmatrix} 0 & 0 & 0 & 0 & 0 & r_{XZX} & r_{XXZ} & r_{XXY} & r_{XYX} \\ r_{YXX} & r_{YYY} & 0 & r_{YYZ} & r_{YZY} & 0 & 0 & 0 & 0 \\ r_{ZXX} & r_{ZYY} & r_{ZZZ} & 0 & 0 & 0 & 0 & 0 & 0 \end{pmatrix} \tag{5.202}$$

$$\begin{aligned} r_{YXX} &= r_{XYX} = r_{XXY} = -r_{YYY} = r_{61} = r_{12} = -r_{22} \\ r_{ZXX} &= r_{XZX} = r_{ZYY} = r_{YZY} = r_{42} = r_{51} \\ r_{XXZ} &= r_{YYZ} = r_{13} = r_{23} \\ r_{ZZZ} &= r_{33} \, . \end{aligned}$$

Damit hat der ε-Umkehrtensor folgende Form:

$$(a_{ij}) = (a_{ij}(0)) + \begin{pmatrix} -r_{22}E_Y + r_{13}E_Z & -r_{22}E_X & r_{51}E_X \\ -r_{22}E_X & r_{22}E_Y + r_{13}E_Z & r_{51}E_Y \\ r_{51}E_X & r_{51}E_Y & r_{33}E_Z \end{pmatrix} . \tag{5.203}$$

Wenn wir als Modulationsfeld ein Gleichfeld mit X-Komponente anlegen, bekommt der (a_{ij})-Tensor die Außerdiagonalelemente

$$\begin{aligned} a_{XY} &= a_{YX} = -r_{22}E_X \\ a_{XZ} &= a_{ZX} = r_{51}E_X , \end{aligned}$$

und das Indexellipsoid ist nicht mehr rechtwinklig zum Laborkoordinatensystem orientiert.

Wie schon im Abschnitt 5.3.1.1 bemerkt wurde, können sich in diesem anisotropen Wellenleiter weder reine TE-Moden noch TM-Moden ausbreiten, sondern es gibt nur 6-komponentige Felder. Da die die TE- und TM-Moden verkoppelnden Außerdiagonalelemente der (a_{ij})-Matrix aber nur sehr klein sind, können wir auf eine exakte Berechnung der Felder im Wellenleiter mit modulationsfeldabhängiger Anisotropie verzichten. Wir begnügen uns mit einer Lösung auf der Basis der nun schon gut bekannten Modenkoppeltheorie.

Das Feld im Wellenleiter wird durch Überlagerung des TE-Grundmodes $(\vec{e}_{1t}, \vec{h}_{1t})$ und des TM-Grundmodes $(\vec{e}_{2t}, \vec{h}_{2t})$ des gleichfeldfreien Wellenleiters approximiert:

$$\begin{aligned} \hat{\vec{E}}_t &= \hat{A}_1(z)\vec{e}_{1t} + \hat{A}_2(z)\vec{e}_{2t} \\ \hat{\vec{H}}_t &= \hat{A}_1(z)\vec{h}_{1t} + \hat{A}_2(z)\vec{h}_{2t} . \end{aligned} \tag{5.204}$$

Die Vernachlässigung der rückwärtslaufenden Wellen mit den Amplituden $\hat{B}$ impliziert die parabolische Näherung. Zusammen mit der x-Komponente des modulierenden Gleichfeldes erzeugen die elektrischen Felder der Moden die nichtlinearen Polarisationen

$$\begin{aligned} \hat{P}_x(\omega) &= \chi^{(2)}_{xyx}\hat{E}_y(\omega)\hat{E}_x(0) &= \chi^{(2)}_{xyx}\hat{A}_1 e_{1y}\hat{E}_x(0) \\ \hat{P}_y(\omega) &= \chi^{(2)}_{yxx}\hat{E}_x(\omega)\hat{E}_x(0) &= \chi^{(2)}_{yxx}\hat{A}_2 e_{2x}\hat{E}_x(0)\,. \end{aligned} \quad (5.205)$$

Zu beachten ist die Transformation der Vektoren und Tensoren in das Laborkoordinatensystem. Die kleingeschriebenen Indizes bezeichnen Laborkoordinaten!

Vernachlässigt wurde in Gl. (5.205) die gegenüber den transversalen E-Feldern kleine longitudinale E-Feldkomponente des TM-Modes. Unberücksichtigt blieben auch die Nichtlinearität höherer Ordnung und die nichtlinearen Polarisationen mit neuen Frequenzen.

Die Suszeptibilitäten 2. Ordnung $\chi^{(2)}_{xyx}$ und $\chi^{(2)}_{yxx}$ setzen sich entsprechend Gl. (5.199) aus dem Elektronen- und dem Phononenanteil zusammen. Mit Gl. (5.200) können diese Suszeptibilitäten durch die elektrooptischen Tensoren ausgedrückt werden

$$\begin{aligned} \chi^{(2)}_{xyx}(\omega;\omega,0) &= \sum_\sigma \frac{\frac{\partial\,'\kappa^{(1)}_{XZ}}{\partial q_\sigma}\frac{\partial p_X}{\partial q_\sigma}}{\omega_\sigma^2} + 2\,'\kappa^{(2)E}_{XZX} \\ &= -r_{XZX}\varepsilon_0 n_{eo}^2 n_o^2 \\ &= -r_{51}\varepsilon_0 n_{eo}^2 n_o^2 \\ \chi^{(2)}_{yxx}(\omega;\omega,0) &= \sum_\sigma \frac{\frac{\partial\,'\kappa^{(1)}_{ZX}}{\partial q_\sigma}\frac{\partial p_X}{\partial q_\sigma}}{\omega_\sigma^2} + 2\,'\kappa^{(2)E}_{ZXX} \\ &= -r_{ZXX}\varepsilon_0 n_{eo}^2 n_o^2 \\ &= -r_{51}\varepsilon_0 n_{eo}^2 n_o^2\,. \end{aligned} \quad (5.206)$$

Für die Amplituden in Gl. (5.204) ergeben sich nach Gl. (5.65) die Entwicklungsgleichungen:

$$\frac{d\hat{A}_1}{dz} + j\beta_1\hat{A}_1 = -j\frac{\omega}{2}\frac{\int dx\,\hat{P}^{(2)}_y(\omega)\cdot e^*_{1y}(\omega)}{\frac{2W}{m}} \quad (5.207)$$

$$\frac{d\hat{A}_2}{dz} + j\beta_2\hat{A}_2 = -j\frac{\omega}{2}\frac{\int dx \hat{P}_x^{(2)}(\omega)\cdot e_{2x}^*(\omega)}{\frac{2W}{m}}.$$

Mit dem Ansatz

$$\begin{array}{ll} \hat{A}_1 = \bar{A}_1 e^{-j\beta_1 z} & \beta_1 = \beta_{TE} \\ \hat{A}_2 = \bar{A}_2 e^{-j\beta_2 z} & \beta_2 = \beta_{TM} \\ \hat{E}_x(0) = \hat{E}_0 e_{0x}(x) & \hat{E}_0 \neq f(x) \end{array} \tag{5.208}$$

und nach Einführung des Koppelintegrals

$$K = -r_{51}\varepsilon_0 n_{eo}^2 n_o^2 \frac{\int dx e_{2x}(\omega) e_{0x} e_{1y}^*(\omega)}{\frac{2W}{m}} \tag{5.209}$$

vereinfachen sich die Gln. (5.207) zu

$$\begin{aligned} \frac{\bar{A}_1}{dz} &= -j\frac{\omega}{2}K\hat{E}_0\bar{A}_2 e^{-j(\beta_2-\beta_1)z} \\ \frac{\bar{A}_2}{dz} &= -j\frac{\omega}{2}K\hat{E}_0\bar{A}_1 e^{+j(\beta_2-\beta_1)z}. \end{aligned} \tag{5.210}$$

Zur Berechnung des Koppelintegrals wurde die x-Abhängigkeit des Gleichfeldes in der in einer später anzugegebenden Art normierten Funktion e_{0x} berücksichtigt. $\hat{E}_0$ ist eine die Stärke des Gleichfeldes bestimmende dimensionslose Größe. Um den die Verkopplung von TE- und TM-Mode vermindernden Phasenanpaßfaktor $e^{-j(\beta_2-\beta_1)z}$ in Gl. (5.210) kompensieren zu können, müssen wir eine z-Abhängigkeit des Gleichfeldes zulassen:

$$\hat{E}_0 = \bar{E}_0 \cos\Lambda z = \frac{1}{2}\bar{E}_0 e^{j\Lambda z} + \frac{1}{2}\bar{E}_0 e^{-j\Lambda z}. \tag{5.211}$$

Mit dem jeweils phasenanpaßbaren Anteil von Gl. (5.211) erhält Gl. (5.210) die endgültige Form

$$\begin{aligned} \frac{\bar{A}_1}{dz} &= -j\frac{\omega}{2}K\frac{\bar{E}_0}{2}\bar{A}_2 e^{-j(\beta_2-\beta_1-\Lambda)z} \\ \frac{\bar{A}_2}{dz} &= -j\frac{\omega}{2}K\frac{\bar{E}_0}{2}\bar{A}_1 e^{+j(\beta_2-\beta_1-\Lambda)z}. \end{aligned} \tag{5.212}$$

Verschwindet die Phasenfehlanpassung in Gl. (5.212), hat das System die einfache Lösung

$$\begin{aligned} \bar{A}_1 &= \bar{A}_{10}\cos(\frac{\omega}{2}K\frac{\bar{E}_0}{2}z) \\ \bar{A}_2 &= -j\bar{A}_{10}\sin(\frac{\omega}{2}K\frac{\bar{E}_0}{2}z)\,. \end{aligned} \tag{5.213}$$

Gl. (5.213) erfüllt die Anfangsbedingung, bei der die gesamte eingestrahlte Leistung $|\bar{A}_{10}|^2$ in den TE-Mode eingekoppelt wird. Gl. (5.213) zeigt, daß abhängig von dem angelegten Gleichspannungskoeffizienten $\bar{E}_0$ ein Teil der Leistung am Wellenleiterende $z = L$ vom TE-Mode in den TM-Mode übergekoppelt wird. Bei verschwindendem Gleichfeld findet keine TE-TM-Kopplung statt. Bei einem Gleichfeldkoeffizienten

$$\bar{E}_{0K} = \pi\frac{1}{\frac{\omega}{2}KL} \tag{5.214}$$

ist die Leistung am Wellenleiterausgang vollständig vom TE-Mode in den TM-Mode übergegangen.

Um uns von der Größenordnung der Modulationsspannung und einer Realisierungsmöglichkeit des z-abhängigen Gleichfeldes ein Bild machen zu können, behandeln wir quantitativ einen $LiNbO_3$-Stufenindexwellenleiter mit einem $2\mu m$ dicken Film mit den schon im Abschnitt 5.3.1.1 angegebenen Brechzahlverhältnissen. Die Wellenlänge des zu modulierenden Lichtes sei $\lambda = 1.06\mu m$. Der Wellenleiter führt dann zwei Moden, den TE-Grundmode mit der Ausbreitungskonstanten $\beta_1 = 12.8383\mu m^{-1}$ und den TM-Grundmode mit der Ausbreitungskonstanten $\beta_2 = 13.2753\mu m^{-1}$.

Die Phasenanpaßbedingungen ist erfüllt, wenn das Gleichfeld die Ortsfrequenz $\Lambda = \beta_2 - \beta_1 = 0.437\mu m^{-1}$ hat.

Dieses Gleichfeld kann näherungsweise durch Anlegen einer Spannung an die im Bild 5.22 gezeichneten Elektroden erzeugt werden.

Der Abstand zwischen zwei auf gleichem Potential liegenden Metallstreifen ist durch die Periode der Gleichspannung in z-Richtung gegeben $p = \frac{2\pi}{\Lambda} = 14.37\mu m$.

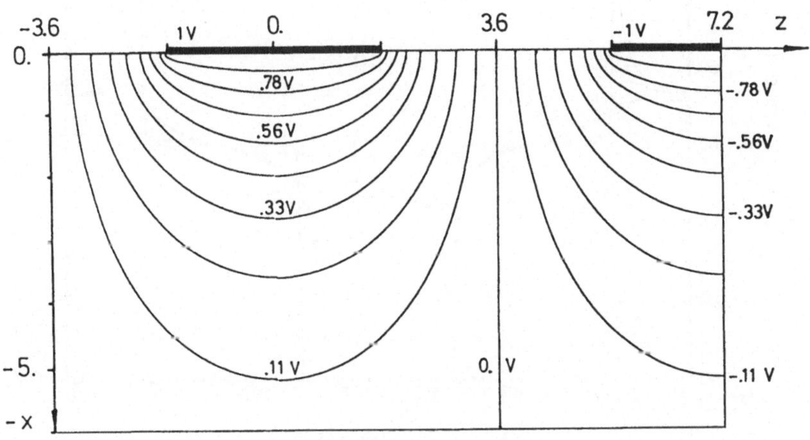

Abbildung 5.23: Äquipotentiallinien des Elektrodenfeldes des TE-TM-Modenkonverters

Die Lösung der Potentialgleichung $\Delta V = 0$ liefert die in Bild 5.23 gezeichnete Potentialverteilung für eine Elektrodenbreite von $\frac{p}{4}$ bei einer Potentialdifferenz von $2V$ zwischen benachbarten Metallstreifen.

Die Gradientenbildung $\vec{E} = -\text{grad}V$ zeigt, daß es elektrische Feldkomponenten in z- und x-Richtung gibt. Die z-Feldkomponente vernachlässigen wir, da sie eine TE-TM-Modenverkopplung über die nur sehr kleine vernachlässigte Longitudinalkomponente des elektrischen TM-Modenfeldes bewirkt. Die in Bild 5.24 für verschiedene Wellenleitertiefen x gezeichneten x-Feldstärkekomponenten sind periodische Funktionen in z-Richtung und werden in Fourierreihen entwickelt. Die im Bild 5.25 über der Wellenleitertiefe x gezeichneten Amplituden der phasenangepaßten Grundwellen der Fourierentwicklung sind mit der Funktion $e_{0x}(x)$ identisch. Damit haben wir eine Normierung des Gleichfeldes auf eine Elektrodenpotentialdifferenz von $2V$ festgelegt.

Mit dem elektrooptischen Koeffizienten von $r_{51} = 28 \cdot 10^{-12} \frac{m}{V}$ [42]

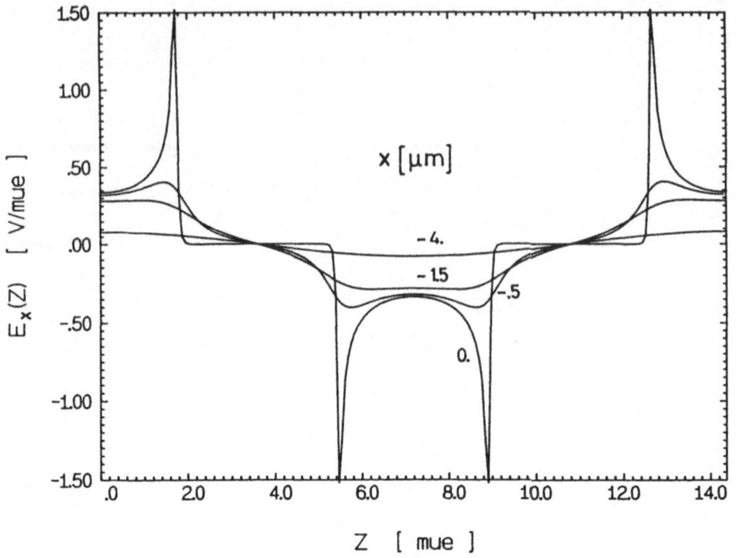

Abbildung 5.24: Elektrodenfeld im TE-TM-Modenkonverter

berechnet sich das Koppelintegral

$$K = -2.39 \cdot 10^{-13} \frac{s}{m} .$$

Aus Gl. (5.214) erhalten wir die Spannung, bei der am Ende eines $L = 5mm$ langen Wellenleiters die gesamte TE-Modeneinstrahlleistung in den TM-Mode konvertiert wird:

$$U_K = \bar{E}_{0K} \cdot 2V = \pi \frac{1}{\frac{\omega}{2} K L} \cdot 2V = -5.9V.$$

Der Modulator wird durch die Modulatorkennlinie

$$\eta = \frac{|\bar{A}_2|^2}{|\bar{A}_{10}|^2} \cdot 100\% = \sin^2(\frac{\omega}{2} K \frac{U}{4V} L) \cdot 100\% \qquad (5.215)$$

charakterisiert.

Abschließend sei noch angemerkt, daß die Elektroden nicht direkt auf den Wellenleiterfilm aufgebracht werden können, da Wellenleiter

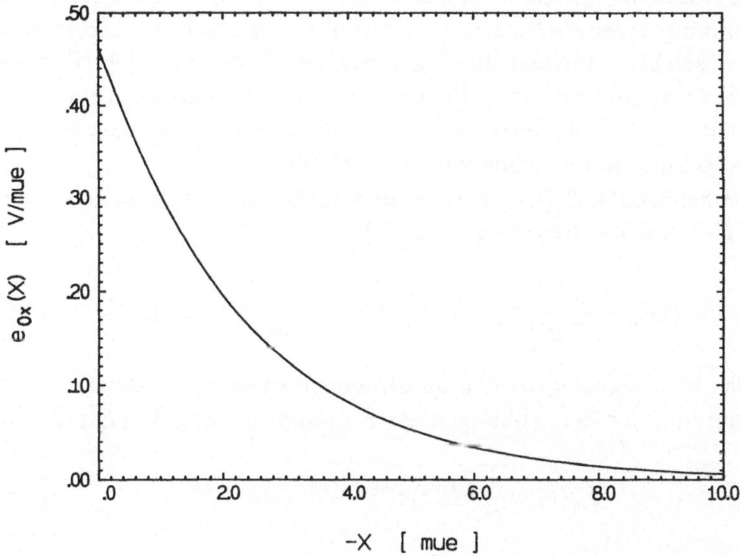

Abbildung 5.25: Fourieramplitude der Grundwelle des Elektrodenfelds

mit Metalldeckflächen sehr hohe Dämpfung, besonders für TM-Moden, haben [71; Kap.11.10.1]. Dieser Nachteil kann mit einer ca. $0.1\mu m$ dicken SiO_2-Pufferschicht zwischen den Elektroden und der Wellenleiteroberfläche beseitigt werden [41].

5.3.3 Nichtlineare Brechzahl

Im Abschnitt 5.2 wurde festgestellt, daß die Materialnichtlinearitäten ungerader Ordnung bei monochromatischer Lichteinstrahlung nichtlinear von den Feldstärken abhängige Polarisationen mit der Lichtfrequenz hervorrufen.

Als die bedeutendste, wollen wir in den folgenden Ausführungen über die Wirkungen dieser nichtlinearen Polarisationen nur die Polarisation 3. Ordnung betrachten.

Im folgenden begnügen wir uns mit der Behandlung der nichtlinearen Brechzahl in isotropen Medien ohne Suszeptibilitäten 2. Ordnung. Dann kann die wesentlich komplizierter zu beschreibende, von einem Zweistufenprozeß (zweifache Mischungen über Suszeptibilitäten 2. Ordnung) erzeugte Polarisation mit der eingestrahlten Lichtfrequenz unberücksichtigt bleiben im Gegensatz zur direkt von der Nichtlinearität 3. Ordnung erzeugten Polarisation. Wir beschränken uns auf die Betrachtung der Lichtausbreitung in Filmwellenleitern, speziell in diesem Abschnitt untersuchen wir nur TE-Wellen.

Die Feldstärke $E_y(x,z,t)$ einer in z-Richtung laufenden y-polarisierten TE- Schichtwelle genügt Gl. (5.3)

$$-\Delta E_y + \frac{1}{c^2}\frac{\partial^2}{\partial t^2}E_y + \mu_0\frac{\partial^2}{\partial t^2}P_y^L + \mu_0\frac{\partial^2}{\partial t^2}P_y^{NL} = 0\,. \qquad (5.216)$$

Für das Feld machen wir den quasimonochromatischen Ansatz mit der langsam von der Zeit abhängenden Pulseinhüllenden $\Re e\{\bar{E}(t)\}$

$$E_y(t) = \frac{1}{2}\left(\bar{E}(t)e^{j\omega_0 t} + \bar{E}^*(t)e^{-j\omega_0 t}\right). \qquad (5.217)$$

Mit der Fouriertransformierten des elektrischen Feldes

$${}'E_y(\omega) = \frac{1}{2}\left({}'\bar{E}(\omega-\omega_0) + {}'\bar{E}^*(-\omega-\omega_0)\right) \qquad (5.218)$$

berechnen wir das Spektrum der nichtlinearen Polarisation unter der Annahme einer rein elektronischen, frequenzunabhängigen Suszeptibilität ${}'\kappa^{(3)}$:

$$\begin{aligned}{}'P_y^{NL} = {}'\kappa^{(3)}_{yyyy}\tfrac{1}{8}\iint df_1 df_2 [\; & {}'\bar{E}(\omega_1-\omega_0)\,{}'\bar{E}(\omega_2-\omega_0)\,{}'\bar{E}(\omega_3-\omega_0)+\\ & +{}'\bar{E}(\omega_1-\omega_0)\,{}'\bar{E}(\omega_2-\omega_0)\,{}'\bar{E}^*(-\omega_3-\omega_0)+\\ & +{}'\bar{E}(\omega_1-\omega_0)\,{}'\bar{E}^*(-\omega_2-\omega_0)\,{}'\bar{E}(\omega_3-\omega_0)+\\ & +{}'\bar{E}(\omega_1-\omega_0)\,{}'\bar{E}^*(-\omega_2-\omega_0)\,{}'\bar{E}^*(-\omega_3-\omega_0)+\\ & +{}'\bar{E}^*(-\omega_1-\omega_0)\,{}'\bar{E}(\omega_2-\omega_0)\,{}'\bar{E}(\omega_3-\omega_0)+\\ & +{}'\bar{E}^*(-\omega_1-\omega_0)\,{}'\bar{E}(\omega_2-\omega_0)\,{}'\bar{E}^*(-\omega_3-\omega_0)+\\ & +{}'\bar{E}^*(-\omega_1-\omega_0)\,{}'\bar{E}^*(-\omega_2-\omega_0)\,{}'\bar{E}(\omega_3-\omega_0)+\\ & +{}'\bar{E}^*(-\omega_1-\omega_0)\,{}'\bar{E}^*(-\omega_2-\omega_0)\,{}'\bar{E}^*(-\omega_3-\omega_0)].\end{aligned} \qquad (5.219)$$

Die 3. Harmonische sei nicht phasenangepaßt, so daß wir von dieser Polarisation nur noch den vom zweiten bis zum siebenten Summenterm in Gl. (5.219) repräsentierten Anteil mit Frequenzen um die Laserfrequenz

ω_0 berücksichtigen müssen:

$$
\begin{aligned}
{}'P_y^{NL}(\omega) &= \frac{1}{2}\frac{3}{4}{}'\kappa^{(3)}_{yyyy} \iint df_1 df_2 {}'\bar{E}(\omega_1-\omega_0){}'\bar{E}(\omega_2-\omega_0){}'\bar{E}^*(-\omega_3-\omega_0)+ \\
&\quad +MF \qquad (5.220) \\
P_y^{NL}(t) &= \frac{1}{2}\chi^{(3)}\bar{E}(t)\bar{E}(t)\bar{E}^*(t)e^{j\omega_0 z} + c.c..
\end{aligned}
$$

Die Suszeptibilität ${}'\kappa^{(3)}_{yyyy}$ wurde mit dem Vorfaktor $\frac{3}{4}$ zur Suszeptibilität $\chi^{(3)}$ zusammengefaßt.

Nach der Fouriertransformation von Gl. (5.216) erhalten wir mit Gl. (5.220) die **nichtlineare Wellengleichung** für ${}'\bar{E}(x,z,\omega)$

$$
\begin{aligned}
&\Delta\, {}'\bar{E}(\omega-\omega_0) + \frac{\omega^2}{c^2}\left(1+\frac{\chi^{(1)}_{yy}}{\varepsilon_0}\right){}'\bar{E}(\omega-\omega_0) + \frac{\omega^2}{c^2}\frac{\chi^{(3)}}{\varepsilon_0}\cdot \qquad (5.221) \\
&\cdot \iint df_1 df_2 \left[{}'\bar{E}(\omega_1-\omega_0)\,{}'\bar{E}(\omega_2-\omega_0)\,{}'\bar{E}^*(-\omega_3-\omega_0)\right] = 0\,.
\end{aligned}
$$

Der 3. Term in Gl. (5.221) kann als ein von der nichtlinearen Polarisation 3. Ordnung erzeugter intensitätsabhängiger nichtlinearer Brechzahlzusatz gedeutet werden.

Bei der Untersuchung der von der nichtlinearen Brechzahl bewirkten Effekte unterscheidet man zwischen stationären Prozessen und nichtstationären Prozessen.

Im stationären Fall berechnet man die nichtlinearen Modifikationen des räumlichen Feldausbreitungsverhaltens bei der Voraussetzung zeitunabhängiger Felder [50]. Es interessieren vor allem intensitätsabhängige Phasenkonstantenveränderungen und bei höheren Nichtlinearitäten neuartige transversale Feldverläufe der Moden [6], [54].

Mit den nichtstationären Prozessen untersucht man das als Folge der intensitätsabhängigen Phasenkonstantenänderung modifizierte raumzeitliche Verhalten von Lichtsignalen auf langen Ausbreitungsstrecken in Wellenleitern [5], [18], [64].

Die somit von der nichtlinearen Brechzahl veränderte Ausbreitung von Signalen ist auf den oft km-langen Wechselwirkungslängen der Glasfasern experimentell sehr intensiv untersucht worden [43], [57], [59].

5.3.3.1 Stationäre Feldausbreitung

Da die Bauelemente der Integrierten Optik nur einige mm lang sind und selbst bei kurzen Signalpulsdauern von wenigen Pikosekunden die Bauelementlänge die Pulslänge kaum unterschreitet, sind für die Integrierte Optik die zeitlich stationären Prozesse von besonderem Interesse.

Nichtlineare Moden

Mit dem zeitstationären Feldansatz anstelle von Gln. (5.217) und (5.218)

$$\begin{aligned} E_y(t) &= \tfrac{1}{2}\hat{E}(\omega_0)e^{j\omega_0 t} + c.c. \\ {}'E_y(\omega) &= \tfrac{1}{2}\hat{E}(\omega_0)\delta(\omega-\omega_0) + MF \end{aligned} \tag{5.222}$$

berechnet sich die nichtlineare Polarisation 3. Ordnung mit der Frequenz ω_0:

$$\begin{aligned} \vec{P}^{NL}(t) &= \tfrac{1}{2}\hat{\vec{P}}^{(3)}(\omega_0)e^{j\omega_0 t} + c.c. \\ \hat{P}_i^{(3)}(\omega_0) &= \chi_{ijkl}^{(3)}(\omega_0;\omega_0,\omega_0,-\omega_0)\hat{E}_j(\omega_0)\hat{E}_k(\omega_0)\hat{E}_l(-\omega_0)\,. \end{aligned} \tag{5.223}$$

Im isotropen Kristall verschwinden alle χ_{iyyy} für $i \neq y$. Die wirksame Suszeptibilität 3. Ordnung setzt sich gemäß Gl. (5.159) aus dem Elektronen- und dem hier ebenfalls frequenzunabhängigen Phononenanteil zusammen

$$\chi_{yyyy}^{(3)}(\omega_0;\omega_0,\omega_0,-\omega_0) = \sum_\sigma \frac{\frac{1}{4}\left(\frac{\partial\, '\kappa_{yy}^{(1)E}}{\partial q_\sigma}\right)^2}{\omega_\sigma^2} + \frac{3}{4}\,'\kappa_{yyyy}^{(3)E}\,. \tag{5.224}$$

Damit erhalten wir die stationäre Version der Gl. (5.221) für die Feldamplitude $\hat{E}(x,z,\omega_0)$

$$\frac{\partial^2\hat{E}}{\partial x^2} + \frac{\partial^2\hat{E}}{\partial z^2} + \left[k_0^2 n^2(\omega_0) + k_0^2\frac{\chi^{(3)}}{\varepsilon_0}|\hat{E}|^2\right]\hat{E} = 0\,. \tag{5.225}$$

Für Modenfelder machen wir den charakteristischen Ansatz $e^{-j\beta z}$ für die z-Abhängigkeit. Das Feld wird normiert:

$$\hat{E} = E_{max}Ee^{-j\beta z} \qquad |E| \leq 1\,. \tag{5.226}$$

Gl. (5.225) vereinfacht sich zur gewöhnlichen nichtlinearen Differentialgleichung

$$\frac{d^2E}{dx^2} + \left[k_0^2 n^2 + k_0^2 \left(\frac{\chi^{(3)}}{\varepsilon_0}|E_{max}|^2\right)|E|^2 - \beta^2\right] E = 0 . \qquad (5.227)$$

Nach Einführung der Nichtlinearität $RN = (\frac{\chi^{(3)}}{\varepsilon_0}|E_{max}|^2)^{1/2}$ schreiben wir Gl. (5.227) in der kürzeren Form:

$$\frac{d^2E}{dx^2} + k_0^2 \left(n^2(x) + RN^2|E|^2 - \frac{\beta^2}{k_0^2}\right) E = 0 . \qquad (5.228)$$

Für die folgenden Betrachtungen wird ein positiver Suszeptibilitätsfaktor $\chi^{(3)}$ vorausgesetzt. Daraus ergibt sich, daß die Brechzahl an Stellen hoher Intensität erhöht wird.

Untersuchen wir zuerst einen einfachen Schichtwellenleiter mit Stufenindexprofil, bei dem nur die lichtführende Schicht nichtlineare Materialeigenschaften hat.

$$\begin{aligned} n(x) &= \begin{cases} n_C & +\infty > x > 0 \\ n_F & 0 > x > h \\ n_S & h > x > -\infty \end{cases} \\ RN^2(x) &= \begin{cases} 0 & +\infty > x > 0 \\ RN^2 & 0 > x > h \\ 0 & h > x > -\infty \end{cases} \end{aligned} \qquad (5.229)$$

Im Mantel erhält die linear werdende Gl. (5.228) die Exponentialfunktionen als Lösungen. Die nichtlineare Gl. (5.228) für die Felder im Kern wird nach Multiplikation mit $2\frac{dE}{dx}$ integriert

$$\begin{aligned} \frac{d}{dx}\left(\frac{dE}{dx}\right)^2 + \left(k_0^2 n_F^2 + k_0^2 RN^2 E^2 - \beta^2\right) 2E\frac{dE}{dx} &= 0 \\ \left(\frac{dE}{dx}\right)^2 = (\beta^2 - k_0^2 n_F^2)E^2 - \frac{k_0^2 RN^2}{2}E^4 + JK &= 0 . \end{aligned} \qquad (5.230)$$

Anschließende Separation und Integration führen zum Elliptischen Intergral

$$\int_{E(x_1)}^{E(x_2)} \frac{d\tilde{E}}{\left((\beta^2 - k_0^2 n_F^2)\tilde{E}^2 - \frac{k_0^2 RN^2}{2}\tilde{E}^4 + JK\right)^{1/2}} \overset{(+)}{=} - \int_{x_1}^{x_2} d\tilde{x}\,. \qquad (5.231)$$

Den Nenner im Integranden bringen wir in die Form

$$\text{Nenner} = \left(\frac{k_0^2 RN^2}{2}(\alpha^2 + \tilde{E}^2)(\gamma^2 - \tilde{E}^2)\right)^{1/2} \qquad (5.232)$$

und wählen eine positive Integrationskonstante JK so, daß gilt

$$\begin{aligned} 1 = \gamma^2 &= \frac{\beta^2 - k_0^2 n_F^2}{k_0^2 RN^2} + \sqrt{\left(\frac{\beta^2 - k_0^2 n_F^2}{k_0^2 RN^2}\right)^2 + \frac{2JK}{k_0^2 RN^2}} > 0 \\ -\alpha^2 &= \frac{\beta^2 - k_0^2 n_F^2}{k_0^2 RN^2} - \sqrt{\left(\frac{\beta^2 - k_0^2 n_F^2}{k_0^2 RN^2}\right)^2 + \frac{2JK}{k_0^2 RN^2}} < 0\,. \end{aligned} \qquad (5.233)$$

Die Umkehrfunktion des Integrals (5.231) ist bei unserer Wahl einer positiven Integrationskonstanten JK die Jakobische Elliptische Funktion *cn* [1; S.596, Gl.17.4.52]:

$$\int_{E(x)}^{1} \frac{d\tilde{E}}{\left[\frac{1}{2}k_0^2 RN^2(\alpha^2 + \tilde{E}^2)(1 - \tilde{E}^2)\right]^{1/2}} = -\int_{x}^{x_0} d\tilde{x} = x - x_0 \qquad (5.234)$$

$$\begin{aligned} E(x) &= cn(u|m) \\ \text{mit dem Argument} \quad u &= (x - x_0)\sqrt{k_0^2 RN^2 - \beta^2 + k_0^2 n_F^2} \\ \text{und mit dem Modul} \quad m &= \frac{k_0^2 \frac{RN^2}{2}}{k_0^2 RN^2 - \beta^2 + k_0^2 n_F^2}\,. \end{aligned} \qquad (5.235)$$

x_0 kennzeichnet die Lage der Feldmaxima $cn = 1$.

Wird die Integrationskonstante JK in Gl. (5.231) negativ gesetzt, ergibt sich für E die Lösung

$$\begin{aligned} E &= dn(\tilde{u}|\tilde{m}) \\ \text{mit dem Argument} \quad \tilde{u} &= (x - x_0)\sqrt{\frac{k_0^2 RN^2}{2}} \\ \text{und mit dem Modul} \quad \tilde{m} &= \frac{k_0^2 RN^2 - \beta^2 + k_0^2 n_F^2}{\frac{k_0^2 RN^2}{2}} . \end{aligned} \tag{5.236}$$

Bei der Wahl einer verschwindenden Integrationskonstanten $JK = 0$ entartet die Lösung mit dem Modul $m = 1$ zu

$$E = cn(u|1) = dn(u|1) = \frac{1}{\cosh\left((x - x_0)\sqrt{\frac{k_0^2 RN^2}{2}}\right)} . \tag{5.237}$$

Mit der Lösung (5.235) lassen sich die elektromagnetischen Felder im nichtlinearen Kern bei vorgegebener Nichtlinearität abhängig von den Parametern β und x_0 angeben:

$$\begin{aligned} \hat{E} &= E_{max} cn(u|m) e^{-j\beta z} \\ \hat{H}_z &= j\frac{E_{max}\sqrt{k_0^2(n_F^2 + RN^2) - \beta^2}}{\omega\mu_0} \left(-sn(u|m)dn(u|m)\right) e^{-j\beta z} \\ \hat{H}_x &= -\frac{\beta}{\omega\mu_0} E_{max} cn(u|m) e^{-j\beta z} . \end{aligned} \tag{5.238}$$

Die Jakobischen Elliptischen Funktionen sn und dn entstehen bei der Differentiation der Funktion cn

$$\frac{d\, cn(u|m)}{du} = -sn(u|m)dn(u|m) .$$

Entsprechend lassen sich die Felder für die in Gln. (5.236) und (5.237) angegebenen Lösungen von Gl. (5.228) schreiben.

Die Tangentialfeldanpassung an den Grenzen zum linearen Mantel führt zu zwei Gleichungen für x_0 und β, die numerisch gelöst werden können.
Es gibt in Filmwellenleitern mit einem nichtlinearen Kern zwei grundsätzlich voneinander verschiedene Arten von Modentypen:

- Erstens gibt es Moden, deren Felder in die des linearen Wellenleiters übergehen bei verschwindender Nichtlinearität RN. Feldanpassung ist unter Verwendung der Felder (5.238) nach der Differentialgleichungslösung (5.235) möglich.

- Zweitens gibt es Moden, deren Modencharakter auf dem Selbstfokussiereffekt beruht. Bei verschwindender Nichtlinearität sind diese Moden nicht mehr ausbreitungsfähig, da der wellenführende Wellenleiter erst durch die nichtlineare Brechzahl vom Modenfeld selbst erzeugt wird. Eine Feldanpassung ist in diesem Fall nur mit Feldern nach der Differentialgleichungslösung (5.236) möglich.

Der zweite Modentyp soll uns seiner fehlenden Bedeutung wegen nicht weiter beschäftigen.

Die schon angesprochene Tangentialfeldanpassung bei den Schichtgrenzen $x = 0$ und $x = h$ der nichtlinearen Felder (5.238) an die Exponentialfelder im Mantel führt zu den Bestimmungsgleichungen für β und x_0

$$\frac{\sqrt{k_0^2(n_F^2 + RN^2) - \beta^2}}{\sqrt{\beta^2 - k_0^2 n_C^2}} = \left.\frac{cn(u|m)}{sn(u|m)dn(u|m)}\right|_{x=0}$$

$$\text{und} \quad \frac{\sqrt{k_0^2(n_F^2 + RN^2) - \beta^2}}{\sqrt{\beta^2 - k_0^2 n_S^2}} = -\left.\frac{cn(u|m)}{sn(u|m)dn(u|m)}\right|_{x=h} . \qquad (5.239)$$

Den Quotienten der Elliptischen Jakobifunktionen bezeichnen wir mit dem neuen Funktionennamen $cddsn = \frac{cn}{sn \cdot dn}$. Mit der Umkehrfunktion $cddsn^{-1}$ können wir die Eigenwertgleichung für β in der x_0-freien Form schreiben

$$k_0 D\sqrt{n_F^2 + RN^2 - \frac{\beta^2}{k_0^2}} = cddsn^{-1}\frac{\sqrt{n_F^2 + RN^2 - \frac{\beta^2}{k_0^2}}}{\sqrt{\frac{\beta^2}{k_0^2} - n_C^2}} +$$

$$+cddsn^{-1}\frac{\sqrt{n_F^2 + RN^2 - \frac{\beta^2}{k_0^2}}}{\sqrt{\frac{\beta^2}{k_0^2} - n_S^2}} + \nu\frac{P(m)}{2}$$

$$\nu = 0, 1, 2, \cdots \qquad (5.240)$$

Dabei war zu berücksichtigen, daß die Wellenleiterfilmdicke durch $D = -h$ gegeben ist. $P(m)$ ist die modulabhängige Periode der Elliptischen Jakobifunktionen.
Zur sinnvollen Normierung führt man

die Asymmetriekonstante $a = \frac{n_S^2 - n_C^2}{n_F^2 - n_S^2}$,

die normierte Wellenleiterdicke $V = Dk_0\sqrt{n_F^2 - n_S^2}$,

die normierte Phasenkonstante $B = \frac{\frac{\beta^2}{k_0^2} - n_S^2}{n_F^2 - n_S^2}$ (5.241)

und die normierte Nichtlinearität $\tilde{RN} = \frac{RN^2}{n_F^2 - n_S^2}$

ein.

Der die Periode P bestimmende Modul $m = \frac{\tilde{RN}/2}{1-B+\tilde{RN}}$ ist nur von den normierten Größen in Gl. (5.241) abhängig. Dementsprechend charakterisiert die normierte Eigenwertgleichung

$$V\sqrt{1 - B + \tilde{RN}} = cddsn^{-1}\sqrt{\frac{1 - B + \tilde{RN}}{B + a}} + \qquad (5.242)$$

$$+cddsn^{-1}\sqrt{\frac{1 - B + \tilde{RN}}{B}} + \nu\frac{P}{2}\left(\frac{\tilde{RN}/2}{1 - B + \tilde{RN}}\right)$$

alle Stufenindexschichtwellenleiter mit nichtlinearem Kern.

Lösungen von Gl. (5.242) sind nur für Jakobische Elliptische Funktionen mit einem Modul $0 \leq m < 1$ zu finden. Damit ist sichergestellt, daß auch die nichtlineare Feldlösung im Kern das in x-Richtung oszillierende Verhalten der linearen Feldlösung nicht verliert.

Die Lösung von Gl. (5.242) für verschiedene Asymmetrie- und Nichtlinearitätswerte ist im Bild 5.26 als $B(V)$-Diagramm aufgetragen. Die

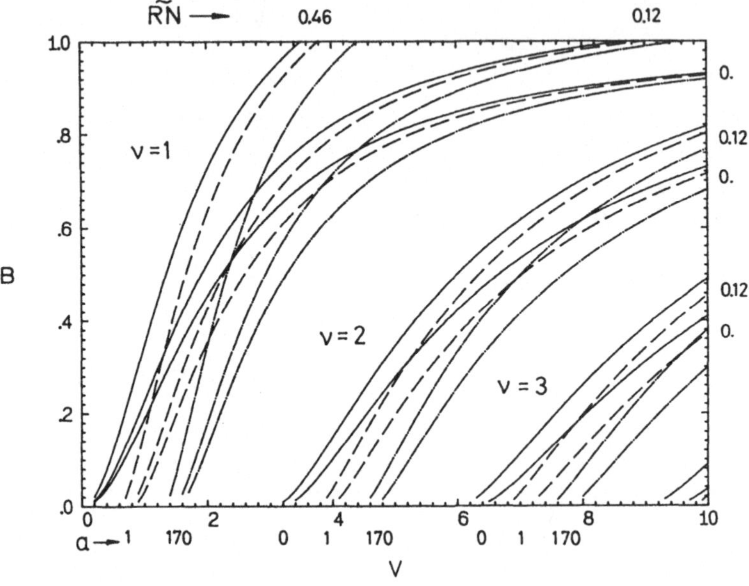

Abbildung 5.26: Phasendiagramm des Stufenindexwellenleiters mit nichtlinearem Film

tranversale Feldverteilung bewirkt bei stärker werdender Nichtlinearität und gleichbleibendem V ein Ansteigen der Brechzahl im Wellenleiterkern und eine damit verbundene Verbesserung der Wellenführung des Wellenleiters. Bei hohen Nichtlinearitäten konzentrieren sich die Felder mehr im Wellenleiterfilm und die Phasenkonstante wird angehoben. Bild 5.27 verdeutlicht dieses Verhalten am Beispiel der Feldverteilung in einem Wellenleiter mit einer Filmdicke von $D = 2\mu m$ und den Brechzahlen

$$\begin{aligned} n_S &= 2.1547 \\ n_F &= 2.1597 \\ n_C &= 1.0 \end{aligned} \tag{5.243}$$

bei einer Wellenlänge von $\lambda = 1.06\mu m$.

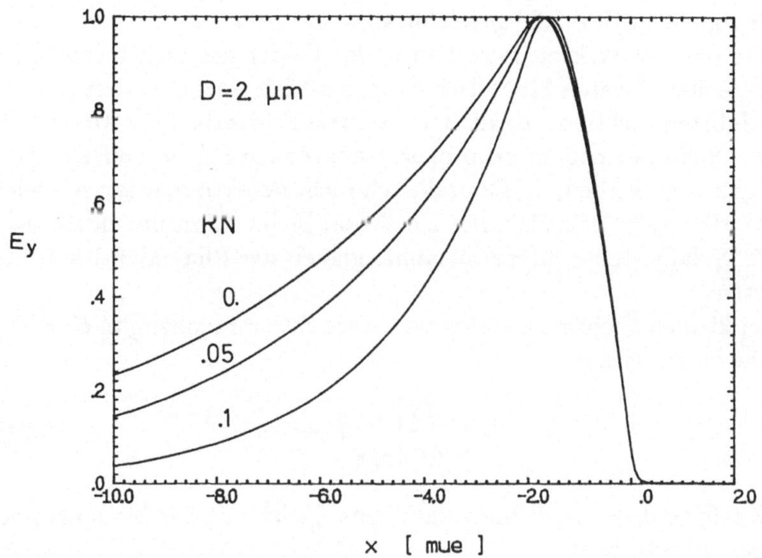

Abbildung 5.27: Elektrisches Feld eines Grundmodes im Wellenleiter mit nichtlinearem Film

Aus Bild 5.26 lesen wir mit dem aus Gl. (5.243) folgenden Asymmetriefaktor $a \approx 170$ und der normierten Wellenleiterdicke $V = 1.74$ bei den normierten Nichtlinearitäten $\tilde{RN} = 0.$, 0.12 und 0.46 die Werte $B \approx 0.02$, 0.075 und 0.2 des allein existierenden Grundmodes ab. Die Entnormierung liefert bei den Nichtlinearitäten $RN = 0.$, 0.05 und 0.1 die Eigenwerte $\beta = 12.7733\mu m^{-1}$, $12.7743\mu m^{-1}$ und $12.7781\mu m^{-1}$, deren Eigenfunktionen $E(x)$ in Bild 5.27 gezeichnet sind.

Bei Betrachtung von speziellen Wellenleitern wird anstelle des normierten Phasendiagramms Bild 5.26 die Abhängigkeit der Phasenkonstanten von der Modenleistung

$$P = \int_{-\infty}^{+\infty} dx S_z = \int_{-\infty}^{+\infty} dx \frac{1}{2} \hat{E} \hat{H}_x^* = \frac{RN^2 \varepsilon_0 \lambda}{4\pi \chi^{(3)} c \mu_0} \beta \int_{-\infty}^{+\infty} dx E^2(x) \qquad (5.244)$$

aufgetragen. Für den Grundmode des Wellenleiters in unserem Beispiel ist diese mit einer Suszeptibilität von $\chi^{(3)} = 12 \cdot 10^{-31} \frac{Asm}{V^3}$ berechnete Abhängigkeit in Bild 5.28 gezeichnet.

Wie bei der exakten Berechnung der Felder des nichtlinearen Filmes zwischen linearen Mantelschichten deutlich wurde, ändert sich mit der geführten Lichtleistung der transversale Feldverlauf der Moden. Bei kleinen Nichtlinearitäten kann diese transversale Feldverlaufsänderung vernachlässigt werden, da sie praktisch nicht detektierbar ist. Als wichtige Wirkung der nichtlinearen Brechzahl bleibt dann nur noch die in Bild 5.28 dargestellte Intensitätsabhängigkeit der Phasenkonstanten zu beachten.

Bei kleinen Nichtlinearitäten ist dieser Zusammenhang in eine Taylorreihe zu entwickeln

$$\beta = \beta_0 + \left. \frac{d\beta}{dP} \right|_{P=0} P + \cdots . \qquad (5.245)$$

Der Koeffizient des in P linearen Terms $\frac{d\beta}{dP}$ ist mit der Modenkoppeltheorie zu bestimmen.

Zu diesem Zweck setzen wir das nichtlineare Feld im Wellenleiter einfach entsprechend der Modenkoppeltheorie als Überlagerung der linearen Moden des entsprechenden linearen Wellenleiters an. Bei der Überlagerung beschränken wir uns in 1. Näherung auf einen einzigen Mode ($\vec{e}_{1t}$, $\vec{h}_{1t}$):

$$\begin{aligned} \hat{E}_y &= \hat{A}_1 e_{1y} \\ \vec{\hat{H}}_t &= \hat{A}_1 \vec{h}_{1t} . \end{aligned} \qquad (5.246)$$

Die Entwicklungsamplitude ergibt sich nach Gl. (5.65)

$$\frac{d\hat{A}_1}{dz} + j\beta_1 \hat{A}_1 = -j\frac{\omega}{2} \frac{\int dx \hat{P}_y^{NL} \cdot e_{1y}{}^*}{\frac{2W}{m}} . \qquad (5.247)$$

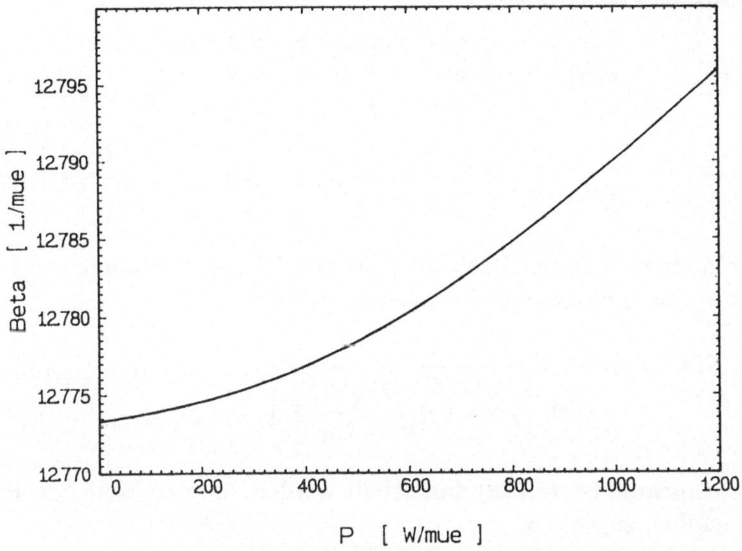

Abbildung 5.28: Leistungsabhängigkeit der Phasenkonstanten des Grundmodes eines Wellenleiters mit nichtlinearem Film

Die nichtlineare Polarisationsamplitude wird vom Feld (5.246) bestimmt

$$\hat{P}_y = \chi^{(3)}_{yyyy} |\hat{A}_1|^2 \hat{A}_1 |e_{1y}|^2 e_{1y}. \tag{5.248}$$

Gl. (5.247) hat die Lösung

$$\hat{A}_1 = \hat{A}_{10} e^{-j(\beta_1 + \delta\beta) z} \tag{5.249}$$

mit der Phasenkonstantenänderung $\delta\beta = \frac{\omega}{2}\chi^{(3)}|\hat{A}_{10}|^2 \frac{\int dx |e_{1y}|^4}{2W/m}$. Damit ist die Phasenkonstantenableitung bekannt

$$\left.\frac{d\beta}{dP}\right|_{P=0} = \frac{\omega}{2}\chi^{(3)} \frac{1}{\frac{W}{m}} \frac{\int dx |e_{1y}|^4}{\frac{2W}{m}}. \tag{5.250}$$

Als zweites Beispiel eines nichtlinearen Schichtwellenleiters untersuchen wir einen linearen Film zwischen einer linearen Deckschicht und einem nichtlinearen Substrat:

$$n(x) = \begin{cases} n_C & +\infty > x > 0 \\ n_F & 0 > x > h \\ n_S & h > x > -\infty \end{cases}$$
$$\chi^{(3)} = \begin{cases} 0 & +\infty > x > h \\ \chi^{(3)} & h > x > -\infty \, . \end{cases} \tag{5.251}$$

Das Feld eines in dieser Struktur geführten Wellenleitermodes muß im nichtlinearen Substrat von der Lösung (5.237)

$$E(x) = E_S \frac{1}{\cosh\left((x - x_S)\sqrt{\frac{k_0^2 \chi^{(3)} E_S^2}{2\varepsilon_0}}\right)} \qquad x < h \tag{5.252}$$

der nichtlinearen Gl. (5.228) dargestellt werden, um den Modenenergieinhalt endlich zu halten.

Zu beachten ist, daß sich bei der Herleitung von Gl. (5.237) aus der Bedingung $m = 1$ eine Beziehung zwischen der Phasenkonstanten β und der Nichtlinearität $\sqrt{\frac{\chi^{(3)} E_S^2}{\varepsilon_0}}$ ergab:

$$\beta^2 = \frac{k_0^2 \chi^{(3)} E_S^2}{2\varepsilon_0} + k_0^2 n_S^2 \, . \tag{5.253}$$

Das Feld in der linearen Deckschicht läßt sich darstellen durch

$$E(x) = E_C \exp(-k_C x) \quad , \qquad x > 0$$
$$k_C = \sqrt{\beta^2 - k_0^2 n_C^2} \, . \tag{5.254}$$

Das Feld im linearen Kern wird von den Winkelfunktionen beschrieben

$$E(x) = E_F \cos(k_F(x - x_F)) \quad , \qquad 0 > x > h$$
$$k_F = \sqrt{k_0^2 n_F^2 - \beta^2} \, , \tag{5.255}$$

wenn mit $k_0^2 n_F^2 > \beta^2$ das lineare Brechzahlprofil für die Wellenführung verantwortlich ist.

Falls bei sehr hoher Nichtlinearität die Wellenführung durch einen Wellenleiter bestimmt wird, den die nichtlineare Brechzahl im Substrat erzeugt, gilt $k_0^2 n_F^2 < \beta^2$.

Dann ist das Feld im Wellenleiterfilm als Überlagerung von Exponentialfunktionen darzustellen:

$$E(x) = E_F \sinh(k_F(x - x_F)) \quad , \qquad 0 > x > h \qquad k_F = \sqrt{\beta^2 - k_0^2 n_F^2}\,. \tag{5.256}$$

Die Tangentialfeldanpassung der Felder (5.252), (5.254) und (5.255) bzw. (5.256) bei $x = 0$ und $x = h$ führt im Fall $k_0^2 n_F^2 > \beta^2$ zu den Eigenwertgleichungen

$$\begin{aligned} x_F &= -\frac{\arctan(k_C/k_F)}{k_F} \\ k_0\sqrt{\frac{\chi^{(3)}E_S^2}{2\varepsilon_0}} \tanh\left[(h - x_S)k_0\sqrt{\frac{\chi^{(3)}E_S^2}{2\varepsilon_0}}\right] &= k_F \tan\left[k_F(h - x_F)\right] \end{aligned} \tag{5.257}$$

bzw. für den Fall $k_0^2 n_F^2 < \beta^2$ zu

$$\begin{aligned} x_F &= -\frac{\operatorname{arctanh}(-k_F/k_C)}{k_F} \\ -k_0\sqrt{\frac{\chi^{(3)}E_S^2}{2\varepsilon_0}} \tanh\left[(h - x_S)k_0\sqrt{\frac{\chi^{(3)}E_S^2}{2\varepsilon_0}}\right] &= k_F \coth\left[k_F(h - x_F)\right]\,. \end{aligned} \tag{5.258}$$

Einer vorgegebenen Phasenkonstanten $\beta^2 > k_0^2 n_S^2$ wird über Gl. (5.253) eine Nichtlinearität zugeordnet, mit der die Eigenwertgleichungen (5.257) bzw. (5.258) für die Größen x_S und x_F gelöst werden, die die Orte der Feldmaxima bestimmen.

Nach der Bestimmung der Konstanten

$$\begin{aligned} E_S &= \left(\frac{(\beta^2 - k_0^2 n_S^2)2\varepsilon_0}{k_0^2 \chi^{(3)}}\right)^{1/2} \\ E_F &= \frac{E_S}{\cosh\left((h - x_S)\sqrt{\frac{k_0^2\chi^{(3)}E_S^2}{2\varepsilon_0}}\right)\cos(k_F(h - x_F))} \\ E_C &= E_F \cos k_F x_F \end{aligned} \tag{5.259}$$

bzw.

$$
\begin{aligned}
E_F &= \frac{E_S}{\cosh\left((h-x_S)\sqrt{\frac{k_0^2\chi^{(3)}E_S^2}{2\varepsilon_0}}\right)\sinh(k_F(h-x_F))} \\
E_C &= E_F\sinh(-k_F x_F)
\end{aligned}
\tag{5.260}
$$

berechnet sich die vom Mode transportierte Leistung zu

$$P = \int_{-\infty}^{+\infty} dx \frac{1}{2}\hat{E}_y\hat{H}_x = \frac{1}{2}\frac{\beta}{\omega\mu_0}\int_{-\infty}^{+\infty} dx E_y^2 . \tag{5.261}$$

Bild 5.29 zeigt die $\beta(P)$-Charakteristik der Grundmoden von 3 verschieden dicken Wellenleitern mit den Brechzahlen $n_S = 2.1547$, $n_F = 2.1647$, $n_C = 1.0$ und mit der Suszeptibilität $\chi^{(3)} = 12 \cdot 10^{-31} \frac{Asm}{V^3}$ bei einer Wellenlänge von $\lambda = 1.06\mu m$.

Eine Vorstellung von den nichtlinearen Feldverlaufsänderungen gibt Bild 5.30, in dem die Verschiebung des Feldmaximums im linearen Kern zur Substratgrenze bei wachsender Leistung des Modes zu erkennen ist. Bei sehr niedriger Nichtlinearität kann die Feldverlaufsänderung vernachlässigt und die nichtlineare Phasenkonstantenänderung mit der Modenkoppeltheorie bis zum linearen Glied der Reihenentwicklung (5.245) nach Gl. (5.250) berechnet werden.

Wird die Nichtlinearität und damit die Phasenkonstante über die im Bild 5.29 mit einem Dreieck gekennzeichneten Werte hinaus erhöht, wandert das Feldmaximum in das nichtlineare Substrat. Nach den mit einem Kreis gekennzeichneten β-Werten gibt es im Wellenleiterkern keine oszillierenden Lösungen mehr.

Bei einer weiteren Erhöhung der Nichtlinearität wird die Phasenkonstanten-Leistungs-Charakteristik und der transversale Feldverlauf immer unabhängiger von der Wellenleiterdicke, da der Mode zunehmend den Charakter einer **Oberflächenwelle** bekommt, die an einer Trennfläche zwischen einem nichtlinearen Material niederer Brechzahl und einem linearen Material höherer Brechzahl geführt wird [63]. Bei

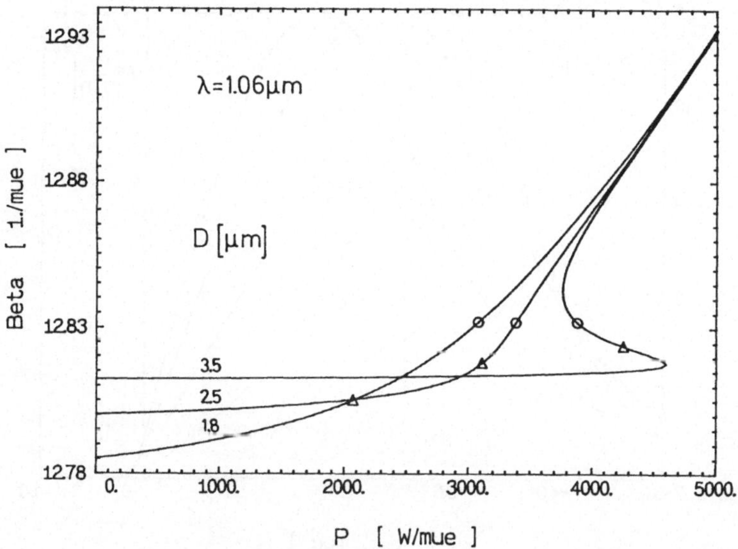

Abbildung 5.29: Leistungsabhängigkeit der Phasenkonstanten der Grundmoden verschieden dicker Wellenleiter mit nichtlinearem Substrat

diesen Wellen erzeugt der transversale Feldverlauf

$$\frac{E_S}{\cosh\left((x - x_S)\sqrt{\dfrac{k_0^2\chi^{(3)}E_S^2}{2\varepsilon_0}}\right)}$$

mittels der nichtlinearen Brechzahl genau den Wellenleiter, der die Welle mit einem diesen Wellenleiter erzeugenden Feldverlauf führt [72] und dessen Brechzahlprofilerhöhung proportional ist zu

$$\frac{1}{\cosh^2\left((x - x_S)\sqrt{\dfrac{k_0^2\chi^{(3)}E_S^2}{2\varepsilon_0}}\right)}.$$

Auf eine dritte, in der Literatur intensiv bearbeitete nichtlineare Wellenleiterstruktur, bestehend aus einem linearen Film zwischen zwei nichtlinearen Mantelschichten sei abschließend hingewiesen [6], [54].

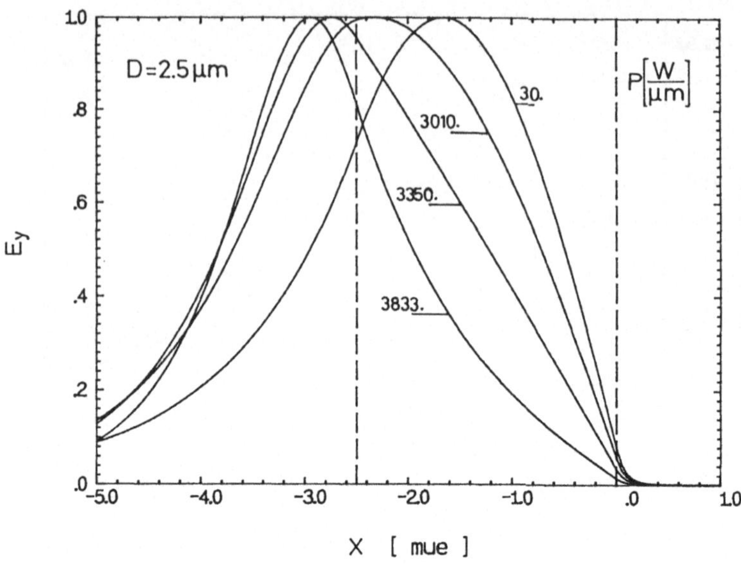

Abbildung 5.30: Elektrisches Feld des Grundmodes im Wellenleiter auf nichtlinearem Substrat bei verschiedenen Modenleistungen

Zusammenfassend läßt sich als Ergebnis der Überlegungen in diesem Abschnitt feststellen, daß mit den 3 Lösungstypen von Gl. (5.228) die TE-Felder in nichtlinearen Schichten einer Wellenleiterstruktur beschrieben werden können.

Die sin- und exp-Funktionen bilden die Felder in linearen Schichten. Die Prozedur der Tangentialfeldanpassung liefert für eine planare Wellenleiterstruktur, bestehend aus einer beliebigen Schichtung linearer und nichtlinearer Lagen die Eigenwertgleichungen mit den entsprechenden Eigenfunktionen als transversale Modenfeldverteilung.

Für alle nichtlinearen Moden, deren Felder bei kleiner Nichtlinearität in die Felder der entsprechenden linearen Moden übergehen, kann bei kleiner Nichtlinearität der Einfluß der nichtlinearen Brechzahl allein in der Leistungsabhängigkeit der Phasenkonstanten nach Gl. (5.245) gesehen werden. Mit der Modenkoppeltheorie ist der erste Reihenkoeffizient $\frac{d\beta}{dP}$ der Taylorreihe zu berechnen, die diesen Zusammenhang beschreibt.

Ausreichend ist die dann sehr einfache Näherungsbeschreibung der nichtlinearen Wellenfelder für Bauteile auf Materialien mit den hier ausschließlich angesprochenen rein elektronischen und phononischen Beiträgen zur nichtlinearen Brechzahl.
Die nichtlinearen Moden der als Beispiele gewählten Wellenleiter wurden berechnet mit der um ein bis zwei Größenordnungen über den Suszeptibilitäten der gebräuchlichen optischen Materialien liegenden Suszeptibilität $\chi^{(3)} = 12 \cdot 10^{-31} \frac{Asm}{V^3}$. Trotz dieses sehr hohen Wertes zeigen die Bilder 5.27 bis 5.30, daß erst unpraktikabel hohe Leistungen im Wellenleiter geführt werden müssen, damit man deutliche transversale Feldänderungen bemerkt oder gar rein nichtlinear geführte Wellen auftreten können.

Aber auch diese Moden mit stark von der Nichtlinearität geprägtem Feldverlauf sind praktisch schon untersucht worden [4], [67].
Allerdings benutzte man dazu Materialien mit sehr hoher Suszeptibilität 3. Ordnung, die auf anderen, als den hier besprochenen Ursachen beruht. Diese hohe Materialnichtlinearität hat aber im allgemeinen den Nachteil, von stark frequenzabhängigen Suszeptibilitäten 3. Ordnung beschrieben zu werden, die für sehr kurze Pulse im sub-Pikosekundenbereich kaum noch wirksam sind.

Nichtmodenförmige Felder
Die im letzten Abschnitt besprochenen nichtlinearen Wellenleitermoden können im Gegensatz zu den Moden eines linearen Wellenleiters nicht mehr zur Überlagerung herangezogen werden, um die Feldentwicklung von einer beliebigen Einstrahlbedingung aus zu berechnen. Das Superpositionsprinzip gilt natürlich für die nichtlineare Feldgleichung (5.228) nicht mehr.

Damit sich nichtlineare Moden ausbreiten können, müssen sie durch Einstrahlung eines Feldes mit der exakten transversalen Modenfeldverteilung angeregt werden. Aus diesem Grunde war es auch nicht sinnvoll, nichtlineare Strahlungsmoden zu untersuchen.

Jetzt gibt es aber auch nichtlineare Moden, die selbst bei Anregung mit ihrer eigenen transversalen Feldverteilung nicht ausbreitungsfähig sind. Diese Moden sind instabil gegen geringe Störungen im Geometrie- und Feldverlauf.

Besonders anfällig in dieser Hinsicht sind die Moden, die sich ihren

Wellenleiter selbst erzeugen. Bei hohen Nichtlinearitäten hat der von uns zuletzt behandelte Wellenleiter mit nichtlinearem Substrat diese Art von Moden, die auch im Wellenleiter mit linearem Film zwischen zwei nichtlinearen Mantelmaterialien auftreten. Speziell für den Grundmode der letztgenannten Wellenleiterart gibt es analytische und numerische Stabilitätsuntersuchungen [27], [32], [44].

Auf die analytische Stabilitätsuntersuchung können wir nicht weiter eingehen. Wir wollen in diesem Kapitel vielmehr eine Methode behandeln, mit der man das stationäre Feld in einem nichtlinearen Wellenleiter berechnen kann, das sich aus einer beliebigen Anfangsbedingung $E_0(x, z = 0)$ am Wellenleiteranfang entwickelt.

Eine solche Rechenmethode kann sowohl zur numerischen Stabilitätsuntersuchung verwendet werden, als auch zur Berechnung von Feldern in Strukturen, die mit stark nichtmodenförmigem Feld angeregt werden. Die verbreitetste Methode für die Feldentwicklungsberechnung entlang von Wellenleitern ist die **Beam-Propagation-Methode** [61].

Wir beschreiben hier aber eine andere, einfach zu überschauende Feldberechnungsmethode, deren Ergebnisse denen der Beam-Propagation-Methode gleichwertig sind.

Das Ziel ist es, eine Lösung von Gl. (5.225) zu finden mit den Rand- und Anfangsbedingungen

$$\begin{aligned} \hat{E}(x \to \pm\infty, z) &= 0 \\ \hat{E}(x, z = 0) &= \hat{E}_0(x) \\ \frac{\partial \hat{E}}{\partial z}(x, z = 0) &= \hat{E}_{z0}(x)\,. \end{aligned} \tag{5.262}$$

Die elliptische Gleichung (5.225) mit den Cauchy-Anfangsbedingungen (5.262) ist jedoch mathematisch nicht stabil [45; Teil 1, S.688ff]. Deshalb ist eine numerische Lösung unmöglich.

Diese Schwierigkeit kann man durch Anwendung der parabolischen Näherung umgehen. Mit dem Ansatz

$$\hat{E} = \bar{E} e^{-j\beta_p z} \tag{5.263}$$

ergibt sich aus Gl. (5.225) die parabolische Differentialgleichung

$$\frac{\partial^2 \bar{E}}{\partial x^2} - j2\beta_p \frac{\partial \bar{E}}{\partial z} - \beta_p^2 \bar{E} + \left[k_0^2 n^2 + k_0^2 \frac{\chi^{(3)}}{\varepsilon_0} |\bar{E}|^2\right] \bar{E} = 0, \tag{5.264}$$

wenn wir den Term $\frac{\partial^2 \bar{E}}{\partial z^2}$ vernachlässigen können. Für die entsprechende lineare Gleichung ist eine Abschätzung des durch diese Näherung eingeführten Fehlers einfach möglich (z.B. [49]). Gl. (5.264) vom Typ der Wärmeleitungsgleichung bildet zusammen mit den Bedingungen

$$\begin{aligned} \bar{E}(x \to \pm\infty, z) &= 0. \\ \bar{E}(x, z = 0) &= \bar{E}_0(x) \end{aligned} \tag{5.265}$$

ein mathematisch einwandfrei formuliertes Anfangswertproblem. Wir transformieren Gl. (5.264) auf die neue Unabhängige

$$\xi = \frac{z}{2\beta_p},$$

wählen $\beta_p^2 = k_0^2 n_S^2$ und führen folgende Abkürzungen ein:

$$\begin{aligned} \kappa &= k_0^2 \frac{\chi^{(3)}}{\varepsilon_0} \bar{E}_e^2 \\ n &= n_S + \Delta n(x) \\ N(x) &= k_0^2 2 n_S \Delta n(x) \\ \bar{E} &= \bar{E}_e u \quad , \quad \max(u(x)|_{z=0}) = 1\,. \end{aligned} \tag{5.266}$$

Die aus Gl. (5.264) resultierende Gleichung

$$\frac{\partial^2 u}{\partial x^2} - j\frac{\partial u}{\partial \xi} + (N(x) + \kappa |u|^2)u = 0 \tag{5.267}$$

wird nach der in [11] nichtlinear erweiterten Crank-Nicolson-Differenzenmethode diskretisiert.

Dazu wird das Lösungsgebiet von einem äquidistanten Gitter mit Linienabständen Δx und $\Delta\xi$ überzogen. Die x = const.-Linien bekommen den Index i, die ξ = const.-Linien werden mit n indiziert.

Die zu Gl. (5.267) gehörende Differenzengleichung lautet

$$\begin{aligned} & j\frac{u_i^{n+1} - u_i^n}{\Delta\xi} - \frac{1}{2}\left\{\frac{u_{i+1}^{n+1} - 2u_i^{n+1} + u_{i-1}^{n+1}}{|\Delta x|^2} + \right. \\ & \left. + \frac{u_{i+1}^n - 2u_i^n + u_{i-1}^n}{|\Delta x|^2}\right\} - \\ & - \left\{N_i + \kappa\frac{|u_i^{n+1}|^2 + |u_i^n|^2}{2}\right\}\frac{u_i^{n+1} + u_i^n}{2} = 0\,. \end{aligned} \tag{5.268}$$

Mit Gl. (5.268) werden aus gegebenen u_i^n-Werten der n-ten ξ-Schicht die u_i^{n+1}-Werte der $(n+1)$-ten ξ-Schicht berechnet. Die Nichtlinearität wird dabei iterativ behandelt. Die Randbedingungen $\bar{E} = 0$ bei $x \to \pm\infty$ nähern wir bei endlichen x-Werten A und B an:

$$\begin{aligned} \bar{E}(x = A, z) &= 0 \\ \bar{E}(x = B, z) &= 0\,. \end{aligned} \tag{5.269}$$

Mit dieser Bedingung wird eine Anordnung simuliert, in der sich bei $x = A$ und $x = B$ ideal leitende Metallplatten befinden. Unsere Integration ist also nur bis zu solchen z-Werten vorzunehmen, bei denen die ersten abstrahlenden Feldanteile diese Metallplatten erreichen. Bei einer Weiterrechnung reflektieren diese Feldanteile und verfälschen das am meisten interessierende Feld im Zentrum des Integrationsgebietes zwischen A und B.

Zuerst wenden wir unsere Finite-Differenzen-Integrationsmethode an, um zu überprüfen, ob und wie ein nichtlinearer Mode des Filmwellenleiters mit nichtlinearem Kern zwischen linearen Deckschichten einschwingt, wenn der Wellenleiter mit dem vom nichtlinearen Mode abweichenden Feld des Modes vom entsprechenden linearen Wellenleiter angeregt wird. Der untersuchte, stark asymmetrische Wellenleiter hat die Brechzahlen $n_S = 1.45$, $n_F = 1.4517$ und $n_C = 1.0$ und den Nichtlinearitätsfaktor $\kappa = 0.06\mu m^{-2}$. Der Kern ist $5\mu m$ dick, die Lichtwellenlänge ist $\lambda = 1\mu m$. Die Metallplatten befinden sich bei $A = -400\mu m$ und $B = 100\mu m$. Diskretisiert wurde mit den Gitterlinienabständen $\Delta x = 0.1\mu m$ und $\Delta\xi = 0.055\mu m^2$, das entspricht einem $\Delta z = 2\beta_p\Delta\xi = 1\mu m$.

Der Intensitätsverlauf des Wellenfeldes im Bild 5.31 zeigt, daß innerhalb von wenigen mm wirklich ein nichtlinearer Wellenleitermode einschwingt und überzählige Feldanteile abstrahlen. Der nichlineare Mode ist stabil gegenüber kleinen Feldstörungen. Aus der Darstellung des Feldrealteils in Bild 5.31 kann man die Phasenkonstante des nichtlinearen Modes ablesen. Beim Ansatz $\beta_p = k_0 n_S$ für die parabolische Näherung haben wir natürlich nicht die Phasenkonstante des einschwingenden nichtlinearen Modes getroffen, so daß eine langsame Oszillation in z-Richtung im Ergebnis enthalten ist. Die Periode des in Bild 5.31 gezeichneten Feldes ist $P = 1550\mu m$. Aus dieser Periode errechnet sich die wirkliche Phasenkonstante des nichtlinearen Modes zu

$$\beta = \beta_p \sqrt{1 + 2\frac{2\pi}{P\beta_p}} = 9.1147 \mu m^{-1}\,. \qquad (5.270)$$

Die Nichtlinearität des Modes bestimmen wir mit der Bild 5.31 zu

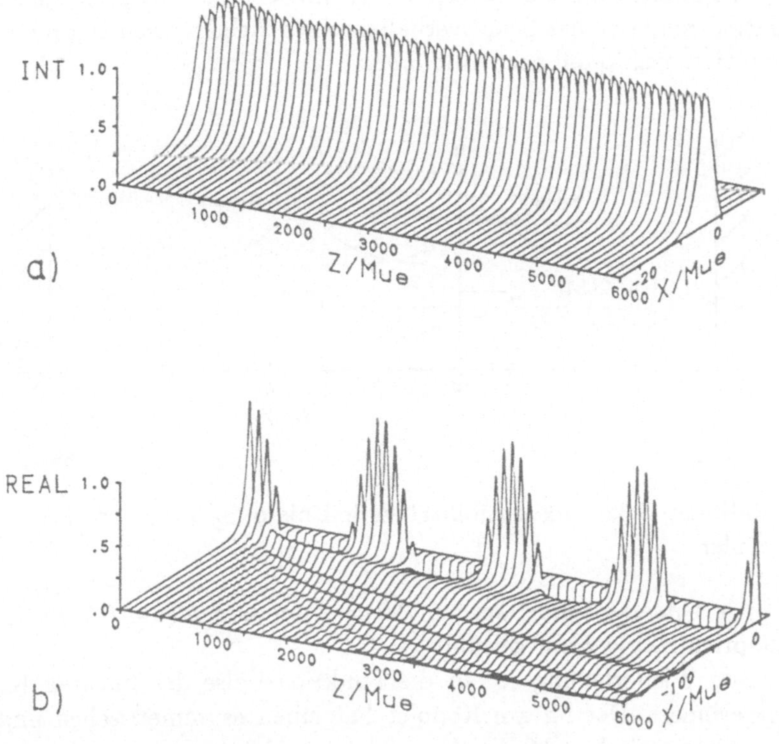

Abbildung 5.31: Feldentwicklung im Wellenleiter mit nichtlinearem Kern bei nichtmodenförmiger Anregung: a) Intensität b) Feldrealteil

entnehmenden Maximalfeldstärke des eingeschwungenen nichtlinearen

Modes von $\bar{E} \approx \bar{E}_e \cdot 1.08$ zu

$$RN = \sqrt{\frac{\chi^{(3)}|\bar{E}|^2}{\varepsilon_0}} = \sqrt{\frac{\kappa}{k_0^2} 1.08^2} \approx 0.042 .$$

Ein nichtlinearer Wellenleitermode mit dieser Nichlinearität hat die mit dem numerischen Ergebnis übereinstimmende Phasenkonstante von $\beta = 9.1147 \mu m^{-1}$.

Als zweites Beispiel berechnen wir mit der Finite-Differenzen-Integrationsmethode das Schaltverhalten eines nichtlinearen Kopplers mit dem Brechzahlprofil nach Bild 5.32.

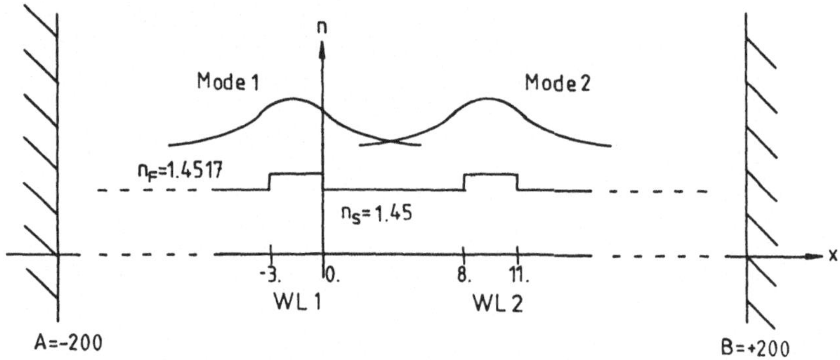

Abbildung 5.32: Suszeptibilitätsverhältnisse in einem nichtlinearen Koppler

Als Gitterabstände werden $\Delta x = 1 \mu m$ und $\Delta \xi = 0.11 \mu m^2$, das entspricht $\Delta z = 2 \mu m$, gewählt.

Zur Wiederholung sei an die Funktionsweise des linearen Kopplers erinnert. Der lineare Koppler hat einen asymmetrischen und einen symmetrischen Mode, deren gleichgewichtigen Anregungen etwa der interessierenden Einstrahlbedingung entsprechen, bei der nur in einen Wellenleiter Licht eingekoppelt wird. Da beide Moden der 5-lagigen Struktur des Kopplers leicht unterschiedliche Phasenkonstanten haben, verändert sich das Interferenzbild mit z und die Intensität pendelt zwischen beiden Wellenleitern mit einer von der Phasenkonstantendifferenz abhängigen Koppellänge.

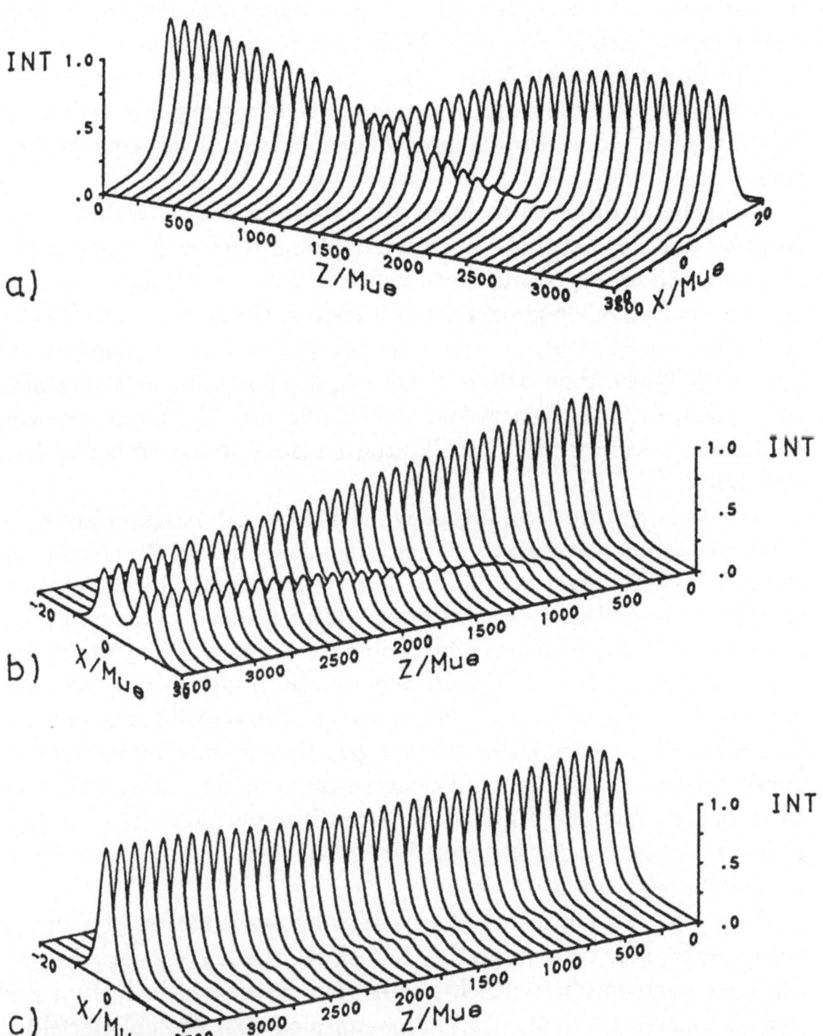

Abbildung 5.33: Intensitätsentwicklung im nichlinearen Koppler mit den Nichtlinearitätsfaktoren: a) $\kappa = 0.0\mu m^{-2}$ b) $\kappa = 0.04\mu m^{-2}$ c) $\kappa = 0.055\mu m^{-2}$

Da die Modenüberlagerung im nichtlinearen Koppler nicht mehr durchführbar ist, haben wir mit unserer Integrationsmethode eine erste Möglichkeit, auch Felder im nichtlinearen Koppler zu berechnen.

Die Bilder 5.33a bis 5.33c zeigen die Intensitätsentwicklung in verschieden stark nichtlinearen Kopplern bei Erregung des Wellenleiters "1" mit dem Mode des entsprechenden einzelnen linearen Wellenleiters.

Bei sehr niedriger Nichtlinearität — Bild 5.33a — verhält sich der Koppler wie der bekannte lineare Koppler mit einer Koppellänge von $3.05mm$. Mit einem Nichtlinearitätsfaktor von $\kappa = 0.04\mu m^{-2}$ berechnet sich die im Bild 5.33b gezeichnete Intensität. Die nichtlineare Brechzahl verändert die Phasenkonstanten der Wellenleiter und verlängert damit die Koppellänge. Eine weitere Erhöhung des Nichtlinearitätsfaktors auf $\kappa = 0.055\mu m^{-2}$ verhindert fast vollständig die Überkopplung wie im Bild 5.33c erkennbar ist. Das Bauteil ist deshalb als optisches Gatter einsetzbar.

Wir können mit dem angegebenen Feldberechnungsverfahren auch Wellenleiter mit schwach in z-Richtung variierendem Brechzahlverlauf wie z.B. Y-Verzweiger bearbeiten. Ein weiterer Vorteil der Methode ist es, daß sie keine Unterscheidung von Fällen fordert, in denen im linearen Grenzfall die Anfangsfeldverteilung im wesentlichen durch Überlagerung von geführten Moden oder durch Überlagerung von Strahlungsmoden dargestellt wird. Wenn man an die gegenüber dem linearen Wellenleiterkoppler ungleich schwierigere Berechnung des linearen Prismenkopplers mit der Modenüberlagerungsmethode denkt, weiß man es zu schätzen, mit der Finite-Differenzen-Integration den nichtlinearen Prismenkoppler in der gleichen Weise wie den nichtlinearen Koppler behandeln zu können.

Nun gibt es auch nichtlineare Wellenleiterstrukturen, die zwar mit der angegebenen Feldintegration berechnet werden können, deren Felder aber auch mit wesentlich geringerem Rechenzeitbedarf zu finden sind. Letzteres ist dann der Fall, wenn sich das Wellenleiterfeld entsprechend der Modenkoppeltheorie nach wenigen geführten Moden entwickeln läßt. Der zuletzt besprochene nichtlineare Koppler ist ein Beispiel für eine solche Anordnung.

Gegenüber der aus der Literatur [31] bekannten Modenkoppeltheorie für den linearen Koppler machen wir zwei Erweiterungen:

- Einmal wird die Theorie auf die Berücksichtigung der Nichtorthogonalität der Entwicklungsmoden erweitert. Damit wird die mit der Modenkoppeltheorie berechnete Koppellänge unseres als Beispiel gewählten Wellenleiters auf wenige Promille genau berechenbar, im Gegensatz zur mangelhaften Genauigkeit von 5% des Ergebnisses bei Anwendung einer Modenkopplung, die Modenorthogonalität voraussetzt.

- Zweitens müssen wir die Modenkoppeltheorie nichtlinear erweitern.

Für die Felder im nichtlinearen Koppler machen wir entsprechend der Modenkoppeltheorie in der parabolischen Näherung den Ansatz

$$\begin{aligned} \vec{\hat{E}}_t &= \hat{A}_1 \vec{e}_{1t} + \hat{A}_2 \vec{e}_{2t} \\ \vec{\hat{H}}_t &= \hat{A}_1 \vec{h}_{1t} + \hat{A}_2 \vec{h}_{2t} . \end{aligned} \tag{5.271}$$

$(\vec{e}_{1t}, \vec{h}_{1t})$ sind die Tangentialfelder des in Bild 5.32 gezeichneten linearen Modes "1" im Wellenleiter "1" bei Abwesenheit des Wellenleiters "2". $(\vec{e}_{2t}, \vec{h}_{2t})$ sind die entsprechenden Felder des Wellenleitermodes "2". Da die Moden "1" und "2" nicht mehr zum gleichen Wellenleiter gehören, sind sie natürlich nicht mehr unbedingt orthogonal zueinander. Das Fehlen der Modenorthogonalität macht sich in der etwas aufwendigeren Herleitung der Differentialgleichungen für die Entwicklungskoeffizienten $\hat{A}_1$ und $\hat{A}_2$ bemerkbar.

Wir können diese Herleitung bis zur Gl. (5.63) aus Abschnitt 5.3 übernehmen. Speziell mit dem zweimodigen Ansatz (5.271) schreibt sich Gl. (5.63)

$$\iint dxdy \frac{\partial}{\partial z} \left\{ e^{-j\beta_\nu z} \left({'a}_1^* (\vec{e}_{\nu t} \times \vec{h}_{1t}^*) + {'a}_2^* (\vec{e}_{\nu t} \times \vec{h}_{2t}^*) + \right.\right.$$

$$\left.\left. + {'a}_1^* (\vec{e}_{1t}{}^* \times \vec{h}_{\nu t}) + {'a}_2^* (\vec{e}_{2t}{}^* \times \vec{h}_{\nu t}) \right) \right\} \cdot \vec{e}_z =$$

$$= j\omega \iint dxdy \, {'\vec{P}}_2^* \cdot \vec{e}_\nu e^{-j\beta_\nu z} \qquad \nu = 1,2 . \tag{5.272}$$

Hieraus erhalten wir mit $\nu = 1$

$$\left(\frac{d}{dz}{}'a_1 + j\beta_1{}'a_1\right)\left(\iint dxdy 2\Re e\{\vec{e}_{1t} \times \vec{h}^*_{1t}\} \cdot \vec{e}_z\right) +$$

$$+\left(\frac{d}{dz}{}'a_2 + j\beta_2{}'a_2\right)\left(\iint dxdy \{\vec{e}_{1t} \times \vec{h}^*_{2t} + \vec{e}_{2t}{}^* \times \vec{h}_1 t\} \cdot \vec{e}_z\right) =$$

$$= -j\omega \iint dxdy\, '\vec{P}_2 \cdot \vec{e}_1{}^* \tag{5.273}$$

und für $\nu = 2$

$$\left(\frac{d}{dz}{}'a_2 + j\beta_2{}'a_2\right)\left(\iint dxdy 2\Re e\{\vec{e}_{2t} \times \vec{h}^*_{2t}\} \cdot \vec{e}_z\right) +$$

$$+\left(\frac{d}{dz}{}'a_1 + j\beta_1{}'a_1\right)\left(\iint dxdy \{\vec{e}_{2t} \times \vec{h}^*_{1t} + \vec{e}_{1t}{}^* \times \vec{h}_2 t\} \cdot \vec{e}_z\right) =$$

$$= -j\omega \iint dxdy\, '\vec{P}_2 \cdot \vec{e}_2{}^*. \tag{5.274}$$

Dieses lineare Gleichungssystem für $(\frac{d}{dz}{}'a_2 + j\beta_2{}'a_2)$ und $(\frac{d}{dz}{}'a_1 + j\beta_1{}'a_1)$ lösen wir auf und erhalten nach der Definition der Normierungsintegrale

$$\begin{aligned}
\tilde{N}_{11} &= \iint dxdy 2\Re e\{\vec{e}_{1t} \times \vec{h}^*_{1t}\} \cdot \vec{e}_z \\
\tilde{N}_{12} &= \iint dxdy \{\vec{e}_{1t} \times \vec{h}^*_{2t} + \vec{e}_{2t}{}^* \times \vec{h}_1 t\} \cdot \vec{e}_z \\
\tilde{N}_{21} &= \iint dxdy \{\vec{e}_{2t} \times \vec{h}^*_{1t} + \vec{e}_{1t}{}^* \times \vec{h}_2 t\} \cdot \vec{e}_z \\
\tilde{N}_{22} &= \iint dxdy 2\Re e\{\vec{e}_{2t} \times \vec{h}^*_{2t}\} \cdot \vec{e}_z
\end{aligned}$$

die Entwicklungsgleichungen

$$\frac{d'a_1}{dz} + j\beta_1{}'a_1 = \tag{5.275}$$

$$= \frac{-j\omega \iint dxdy\, '\vec{P}_2 \cdot \vec{e}_1{}^* \tilde{N}_{22} + j\omega \iint dxdy\, '\vec{P}_2 \cdot \vec{e}_2{}^* \tilde{N}_{12}}{\tilde{N}_{11}\tilde{N}_{22} - \tilde{N}_{12}\tilde{N}_{21}}$$

$$\frac{d'a_2}{dz} + j\beta_2{}'a_2 = \tag{5.276}$$

$$= \frac{-j\omega \iint dxdy\, '\vec{P}_2 \cdot \vec{e}_2{}^* \tilde{N}_{11} + j\omega \iint dxdy\, '\vec{P}_2 \cdot \vec{e}_1{}^* \tilde{N}_{21}}{\tilde{N}_{11}\tilde{N}_{22} - \tilde{N}_{12}\tilde{N}_{21}}.$$

Für unsere stationäre Betrachtungsweise brauchen wir in diesen Gleichungen die Entwicklungskoeffizienten $'a_1$ und $'a_2$ nur durch die Amplituden $\hat{A}_1$ und $\hat{A}_2$ zu ersetzen bei gleichzeitiger Änderung von $'\vec{P}_2$ in $\hat{\vec{P}}_2$.

Die Polarisation $\hat{\vec{P}}_2$ besteht aus einem linearen Anteil $\hat{\vec{P}}^L$, verursacht von der durch den jeweils anderen Wellenleiter repräsentierten Störung der Brechzahl für den gerade betrachteten Wellenleiter und dem nichtlinearen Polarisationsanteil $\hat{\vec{P}}^{NL}$. Die nichtlineare Polarisation errechnet sich nach bekannten Gleichungen und wird bei Betrachtung von Gl. (5.275) vor der Integration mit $\vec{e}_1{}^*$ multipliziert:

$$\begin{aligned}\iint dx \hat{P}_y^{NL} \cdot e_{1y}^* = \chi^{(3)} \quad \Big[& \hat{A}_1\hat{A}_1\hat{A}_1^* \int dx |e_{1y}|^4 + \\ & + \hat{A}_1\hat{A}_1\hat{A}_2^* \int dx |e_{1y}|^2 e_{1y} e_{2y}^* + \\ & + 2\hat{A}_1\hat{A}_1^*\hat{A}_2 \int dx |e_{1y}|^2 e_{1y}^* e_{2y} + \\ & + 2\hat{A}_1\hat{A}_2\hat{A}_2^* \int dx |e_{2y}|^2 |e_{1y}|^2 + \\ & + \hat{A}_2\hat{A}_1^*\hat{A}_2 \int dx e_{1y}^* e_{1y}^* e_{2y} e_{2y} + \\ & + \hat{A}_2\hat{A}_2\hat{A}_2^* \int dx |e_{2y}|^2 e_{2y} e_{1y}^* \Big]. \end{aligned} \tag{5.277}$$

Die y-Integration verschwindet nach Kürzung, da später im Nenner die gleiche y-Integration vorzunehmen ist. Einen ähnlichen Term erhalten wir für

$$\begin{aligned}\iint dx \hat{P}_y^{NL} \cdot e_{2y}^* = \chi^{(3)} \quad \Big[& \hat{A}_2\hat{A}_2\hat{A}_2^* \int dx |e_{2y}|^4 + \\ & + \hat{A}_2\hat{A}_2\hat{A}_1^* \int dx |e_{2y}|^2 e_{2y} e_{1y}^* + \\ & + 2\hat{A}_2\hat{A}_2^*\hat{A}_1 \int dx |e_{2y}|^2 e_{2y}^* e_{1y} + \end{aligned}$$

$$+2\hat{A}_2\hat{A}_1\hat{A}_1^* \int dx |e_{2y}|^2 |e_{1y}|^2 +$$
$$+\hat{A}_1\hat{A}_2^*\hat{A}_1 \int dx e_{2y}^* e_{2y}^* e_{1y} e_{1y} +$$
$$+\hat{A}_1\hat{A}_1\hat{A}_1^* \int dx |e_{1y}|^2 e_{1y} e_{2y}^* \Big] . \quad (5.278)$$

Der lineare Anteil von $\vec{\hat{P}}_2$ berechnet sich mit dem Brechzahlverlauf

$$n^2 = (n_1 + \Delta n_1)^2 \approx n_1^2 + 2n_1\Delta n_1 = 1 + \frac{\chi_1^L(x)}{\varepsilon_0} + \frac{\Delta\chi_1^L(x)}{\varepsilon_0}, \quad (5.279)$$

wobei n_1 die Brechzahl des Wellenleiters "1" ist:

$$n_1^2(x) = 1 + \frac{\chi_1^L(x)}{\varepsilon_0} .$$

Die Kernbrechzahlerhöhung des Wellenleiters "2" wird als Störung der linearen Suszeptibilität des Wellenleiters "1" berücksichtigt:

$$\frac{\Delta\chi_1^L(x)}{\varepsilon_0} = 2n_1\Delta n_1(x) = 2n_1(n(x) - n_1(x)) . \quad (5.280)$$

Entsprechend kann der Wellenleiter "1" als Störung für den Wellenleiter "2" aufgefaßt werden:

$$\frac{\Delta\chi_2^L(x)}{\varepsilon_0} = 2n_2\Delta n_2(x) = 2n_2(n(x) - n_2(x)) . \quad (5.281)$$

Wir finden

$$\begin{aligned} \int dx \hat{P}_y^L \cdot e_{1y}^* &= \varepsilon_0\hat{A}_1 \int dx 2n_1\Delta n_1 e_{1y} e_{1y}^* + \\ &\quad +\varepsilon_0\hat{A}_2 \int dx 2n_2\Delta n_2 e_{2y} e_{1y}^* \end{aligned} \quad (5.282)$$

$$\begin{aligned} \int dx \hat{P}_y^L \cdot e_{2y}^* &= \varepsilon_0\hat{A}_2 \int dx 2n_2\Delta n_2 e_{2y} e_{2y}^* + \\ &\quad +\varepsilon_0\hat{A}_1 \int dx 2n_1\Delta n_1 e_{1y} e_{2y}^* . \end{aligned} \quad (5.283)$$

Nach der Einführung der Koppelintegrale

$$\begin{aligned}
I_1 &= \int dx|e_{1y}|^4 \\
I_2 &= \int dx|e_{1y}|^2 e_{1y}e_{2y}^* = \int dx|e_{1y}|^2 e_{1y}^* e_{2y} \\
I_3 &= \int dx|e_{2y}|^2|e_{1y}|^2 = \int dx e_{1y}^* e_{1y}^* e_{2y}e_{2y} = \\
&= \int dx e_{2y}^* e_{2y}^* e_{1y}e_{1y} \\
I_4 &= \int dx|e_{2y}|^2 e_{2y}e_{1y}^* = \int dx|e_{2y}|^2 e_{2y}^* e_{1y} \\
I_5 &= \int dx|e_{2y}|^4
\end{aligned} \tag{5.284}$$

$$\begin{aligned}
I_6 &= \int dx 2n_1 \Delta n_1 e_{1y}e_{1y}^* \\
I_7 &= \int dx 2n_2 \Delta n_2 e_{2y}e_{1y}^* \\
I_8 &= \int dx 2n_1 \Delta n_1 e_{1y}e_{2y}^* \\
I_9 &= \int dx 2n_2 \Delta n_2 e_{2y}e_{2y}^*
\end{aligned}$$

und der Normierungsintegrale

$$\begin{aligned}
N_{11} &= \int dx 2\Re e\{\vec{e}_{1t} \times \vec{h}_{1t}^*\} \cdot \vec{e}_z \\
N_{22} &= \int dx 2\Re e\{\vec{e}_{2t} \times \vec{h}_{2t}^*\} \cdot \vec{e}_z \\
N_{12} &= \int dx \{\vec{e}_{1t} \times \vec{h}_{2t}^* + \vec{e}_{2t}{}^* \times \vec{h}_{1t}\} \cdot \vec{e}_z \\
N_{21} &= \int dx \{\vec{e}_{2t} \times \vec{h}_{1t}^* + \vec{e}_{1t}{}^* \times \vec{h}_{2t}\} \cdot \vec{e}_z
\end{aligned} \tag{5.285}$$

nehmen die nichtlinear verkoppelten Entwicklungsgleichungen für $\hat{A}_1$ und $\hat{A}_2$ die Form an

$$\begin{aligned}
\frac{d\hat{A}_1}{dz} + j\beta_1\hat{A}_1 &= \frac{-j\omega}{N_{11}N_{22} - N_{12}N_{21}} \cdot \\
&\cdot \Big[\Big(\Big\{\hat{A}_1\hat{A}_1\hat{A}_1^* I_1 + \hat{A}_1\hat{A}_1\hat{A}_2^* I_2 + 2\hat{A}_1\hat{A}_1^*\hat{A}_2 I_2 +
\end{aligned} \tag{5.286}$$

$$+ 2\hat{A}_1\hat{A}_2\hat{A}_2^*I_3 + \hat{A}_2\hat{A}_1^*\hat{A}_2I_3 + \hat{A}_2\hat{A}_2\hat{A}_2^*I_4\Big\}\chi^{(3)} +$$
$$+ \Big\{\hat{A}_1I_6 + \hat{A}_2I_7\Big\}\varepsilon_0\Big) \cdot N_{22} -$$
$$- \Big(\Big\{\hat{A}_2\hat{A}_2\hat{A}_2^*I_5 + \hat{A}_2\hat{A}_2\hat{A}_1^*I_4 + 2\hat{A}_2\hat{A}_2^*\hat{A}_1I_4 +$$
$$+ 2\hat{A}_2\hat{A}_1\hat{A}_1^*I_3 + \hat{A}_1\hat{A}_2^*\hat{A}_1I_3 + \hat{A}_1\hat{A}_1\hat{A}_1^*I_2\Big\}\chi^{(3)} +$$
$$+ \Big\{\hat{A}_2I_9 + \hat{A}_1I_8\Big\}\varepsilon_0\Big) \cdot N_{12}\Big]$$

$$\begin{aligned}\frac{d\hat{A}_2}{dz} + j\beta_2\hat{A}_2 = \; & \frac{-j\omega}{N_{11}N_{22} - N_{12}N_{21}} \cdot \\ & \cdot \Big[\Big(\Big\{\hat{A}_2\hat{A}_2\hat{A}_2^*I_5 + \hat{A}_2\hat{A}_2\hat{A}_1^*I_4 + 2\hat{A}_2\hat{A}_2^*\hat{A}_1I_4 + \\ & + 2\hat{A}_2\hat{A}_1\hat{A}_1^*I_3 + \hat{A}_1\hat{A}_2^*\hat{A}_1I_3 + \hat{A}_1\hat{A}_1\hat{A}_1^*I_2\Big\}\chi^{(3)} + \\ & + \Big\{\hat{A}_2I_9 + \hat{A}_1I_8\Big\}\varepsilon_0\Big) \cdot N_{11} - \\ & - \Big(\Big\{\hat{A}_1\hat{A}_1\hat{A}_1^*I_1 + \hat{A}_1\hat{A}_1\hat{A}_2^*I_2 + 2\hat{A}_1\hat{A}_1^*\hat{A}_2I_2 + \\ & + 2\hat{A}_1\hat{A}_2\hat{A}_2^*I_3 + \hat{A}_2\hat{A}_1^*\hat{A}_2I_3 + \hat{A}_2\hat{A}_2\hat{A}_2^*I_4\Big\}\chi^{(3)} + \\ & + \Big\{\hat{A}_1I_6 + \hat{A}_2I_7\Big\}\varepsilon_0\Big) \cdot N_{21}\Big] .\end{aligned} \tag{5.287}$$

Aus Symmetriegründen sind in unserem Fall folgende Integrale gleich:

$$\begin{aligned} I_1 &= I_5 \\ I_2 &= I_4 \\ I_6 &= I_9 \\ I_7 &= I_8 \\ \\ N_{11} &= N_{22} \\ N_{12} &= N_{21} \end{aligned} \tag{5.288}$$

Die Gleichungen (5.286) und (5.287) sind nach Neusortierung und anschließender Definition der — als Folge der Berücksichtigung der Modenorthogonalität — umtransformierten Koppelintegrale

$$\begin{aligned} J_1 &= I_1N_{22} - I_2N_{12} = I_5N_{11} - I_4N_{21} \\ J_2 &= I_2N_{22} - I_3N_{12} = I_4N_{11} - I_3N_{21} \end{aligned} \tag{5.289}$$

$$\begin{aligned}
J_3 &= I_3N_{22} - I_4N_{12} = I_3N_{11} - I_2N_{21} \\
J_4 &= I_4N_{22} - I_5N_{12} = I_2N_{11} - I_1N_{21} \\
J_6 &= I_6N_{22} - I_8N_{12} = I_9N_{11} - I_7N_{21} \\
J_7 &= I_7N_{22} - I_9N_{12} = I_8N_{11} - I_6N_{21}
\end{aligned}$$

in ihre endgültige Form zu bringen:

$$\begin{aligned}
\frac{d\hat{A}_1}{dz} + j\beta_1\hat{A}_1 &= \frac{-j\omega}{N_{22}N_{11} - N_{12}N_{21}} \cdot \\
&\Big[\Big(\hat{A}_1\hat{A}_1\hat{A}_1^*J_1 + \hat{A}_1\hat{A}_1\hat{A}_2^*J_2 + 2\hat{A}_1\hat{A}_1^*\hat{A}_2J_2 + \\
&+2\hat{A}_1\hat{A}_2\hat{A}_2^*J_3 + \hat{A}_2\hat{A}_1^*\hat{A}_2J_3 + \hat{A}_2\hat{A}_2\hat{A}_2^*J_4\Big)\chi^{(3)} + \\
&+\hat{A}_1\varepsilon_0J_6 + \hat{A}_2\varepsilon_0J_7\Big]
\end{aligned} \tag{5.290}$$

$$\begin{aligned}
\frac{d\hat{A}_2}{dz} + j\beta_2\hat{A}_2 &= \frac{-j\omega}{N_{22}N_{11} - N_{12}N_{21}} \cdot \\
&\Big[\Big(\hat{A}_2\hat{A}_2\hat{A}_2^*J_1 + \hat{A}_2\hat{A}_2\hat{A}_1^*J_2 + 2\hat{A}_2\hat{A}_2^*\hat{A}_1J_2 + \\
&+2\hat{A}_2\hat{A}_1\hat{A}_1^*J_3 + \hat{A}_1\hat{A}_2^*\hat{A}_1J_3 + \hat{A}_1\hat{A}_1\hat{A}_1^*J_4\Big)\chi^{(3)} + \\
&+\hat{A}_2\varepsilon_0J_6 + \hat{A}_1\varepsilon_0J_7\Big].
\end{aligned} \tag{5.291}$$

Aus Symmetriegründen sind die Ausbreitungskonstanten β_1 und β_2 gleich.

Bei verschwindender Nichtlinearität haben die Gleichungen (5.290) und (5.291) die einfache Lösung

$$\begin{aligned}
\hat{A}_1 &= e^{-j\beta z} \cdot \cos Kz \\
\hat{A}_2 &= -je^{-j\beta z} \cdot \sin Kz \\
\beta &= \beta_1 + \frac{\omega\varepsilon_0J_6}{N_{22}N_{11} - N_{12}N_{21}} \\
K &= \frac{\omega\varepsilon_0J_7}{N_{22}N_{11} - N_{12}N_{21}}.
\end{aligned} \tag{5.292}$$

Nach der Koppellänge $L_K = \frac{\pi}{2K}$ ist die gesamte Lichtleistung in den zweiten Wellenleiter übergekoppelt. Für unser Beispiel berechnen wir damit die ausgezeichnet mit dem numerischen Ergebnis übereinstimmende Koppellänge von 3.03 mm.

Bei der numerischen Integration der Gleichungen (5.290) und (5.291) rechnen wir wieder mit den auf $\frac{1W}{m}$ normierten Entwicklungsmoden, so daß den Amplitudenquadraten $|\hat{A}_1|^2$ und $|\hat{A}_2|^2$ die Bedeutung der von den Moden transportierten Leistungen zukommt.

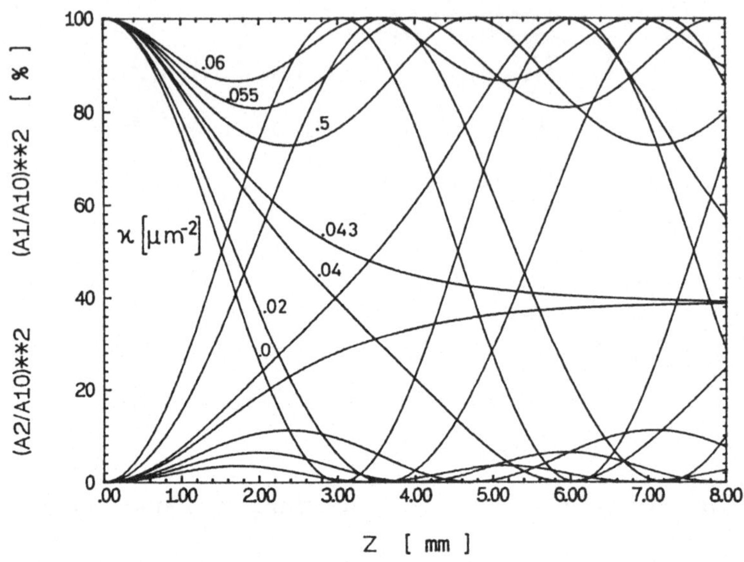

Abbildung 5.34: Leistungsanteile der Entwicklungsmoden im nichtlinearen Koppler

In Bild 5.34 wurden die Verläufe der normierten Entwicklungskoeffizientenquadrate bei Erregung des 1. Wellenleiters mit $P_0 = |\hat{A}_{10}|^2 \frac{W}{m}$ von $P_0 = 1\frac{W}{m}$, $P_0 = 40.5\frac{W}{\mu m}$, $P_0 = 82.6\frac{W}{\mu m}$, $P_0 = 89.68\frac{W}{\mu m}$, $P_0 = 104\frac{W}{\mu m}$, $P_0 = 114\frac{W}{\mu m}$ und $P_0 = 125\frac{W}{\mu m}$ gezeichnet.

Das entspricht Nichtlinearitäten von $RN = 0.$, 0.0225, 0.0318, 0.0331, 0.0356, 0.0373 und 0.0390, die sich über die Formel $\kappa = RN^2 k_0^2$ in die bei der Finite-Differenzen-Methode verwendeten Nichtlinearitätsfaktoren $\kappa = 0\mu m^{-2}$, $\kappa = 0.02\mu m^{-2}$, $\kappa = 0.04\mu m^{-2}$, $\kappa = 0.043\mu m^{-2}$,

$\kappa = 0.05\mu m^{-2}$, $\kappa = 0.055\mu m^{-2}$ und $\kappa = 0.06\mu m^{-2}$ umrechnen lassen.

Der Vergleich der Intensitätsverläufe in Bild 5.33b und 5.33c mit dem Verlauf von $|\hat{A}_1|^2$ und $|\hat{A}_2|^2$ in Bild 5.34 bei $\kappa = 0.04\mu m^{-2}$ und $\kappa = 0.055\mu m^{-2}$ zeigt die gute Übereinstimmung der Modenkoppelergebnisse mit den numerisch errechneten Feldern. Wir erkennen aus Bild 5.34 ohne rechenzeitaufwendige Feldberechnung das Schaltverhalten des nichtlinearen Kopplers. Bei wachsender Nichtlinearität wird die Koppellänge immer größer. Erreicht die eingekoppelte Leistung den kritischen Wert von $P_{0C} = 89.68 \frac{W}{\mu m}$, verschiebt sich der Ort, an dem die beiden Wellenleiter gleiche Leistungen transportieren zu unendlichen z-Werten. Eine weitere Erhöhung der Leistung führt dazu, daß keine vollständige Überkopplung mehr möglich ist. Die Intensitäten in den Wellenleitern schwanken mit zu höheren Leistungen wieder abnehmender Periode und immer geringerer Überkopplung.

Daß die Summe der von den Moden "1" und "2" transportierten Leistungen nicht mehr an jedem Ort gleich der eingekoppelten Leistung ist, darf nicht irritieren. Da die Moden nicht orthogonal sind, ergeben sich bei der Kreuzmultiplikation der Felder vom ersten Mode mit den Feldern des zweiten Modes an Stellen, an denen weder $\hat{A}_1$ noch $\hat{A}_2$ verschwinden, die fehlenden Leistungsanteile!

5.3.3.2 Nichtstationäre Feldausbreitung

Bei der Lichtpulsausbreitung entlang großer Strecken in Wellenleitern verändern die nichtlinearen Materialeigenschaften die aus der linearen Optik bekannte Pulsformentwicklung, die im linearen Material gekennzeichnet ist durch dispersionsbedingte Pulsverbreiterung.

Die völlig neuartige Pulsentwicklung im nichtlinearen Medium wird von der nichtlinearen Schrödingergleichung beschrieben, die ausgehend von Gl. (5.221) hergeleitet werden kann [26], [19], [5]. Diese Art der Herleitung ist jedoch nicht sehr übersichtlich, so daß hier einer Ableitung der nichtlinearen Schrödingergleichung auf der Basis der Modenkoppeltheorie der Vorzug gegeben werden soll. Nach Gl. (5.60) wird für das Frequenzspektrum eines Pulses, der sich entlang eines monomodigen Schichtwellenleiters ausbreitet, in der parabolischen Näherung der

Ansatz

$$'E_y(\omega) = 'a(\omega)e_y(\omega) = \left(\frac{1}{2}\,'\hat{A}(\omega-\omega_0) + MF\right)e_y(\omega) \qquad (5.293)$$

gemacht. Entsprechend Gln. (5.217) und (5.218) charakterisiert dieses Spektrum einen Puls mit einer im Vergleich zur Lichtperiodendauer langsam veränderlichen Einhüllenden, so daß die Frequenzabhängigkeit des transversalen Modenfeldes $e_y(\omega)$ im schmalen Spektralbereich des Lichtpulses vernachlässigbar ist.

$$E_y(t) = a(t)e_y(\omega_0) = \left(\frac{1}{2}\hat{A}(t)e^{j\omega_0 t} + c.c.\right)e_y(\omega_0)\,. \qquad (5.294)$$

Da wir im Gegensatz zu den Beispielen in den letzten Abschnitten nicht mehr rein monochromatisches Licht untersuchen, tritt der Entwicklungskoeffizient $'a(\omega)$ hier als Fouriertransformierte in Erscheinung. Gl. (5.65) zur Bestimmung von $'\hat{A}(\omega-\omega_0)$ behält demzufolge den ursprünglichen Charakter einer Integrodifferentialgleichung

$$\frac{\partial\,'\hat{A}(\omega-\omega_0)}{\partial z} + j\beta(\omega)\,'\hat{A}(\omega-\omega_0) = -j\frac{\omega_0}{2}\frac{\int dx\,'P^{NL+}(\omega)e_y^*(\omega_0)}{2\frac{W}{m}}\,. \qquad (5.295)$$

Die vom Lichtpuls erzeugte nichtlineare Polarisation hat nach Gl. (5.220) die Form

$$'P_y^{NL+}(\omega) = \chi^{(3)}\iint df_1 df_2\,'\hat{A}(\omega_1-\omega_0)\,'\hat{A}(\omega_2-\omega_0)\,'\hat{A}^*(-\omega_3-\omega_0)e_y^3(\omega_0)\,. \qquad (5.296)$$

Da wir Gl. (5.295) nur für die Spektralamplituden mit positiven Frequenzen geschrieben haben, werden auch von der Fouriertransformierten der Polarisation die Minusfrequenzen weggelassen. Die Frequenzabhängigkeit der Phasenkonstanten $\beta(\omega)$ wird bis zum zweiten Glied in eine Taylorreihe um die Mittenfrequenz ω_0 entwickelt

$$\begin{aligned} \beta &= \beta_0 + \beta'(\omega-\omega_0) + \frac{1}{2}\beta''(\omega-\omega_0)^2 + \cdots \qquad (5.297)\\ \beta' &= \left.\frac{\partial\beta}{\partial\omega}\right|_{\omega=\omega_0}\\ \beta'' &= \left.\frac{\partial^2\beta}{\partial\omega^2}\right|_{\omega=\omega_0}. \end{aligned}$$

Einsetzen von Gln. (5.296) und (5.297) in Gl. (5.295) führt zur Gleichung

$$\frac{\partial\,'\hat{A}(\omega-\omega_0)}{\partial z}+j\beta_0\,'\hat{A}(\omega-\omega_0)+j\beta'(\omega-\omega_0)\,'\hat{A}(\omega-\omega_0)-$$
$$-j\frac{\beta''}{2}\left(j(\omega-\omega_0)\right)^2+\cdots=-j\frac{\omega_0\chi^{(3)}}{2}\frac{\int dx e_y^4(\omega_0)}{\frac{2W}{m}}\cdot$$
$$\cdot\iint df_1 df_2\,'\hat{A}(\omega_1-\omega_0)\,'\hat{A}(\omega_2-\omega_0)\,'\hat{A}^*(-\omega_3-\omega_0)\,, \qquad (5.298)$$

deren Rücktransformation in den Zeitbereich die gewöhnliche Differentialgleichung für die Pulseinhüllende liefert

$$\frac{\partial\hat{A}(t)}{\partial z}+j\beta_0\hat{A}(t)+\beta'\frac{\partial\hat{A}(t)}{\partial t}-j\frac{\beta''}{2}\frac{\partial^2\hat{A}(t)}{\partial t^2}=$$
$$=-j\frac{\omega_0\chi^{(3)}}{2}\frac{\int dx e_y^4(\omega_0)}{\frac{2W}{m}}|\hat{A}(t)|^2\hat{A}(t)\,. \qquad (5.299)$$

Da ein Lichtpuls sich mit der Gruppengeschwindigkeit $v_g=\frac{1}{\beta'}$ auf dem Wellenleiter ausbreitet, ist es sinnvoll, in das bewegte Koordinatensystem überzugehen

$$\xi=z \qquad \tau=t-\frac{z}{v_g}\,. \qquad (5.300)$$

Mit

$$\frac{\partial}{\partial z}=\frac{\partial}{\partial\xi}-\frac{1}{v_g}\frac{\partial}{\partial\tau}\,,\quad \frac{\partial^2}{\partial z^2}=\frac{\partial^2}{\partial\xi^2}-2\beta'\frac{\partial^2}{\partial\tau\partial\xi}+\beta'^2\frac{\partial^2}{\partial\tau^2}$$
$$\frac{\partial}{\partial\tau}=\frac{\partial}{\partial t}\,,\quad \frac{\partial^2}{\partial\tau^2}=\frac{\partial^2}{\partial t^2} \qquad (5.301)$$

transformieren wir Gl. (5.299) zu

$$\frac{\partial\hat{A}}{\partial\xi}+j\beta_0\hat{A}-j\frac{\beta''}{2}\frac{\partial^2\hat{A}}{\partial\tau^2}+j\frac{\omega_0\chi^{(3)}}{2}K|\hat{A}|^2\hat{A}=0\,. \qquad (5.302)$$

Der Ansatz

$$\hat{A}=\bar{A}e^{-j\beta_0 z}$$

liefert schließlich die schon bei der Feldberechnung nichtmodenförmiger Felder in Abschnitt 5.3.3.1 vorgestellte nichtlineare Schrödingergleichung:

$$j\frac{\partial \bar{A}}{\partial \xi} + \frac{\beta''}{2}\frac{\partial^2 \bar{A}}{\partial \tau^2} - \frac{\omega_0 \chi^{(3)} K}{2}|\bar{A}|^2 \bar{A} = 0\,. \qquad (5.303)$$

Für das Koppelintegral wurde folgende Abkürzung eingesetzt:

$$K = \frac{\int dx e_y^4(\omega_0)}{\frac{2W}{m}}$$

Bei verschwindender Nichtlinearität und Dispersionsfreiheit $\beta'' = 0$ breiten sich die Pulse ohne Veränderung der Pulsform mit der Gruppengeschwindigkeit $v_g = \frac{1}{\beta'}$ auf der Leitung aus

$$j\frac{\partial \bar{A}}{\partial \xi} = 0\,. \qquad (5.304)$$

Auch die Wärmeleitungsgleichung

$$j\frac{\partial \bar{A}}{\partial \xi} + \frac{\beta''}{2}\frac{\partial^2 \bar{A}}{\partial \tau^2} = 0 \qquad (5.305)$$

im Fall verschwindender Nichtlinearität ist einfach zu integrieren und liefert die bekannte Pulsverbreiterung eines Gaußpulses

$$\bar{A}(\xi,\tau) = \sqrt{\frac{a^2}{a^2 + j2\beta''\xi}} \cdot \exp\left(-\frac{\tau^2}{a^2 + j2\beta''\xi}\right) \qquad (5.306)$$

$$|\bar{A}(\xi,\tau)| = \left|\sqrt{\frac{a^2}{a^2 + j2\beta''\xi}}\right| \cdot \exp\left(-\frac{\tau^2}{a^2 + 4\beta''^2\xi^2/a^2}\right)\,. \qquad (5.307)$$

Die nichtlineare Gleichung (5.303) ist mit der in Abschnitt 5.3.3.1 angegebenen Finite-Differenzen-Integrationsmethode zu lösen. Im Gegensatz zur dort angegebenen nichtlinearen Schrödingergleichung mit nichtkonstanten Koeffizienten hat Gl. (5.303) konstante Koeffizienten und ist mit der 1972 von Zakharov und Shabat [72] für diese Gleichung erstmals angewandten **Inversen Streutheorie** analytisch lösbar. Es zeigte sich, daß bei negativer Wellenleiterdispersion $\beta'' < 0$ in einem gewissen Nichtlinearitätsbereich der Dispersionsterm den nichtlinearen

Term von Gl. (5.303) kompensiert, so daß sich ein angeregter Puls bei Ausbreitung auf dem Wellenleiter in einen stabilen Puls mit der unveränderlichen Einhüllenden

$$\bar{A} = \sqrt{\frac{16\eta^2}{\omega_0 \chi^{(3)} K}} \frac{\exp(-j4\eta^2\xi)}{\cosh\left(2\eta\tau/\sqrt{-\beta''/2}\right)} \tag{5.308}$$

entwickelt. η ist ein von der Form und Energie des eingestrahlten Pulses abhängiger Parameter, der z.B. in [49] für gaußförmige Pulse berechnet wird. Die als **1-Soliton** bezeichnete Lösung (5.308) der nichtlinearen Schrödingergleichung im Spezialfall $\xi = 0$ entspricht der Lösung (5.237) der nichtlinearen Modenfeldgleichung (5.228). Diese Lösung beschreibt auch die Selbstkanalisierung eines Lichtstrahls in einem unendlich ausgedehnten nichtlinearen Medium.

Über die ersten experimentellen Untersuchungen von sich auf Glasfasern ausbreitenden Solitonen berichteten Mollenauer und Stolen [43].

Neben der Solitonenausbreitung wird mit der nichtlinearen Schrödingergleichung, die in den unterschiedlichsten Modifikationen verwendet wird, die z.B. für Pulskompression [71; Kap.8.5] wichtige **Selbstphasenmodulation** [64] berechnet. Stolen und Lin haben aus der Frequenzspektrenverbreiterung durch Selbstphasenmodulation die nichtlineare Suszeptibilität 3. Ordnung von SiO_2 ermittelt [57].

Für stationäre Felder ist Gl. (5.303) nicht stabil. Die Entwicklung von kleinen Störungen studiert man in der ebenfalls auf der nichtlinearen Schrödingergleichung basierenden Theorie der **Modulationsinstabilität** [17]. Der Prozeß kann aber auch als 4-Wellenmischung verstanden werden, bei der die nichtlineare Brechzahl die Phasenanpaßbedingung realisiert. Experimentelle Ergebnisse der Untersuchung der Modulationsinstabilität finden sich in [59].

Die Liste von interessanten nichtlinearen optischen Prozessen ist beliebig zu erweitern. Man kann z.B. in Glasfasern die Erzeugung von Stokeswellen, die sich als Solitonen ausbreiten, beobachten. Bei diesem Experiment treten simultan zwei der von uns bisher getrennt untersuchten nichtlinearen Prozesse auf. Das hochinteressante Gebiet der **Phasenkonjugation** haben wir hier überhaupt nicht angesprochen.

Mit diesem Ausblick in die Welt der nichtlinearen Glasfaseroptik beenden wir unsere Ausführungen.

Literaturverzeichnis

[1] Abramovitz,M., Stegun,I.A.: *Handbook of Mathematical Functions*, Dover Publications, Inc. , NY, 1972.

[2] Alferness,R.C., Buhl,L.L.: Optics Letters **5** (1980), S. 473.

[3] Arnaud,J.A.: *Beam and Fiber Optics*, Academic Press, New York, 1976.

[4] Bennion,I., Goodwin,M.J., Steward,W.J.: Electronics Letters **21** (1985), S. 41.

[5] Boardman,A.D., Cooper,G.S.: Applied Scientific Research **41** (1984), S. 333.

[6] Boardman,A.D., Egan,P.: IEEE J. Quant. Electron. QE **21** (1985), S. 1701.

[7] Born,M., Huang,K.: *Dynamical Theory of Crystal Lattices*, Clarendon Press, Oxford, 1985.

[8] Born,M., Wolf,E.: *Principles of Optics*, Pergamon Press, Oxford, 1980.

[9] Born,M., von Karman,Th.: Phys. Zeit. **13** (1912), S. 297.

[10] Clarricoats,P.J.B. (Hrsg): *Optical Fiber Waveguides*, IEE Reprint Series 1, Sept. 1979.

[11] Delfour,M., Fortin,M., Payre,G.: Journal of Computational Physics **44** (1981), S. 277.

[12] Franken,P.A., Hill,A.E., Peters,C.W., Weinreich,G.: Phys. Rev. Lett. **7** (1961), S. 118.

[13] Geckeler,S.: *Lichtwellenleiter für die optische Nachrichtenübertragung*, Springer Verlag, Berlin, 1987.

[14] Gloge,D. (Hrsg): *Optical Fiber Technology*, IEEE Press, 1976.

[15] Grau,G.: *Optische Nachrichtentechnik*, Springer Verlag, Berlin, 1981.

[16] Grosse,P.: *Freie Elektronen in Festkörpern*, Springer-Verlag, Berlin, Heidelberg, New York, 1979.

[17] Hasegawa,A., Brinkman,W.F.: IEEE J. Quant. Electron. QE **16** (1980), S. 694.

[18] Hasegawa,A., Kodama,Y.: Proc. IEEE **69** (1981), S. 1145.

[19] Hasegawa,A., Tappert,F.: Appl. Phys. Lett. **23** (1973), S. 142 und S. 171.

[20] Haus,H.A.: *Waves and Fields in Optoelectronics*, Prentice Hall, New Jersey, 1984.

[21] Haussühl,S.: *Kristallphysik*, VEB Deutscher Verlag für Grundstoffindustrie, Leipzig, 1983.

[22] Hayes,W., Loudon,R.: *Scattering of Light by Crystals*, John Wiley & Sons, NY, 1978.

[23] Hellwege,K.-H.: *Einführung in die Festkörperphysik*, Springer Verlag, Berlin, Heidelberg, NY, 1988.

[24] Huang,K.: Nature **167** (1951), S. 779 und Proc. Roy. Soc. A **208** (1951), S. 352.

[25] Jackson,J.D.: *Klassische Elektrodynamik*, Walter de Gruyter, Berlin, NY, 1981.

[26] Jain,M., Tzoar,N.: Optics Lett. **3** (1978), S. 202.

[27] Jones,C.K.R.T., Moloney,J.V.: Physics Letters A **117** (1986), S. 175.

[28] Kittel,C.: *Einführung in die Festkörperphysik*, R. Oldenbourg Verlag, München, Wien, 1980.

[29] Kuypers,F.: *Klassische Mechanik*, Physik Verlag, Weinheim, 1983.

[30] Landau,C.D., Lifschitz,E.M.: *Elektrodynamik der Kontinua*, Akademie Verlag, Berlin, 1967.

[31] Lee,D.L.: *Electromagnetic Principles of Integrated Optics*, John Wiley & Sons, NY, 1986.

[32] Leine,L., Wächter,Ch., Langbein,U., Lederer,F.: Optics Lett. **11** (1986), S. 590.

[33] Loudon,R.: *The Quantum Theory of Light*, Clarendon Press, Oxford, 1985.

[34] Maker,P.D., Terhune,R.W., Savage,C.M.: Phys. Rev. Lett. **12** (1964), S. 507.

[35] Maradudin,A.A., Montroll,E.W., Weiss,G.H., Ipatova,I.P.: *Theory of Lattice Dynamics in the Harmonic Approximation*, Academic Press, NY, London, 1971.

[36] Marcuse,D.: IEEE J. Quant. Electron. QE **14** (1978), S. 736.

[37] Marcuse,D., Kaminow,I.P.: IEEE J. Quant. Electron. QE **15** (1979), S. 92.

[38] Marcuse,D. (Hrsg): *Integrated Optics*, IEEE Press, 1976.

[39] Marcuse,D.: *Light Transmission Optics*, Van Nostrand Reinhold Comp. , New York, 1972.

[40] Marcuse,D.: *Theory of Dielectric Optical Waveguides*, Academic Press, NY, San Francisco, London, 1974.

[41] Masuda,M., Koyama,J.: Applied Optics **16** (1977), S. 2994.

[42] Milek,J.T., Neuberger,M.: *Linear Electrooptic Modulator Materials*, IFI/Plenum, NY, Washington, London, 1972.

[43] Mollenauer,L.F., Stolen,R.H., Gordon,J.P.: Phys. Rev. Lett. **45** (1980), S. 1095.

[44] Moloney,J.V., Ariyasu,J., Seaton,C.T., Stegeman,G.I.: Appl. Phys. Lett. **48** (1986), S. 826.

[45] Morse,P.M., Feshbach,H.: *Methods of Theoretical Physics*, Mc Graw-Hill Book Company Inc. NY, 1953.

[46] Nye,J.F.: *Physical Properties of Crystals*, Clarendon Press, Oxford, 1985.

[47] Rabin,H., Tang,C.L.: *Quantum Electronics: A Treatise, Vol. I, Nonlinear Optics, Part A*, Academic Press, NY, San Francisco, London, 1975.

[48] Rabin,H., Tang,C.L.: *Quantum Electronics: A Treatise, Vol. I, Nonlinear Optics, Part B*, Academic Press, NY, San Francisco, London, 1975.

[49] Schiek,R.: *Die Selbstbeeinflussung von Licht in Nichtlinearen Dielektrischen Schichten*,
Dissertation, Technische Universität München, 1987.

[50] Schiek,R.: NTZ Archiv **6** (1984), S. 309.

[51] Schubert,M., Wilhelmi,B.: *Einführung in die Nichtlineare Optik, Teil 1*, Teubner Verlagsgesellschaft, Leipzig, 1971.

[52] Schubert,M., Wilhelmi,B.: *Einführung in die Nichtlineare Optik, Teil 2*, Teuber Verlagsgesellschaft, Leipzig, 1978.

[53] Schubert,M., Wilhelmi,B.: *Nonlinear Optics and Quantum Electronics*, John Wiley & Sons, NY, 1986.

[54] Seaton,C.T., Valera,J.D, Shoemaker,R.L., Stegeman,G.I., Chilwell,J.T., Smith,S.D.: IEEE J. Quant. Electron. QE **21** (1985), S. 774.

[55] Solymar,L., Walsh,D.: *Lectures on the Electrical Properties of Materials*, Oxford University Press, Oxford, 1984.

[56] Stegeman,G.I., Seaton,C.T.: J. Appl. Phys. **58** (1985), S. R57.

[57] Stolen,R.H., Lin,C.: Phys. Rev. A **17** (1978), S. 1448.

[58] Suche,H., Sohler,W.: Optoelectronics — Devices and Technologies **4** (1989), S. 1.

[59] Tai,K., Hasegawa,A., Tomita,A.: Phys. Rev. Lett. **56** (1986), S. 135.

[60] Tamir,T.: *Integrated Optics*, Springer Verlag, Berlin, Heidelberg, NY, 1979.

[61] Thylen,L.: *Numerical Simulation and Analysis in Guided-Wave Optics and Optoelectronics*, Technical Digest Series Vol. 3, Houston Texas (1989), S. 20.

[62] Tien,P.K.: Reviews of Modern Physics **49** (1977) S. 361.

[63] Tomlinson,W.J.: Optics Lett. **5** (1980), S. 323.

[64] Tzoar,N., Jain,M.: Phys. Rev. A **23** (1981), S. 1266.

[65] Unger,H.-G.: *Optische Nachrichtentechnik*, Elitera Verlag, Berlin, 1976.

[66] Unger,H.-G.: *Planar Optical Waveguides and Fibres*, Clarendon Press, Oxford, 1977.

[67] Vach,H., Seaton,C.T., Stegeman.G.I.: Optics Letters **9** (1984), S. 238.

[68] Valenta,L., Jäger,E.: *Vorlesungen über Festkörpertheorie Band I*, VEB Deutscher Verlag der Wissenschaften, Berlin, 1977.

[69] Valenta,L., Jäger,E.: *Vorlesungen über Festkörpertheorie Band II*, VEB Deutscher Verlag der Wissenschaften, Berlin, 1981.

[70] Woodburg,E.J., Ng,W.K.: Proc. IRE **50** (1962), S. 2347.

[71] Yariv,A., Yeh,P.: *Optical Waves in Crystals*, John Wiley & Sons, NY, 1984.

[72] Zakharov,V.E., Shabat,A.B.: Soviet Physics JETP **34** (1972), S. 62.

Index

Teubner Studienbücher zur Elektrotechnik

Teubner Studienbücher zur Elektrotechnik